全国高职高专食品类专业“十二五”规划教材

速冻食品生产技术

隋继学　张一鸣　孙向阳　主编

中国科学技术出版社

·北　京·

图书在版编目（CIP）数据

速冻食品生产技术/隋继学，张一鸣，孙向阳主编．—北京：中国科学技术出版社，2012.8（2019.8 重印）
全国高职高专食品类专业“十二五”规划教材
ISBN 978-7-5046-6190-6

Ⅰ.①速…　Ⅱ.①隋…②张…③孙…　Ⅲ.①冷冻食品-食品加工-高等职业教育-教材　Ⅳ.①TS205.7

中国版本图书馆 CIP 数据核字（2012）第 193471 号

策划编辑　符晓静
责任编辑　符晓静
封面设计　孙雪骊
责任校对　凌红霞
责任印制　徐　飞

出　　版　中国科学技术出版社
发　　行　中国科学技术出版社有限公司发行部
地　　址　北京市海淀区中关村南大街 16 号
邮　　编　100081
发行电话　010-62173865
传　　真　010-62173081
网　　址　http://www.cspbooks.com.cn

开　　本　787mm×1092mm　1/16
字　　数　360 千字
印　　张　16
版　　次　2012 年 8 月第 1 版
印　　次　2019 年 8 月第 3 次印刷
印　　刷　北京荣泰印刷有限公司

书　　号　ISBN 978-7-5046-6190-6/TS·47
定　　价　39.00 元

全国高职高专食品类专业“十二五”规划教材编委会

本书编委会

主　编　隋继学　张一鸣　孙向阳

副主编　孙　艳　李昌文　赵亚许

编　委　（按姓氏笔画排序）

闫　坤　孙向阳　孙　艳　李昌文

张一鸣　张　娟　尚　丹　赵亚许

赵　雷　隋继学　康晓辉

出版说明

随着我国社会经济、科技文化的快速发展，人们对食品的要求越来越高，食品企业也迫切需要大量食品专业高素质技能型人才。根据《国家中长期教育改革和发展规划纲要（2010—2020年）》的精神，职业院校的发展目标是：以服务为宗旨，以就业为导向，实行工学结合、校企合作、顶岗实习的人才培养模式。以食品行业、食品企业的实际需求为基本依据，遵照技能型人才成长规律，依靠食品专业优势，开展课程体系和教材建设。教材建设以食品职业教育集团为平台，行业、企业与学校共同开发，提高职业教育人才培养的针对性和适应性。

我国食品工业“十二五”发展规划指出，深入贯彻落实科学发展观，坚持走新型工业化道路，以满足人民群众不断增长的食品消费和营养健康需求为目标，调结构、转方式、提质量、保安全，着力提高创新能力，促进集聚集约发展，建设企业诚信体系，推动产业链有效衔接，构建质量安全、绿色生态、供给充足的中国特色现代食品工业，实现持续健康发展。根据我国食品工业发展规划精神，漯河食品职业学院与中国科学技术出版社合作编写了本套高职高专院校食品类专业“十二五”规划教材。

本套教材具有以下特点：

1. 教材体现职业教育特色。本套教材以“理论够用、突出技能”为原则，贯穿职业教育“以就业为导向”的特色。体现实用性、技能性、新颖性、科学性、规范性和先进性，教学内容紧密结合相关岗位的国家职业资格标准要求，融入职业道德准则和职业规范，着重培养学生的职业能力和职业责任。

2. 内容设计体现教、学、做一体化和工作过程系统化。在使用过程中做到教师易教，学生易学。

3. 提倡向“双证”教材靠近。通过本套教材的学习和实验能对考取职业资格或技能证书有所帮助。

4. 广泛性强。本套教材既可作为高职院校食品类专业的教材，以及大中小型食品加工企业的工程技术人员、管理人员、营销人员的参考用书，也可作为质量技术监督部门、食品加工企业培训用书，还可作为广大农民致富的技术资料。

本套教材的出版得到了河南帮太食品有限公司、上海饮技机械有限公司的大力支持和赞助，在此深表感谢！

限于水平，书中缺点和不足在所难免，欢迎各地在使用本套教材过程中提出宝贵意见和建议，以便再版时加以修订。

全国高职高专食品类专业“十二五”规划教材编委会

2012 年 5 月

前言

随着国民经济的迅速发展和人民生活水平的不断提高，速冻食品以其新鲜、营养、卫生、方便等特点日益受到人们的重视，近几年平均贸易量以20%的速度递增，一跃成为当今世界上发展最快的食品工业之一。为了适应快速发展的速冻食品生产技术的要求，满足食品加工技术、食品营养与检测、食品机械与管理、农产品质量检测、农畜特产品加工、制冷与冷藏技术等专业的需要，漯河食品职业学院组织编写了这本《速冻食品生产技术》教材，供高职高专院校食品类专业师生学习使用。本书也可作为速冻食品生产企业职工的培训用书。

本书绪论部分主要介绍了速冻食品的分类及特点、速冻食品的发展历史、发展现状与发展趋势；第一章简要介绍了速冻食品生产的基本理论、食品冻结原理及食品冻结过程中冰晶的形成情况；第二章主要介绍了速冻水饺、冷冻面条等非发酵型食品的生产技术；第三章主要介绍了馒头、包子等发酵型速冻面制品的加工技术；第四章主要介绍了汤圆、粽子等速冻米制食品的生产工艺及过程控制；第五章主要介绍了鱼糜及其制品的加工工艺；第六章主要介绍了芝麻球、南瓜饼、铜锣烧、飞饼等特色速冻食品的加工技术；第七章主要介绍了典型水果和蔬菜的速冻加工技术；第八章主要介绍了常见的速冻装置类型及结构；第九章介绍了速冻食品在加工、储藏、运输和销售等环节的冷链技术。书中附有大量图表和复习思考题，供学生学习时参考。

本书由郑州牧业工程高等专科学校隋继学、张一鸣、孙向阳担任主编，负责制订编写大纲和各章节的统稿。漯河食品职业学院孙艳、赵亚许、郑州轻工业学院李昌文担任副主编。参编人员有漯河食品职业学院张娟，郑州三全食品股份有限公司尚丹、闫坤，郑州思念食品股份有限公司康晓辉，河南众品生鲜物流有限公司赵雷。全书编写分工为：绪论由隋继学、康晓辉编写，第一章由李昌文编写，第二章由孙向阳编写，第三章由张一鸣编写，第四章第一节、第二节由尚丹编写，第三节由闫坤编写，第五章由张娟编写，第六章由赵亚许编写，第七章由孙艳编写，第八章由隋继学编写，第九章第一节、第三节、第四节由隋继学编写，第二节由赵雷编写。

本书由国家速冻食品工程技术中心主任、全国速冻食品产业技术创新战略联盟秘书长、郑州三全食品股份有限公司技术总监、教授级高级工程师黄忠民主审。

本书在编写过程中，得到了河南省食品科学技术学会理事长、教授级高级工程师沈祥坤先生的热情指导，得到了中国食品报冷冻周刊主编穆培龙先生的大力帮助，在此表示感谢！

由于编者水平有限，书中不妥之处欢迎读者批评指正。

编　者

2012 年 5 月

目录

绪　论

学海导航

速冻食品作为中国传统食品产业化的一个成功典范，经历了近30年的发展，在政府支持、消费者购买力和生产企业产品渗透率都健康发展的背景下，已经成为一个新兴的“朝阳”产业。本书绪论部分主要介绍速冻食品的发展史、速冻食品的分类及特点、速冻食品的发展现状及发展趋势。

第一节　速冻食品发展史

速冻食品的发展与制冷技术的发展密不可分，因此追溯速冻食品的发展史，首先要了解制冷技术的发展史。早在三千多年前，我国劳动人民就能利用天然冷源——冰雪储藏食品，《诗经》上就有“凿冰冲冲，纳于凌阴”的诗句。制冷技术虽然在我国的发展堪称历史悠久，但是，与速冻食品生产密切相关的人工制冷技术却诞生在国外。

一、人工制冷技术发展史

人工制冷技术，是19世纪中期和后期发展起来的。

1834年，在伦敦工作的美国发明家波尔金斯造出了第一台以乙醚为工质的蒸汽压缩式制冷机，并正式申请了专利。这是后来所有蒸汽压缩式制冷机的雏形。

1844年，美国医生高里用封闭循环的制冷机为发烧患者建立了一座空调站，发明了空气制冷机。

1859年，法国人开利发明了氨水吸收式制冷系统，并申请了原理专利。

1875年，法国人开利和德国人林德以氨作制冷剂制造的蒸汽压缩式制冷机，大大减小了设备体积，从此压缩式制冷机在制冷装置的生产和应用占据了统治地位。

1876年，林德制造了他的第一台氨蒸汽压缩式制冷机，并于1877年安装于一家啤酒厂，一直运行到1908年。

1880年起，美国开始大规模生产氨制冷压缩机。

1900年，美国、英国、德国等国家的制冷系统几乎均采用氨和二氧化碳作为制冷剂。

1909年，法国人威斯汀在巴黎发明了蒸汽喷射式制冷系统。

1910年，家用电冰箱问世，并于1917年作为商品投放美国市场，1918年开始大批量商业化生产。

1921年，瑞典人蒙特斯设计出了实用的低噪音电冰箱，并首次获得专利。

1930年，氟利昂制冷剂的使用和氟利昂制冷系统的出现，为制冷技术带来变革，也使食品速冻加工技术进入了一个新阶段。制冷装置的新突破，如液氮、液态二氧化碳、液态氟利昂的使用，使食品冻结温度大大降低，冻结速度大大提高。

从此，人工冷源开始代替天然冷源，食品冷冻技术发生了根本性变革。于是，冷冻食品随着制冷机的发明而问世，社会上也开始出现了带包装的冻结食品。

二、国外速冻食品发展史

1928年，速冻食品在美国诞生，但由于人们对速冻食品缺乏必要的认识，致使其在问世后的很长一段时间内也没有赢得更多的消费者，发展十分缓慢，直到第二次世界大战后，美国西部农产品利用研究所 Arsdel 等人系统地研究了速冻食品并提出著名的“3T”理论，速冻食品才逐渐兴旺起来，迅速实现工业化并进入超级市场，受到消费者的青睐。值得注意的是，果蔬单体快速冻结技术的开发很快风靡世界，开创了速冻食品的新局面。

1942年，美国速冻食品的销售量已达28.32万t，金额达1.62亿美元，产品有各种果蔬、肉禽类、水产和预制食品等。

1945年冷冻浓缩橙汁的研制成功，标志着速冻食品的真正起步。

从此之后，速冻食品进入一个持续、稳定的发展时期。

根据1993年10月美国《国际速冻食品杂志》报道，1992年全美各类速冻食品产量高达1327.9万t，产值518.09亿美元，人均年消费量为52.19kg，位居世界第一。其中零售额占42.96%，团体伙食消费占57.04%。

据2010年的一次市场调查显示，美国95%的消费者有时会采购速冻食品，35%的消费者会一直采购速冻食品，平均每个家庭每月6次消费速冻食品。

目前，美国已经成为世界上速冻食品产量最大、人均消费量最高的国家，速冻食品的年产量达2000万t以上，品种3000多种，人均年占有量90kg以上。

欧洲市场也是世界速冻食品消费的主要市场。目前速冻食品年消费量远远超过1000万t，人均年占有量30~40kg。欧洲各国具有不同的民族风格、饮食习俗，表现在对速冻食品的喜爱上，比利时、芬兰、荷兰等钟爱速冻马铃薯制品，法国、意大利、奥地利喜爱果蔬食品，西班牙对速冻鱼类情有独钟，德国、瑞典则看好即食的速冻食品。现在欧共体速冻食品正朝向具有统一风味的方向发展，跨国性的速冻食品具有很大的开发潜力。目前速冻烘焙食品和速冻即食熟制品是市场注目的焦点，速冻薯条、调味料、水果、蔬菜等也具有较好的前途。

日本是亚洲速冻食品消费的第一大市场，也是世界上速冻食品的第三大消费市场，年消费量在300万t以上。20多年来随着制冷技术的进步，家务劳动社会化和进口食品的增加，尤其是伴随着快餐业的发展，学校、企业供给饮食的普及，是使烹饪方便的速冻食品为首的半加工食品普及的重要原因之一；另外超级市场的兴旺发达，特别是大量全天24小时营业的家庭自选商店的出现，销售的速冻食品有米饭、面食、熟制品、预制品等上百个品种，并配备有微波炉，对速冻食品免费即卖即热，大大方便了消费者。根据日本速冻食品协会统计，1967年日本年人均消费速冻食品0.6kg，1977年为4.5kg，1987年为9.0kg，1997年为16.7kg，2004年为17.9kg，2006年为19.5kg，2010年为21.4kg。其中煎炸食品和调理食品发展迅速，占全日本速冻食品总量的77%。在日本热销的速冻食品中有“中国风味”、“意大利风味”、“旧金山风味”等多种口味，并且日本的速冻食品很多是从中国传统的食品加以工业化演变而成的。现在日本投资在国外生产冷冻食品的企业较多，所以日本进口的速冻食品品种也很多，不只是速冻水果、蔬菜，烹调的速冻食品进口量也在逐年增加。目前，日本的消费量和欧美相比有较大差距，主要是因为消费习惯不同。此外速冻食品价格偏高，新鲜食品货源充足价格低，这些因素都直接影响了销售。但是近年来，日本速冻食品显示出稳定的需求量，并向产品多样化、调理简单化、包装小型化方向发展。日本速冻食品发展出现两大特点：一是调理食品占79.6%(美国仅为22.2%)，其中油炸食品占31.6%，其他占48%；二是业务用速冻食品包括饭店、食堂、快餐、配菜业的批发等占74.2%。

近年来，世界速冻食品的生产和消费方兴未艾，欧美的一些国家以及日本已经形成从原料产地加工、市场销售到家庭食用的完整冷链，保证了产品的工业化和社会化。在发达国家，速冻食品的销售量已经占到全部食品的60%~70%，取代了罐头食品的垄断地位而跃居加工食品的首位。

速冻食品具有调节季节、调剂地区食品的作用；集约化生产可以降低原料的消耗和能耗，也可以减少由于加工带来的污染；对原料品质要求较高，从采收到速冻一般在8~10小时内完成，保证了产品的新鲜度，且速冻后食品的营养成分、色泽风味的变化很小，在国外有“真正的新鲜食品”之称，因而深受人们的欢迎。

目前，速冻食品已成为发达国家人民的必需品，如英国家庭消费的速冻食品占到食品消费总量的70%以上，日本占25.8%，在发展中国家也有巨大的市场潜力。

全球速冻食品市场总量还在逐年增加，1999年为804.3亿美元，2000年为835.8亿美元，2001年为865.5亿美元，2002年为891.6亿美元，2003年为920.8亿美元，估计2012年将达到1350亿美元，今后几年仍将以3%~5%的年均增长速度增长。

全球速冻食品主要分布在欧洲和亚太地区。全球速冻食品市场份额欧洲为46.1%，亚太地区25.4%，美国22.1%，其他地区6.4%。

总之，国外速冻食品已进入快速发展期，正朝向品种多样化、配方营养化、加工精细化、生产工业化、包装家庭化、产销低温化、烹制简单化等方向发展。

三、国内速冻食品发展史

我国速冻食品的生产始于20世纪60年代，但当时用于出口，产品主要有速冻饺子、春卷等传统食品和速冻禽类等特殊产品，数量较少。真正起步是20世纪70年代，当时也大多是为外贸提供速冻蔬菜。

20世纪80年代初期，出现了速冻面食，是打开销售渠道的开拓阶段。80年代后期，速冻食品有了较快的发展，生产、流通和消费形势逐渐好转。

进入20世纪90年代，我国速冻食品得到了较快的发展，速冻食品生产企业数量和规模都成倍增长。90年代后期，随着国民经济水平的提高、冷链的建设与完善、大中型超市的发展，整个行业重心北移，尤其是郑州，依据它自身独特的地理位置，使其迅速发展成为速冻食品的集散地，在那里诞生了我国第一颗速冻汤圆、第一个速冻粽子。

河南省地处中国腹地，不仅是全国粮食大省，也是全国人口大省，农产品资源和人力资源极为丰富。据《中国经营报》报道，全国速冻食品市场每销售10个汤圆，其中就有6个出自河南；每销售10个饺子，其中就有5个来自郑州。由此可见，河南省的速冻调理食品已经在全国的速冻食品市场占有相当重要的地位。

2003年9月1日，国家质检总局举行中国名牌表彰大会，全国26个行业的138家企业生产的142个品牌中的153个产品荣获2003年“中国名牌产品”称号。其中，河南省速冻食品企业让人刮目相看，全国速冻食品行业的5个“中国名牌”，有3个牌子5个产品花落河南。这三家企业分别是郑州三全食品有限公司、郑州思念食品有限公司、河南科迪食品有限公司。5个产品分别是“三全”的汤圆、水饺，“思念”的汤圆、水饺，“科迪”的汤圆。

其实，河南省速冻食品的发展起步较晚，可发展速度很快。从1992年起到现在的20年间，先后上马了50多家速冻食品企业。经过竞争与发展，已有一部分厂家迅速发展壮大起来，成为闻名全国的速冻食品龙头企业。如三全、思念、科迪等企业的产品已远销全国20多个省市，另有部分产品已出口到日本、美国、加拿大、东南亚等十几个国家和地区。还有一些起步较晚的新建企业，发展势头迅猛，如笑脸、胖哥、云鹤等速冻食品企业，已成为河南省速冻食品行业的生力军。但也有部分厂家因设备陈旧、工艺落后、产品单一、成本昂贵、资金缺乏、经营管理不善等因素退出了速冻食品市场。

随着市场的推移，速冻食品发展的重心从南方、中原地区向东北地区推移，整个行业也从调制面米制品、水产制品发展到畜、禽、水果、蔬菜的生产加工，传统厨艺与现代食品加工有机结合，又产生了为餐饮业提供的速冻配餐食品。通过国家对食品安全监管力度的加强，行业门槛的提高，企业优胜劣汰，速冻食品行业进入一个理性化发展阶段。

据不完全统计，目前我国有各类速冻食品生产企业2500多家，销售额在亿元以上的有50多家，其中形成著名品牌的几十家企业占到市场过半的份额，如“三全”、“思念”、“龙凤”、“湾仔码头”、“笑脸”、“苏阿姨”、“狗不理”、“五丰”、“桂冠”、“猫不闻”、“海霸王”、“甲天下”、“迎客”、“金路易”、“多灵多”、“毛毛”、“吉美”、

"伊利"，逐渐形成了门类齐全、规模庞大的支柱性产业，年销售额达600亿元以上。从1996年到2011年的15年间，中国速冻食品年增速15%，超过食品行业每年11%的年均增幅。

我国现在潜在的尚未开发的市场规模非常巨大，对今后速冻食品行业的发展将十分有利。从2010年的一次速冻食品的使用频率调查结果可以看出，多数速冻食品的使用者一般为每2周食用一次速冻食品，如果食用频率增加为每周1次，则市场规模也将同比增加1倍。

速冻食品发展虽有很大的发展空间，但是竞争也很激烈，特别是一些传统产品如：汤圆、水饺、包子等，这些产品在我国速冻食品企业几乎都在生产，所以没有雄厚的资金支持和广告宣传，很难有大的发展。现在已有一些开明的厂商把重点放在新产品研发上，除保留一部分传统产品外，重点开发新产品。如南瓜饼、蔬菜饼、空心面、粽子、竹筒肉，另辟蹊径，拓展发展空间。

从发展形势看，速冻食品行业品牌化是大势所趋，但目前总的表现是品牌个性不明显、品牌集中度不高。速冻米面食品发展至今有五大规模性品类：水饺、汤圆、粽子、馄饨、面点。这些细分品类市场成熟度较高。消费者在品类产品上已初步形成一定的品牌消费，大部分消费者在食用每一种产品时比较固定选择一两个品牌的产品。然而地方中小品牌在发展过程中没有合理规划自己的资源优势，几乎全品类覆盖，导致每类产品在物力、人力、财力、精力等资源上都过度分散。

尽管如此，我国速冻食品行业仍处于快速发展阶段，产品线的纵向和横向拓展空间都很大，然而综观整个速冻食品行业各主要品牌表现和动态，可以总结出整个行业普遍面临的以下问题：

（1）产品同质化高，尤其是速冻调理食品，从南到北除口味依生活习惯略有调整外，产品结构大致相同。初、粗加工产品多，精、深加工产品少，市场不稳定，花色品种不多；缺少品牌企业与一批行业骨干群。

（2）降价降质、恶性竞争，失信于民，形成速冻食品行业发展的瓶颈，严重影响了行业的健康持续发展。

（3）较大的销售额却没有带来较高的利润额和较低的成本优势，在价格战面前却束手无策。

（4）广告投放量持续上升却没有带来销售额的持续增长，品牌购买率依然不高，新增消费者迟迟不见效。

（5）促销活动频繁，但声音和效果淹没在市场竞争的汪洋大海，活动一结束，销量不增反降。

（6）新品开发不断，产品系列阵容强大，却依然缺乏能创造价值的赢利产品。

（7）终端陈列空间逐渐遭受挤压，成本费用却在逐步攀升，开发过多的产品在终端无法与消费者充分见面。

（8）事件营销引不起轰动效果，活动宣传物料得不到很好的展示，媒介投放好像在打水漂。

凡此种种，应引起正在从事或即将从事速冻食品生产者的思考。

第二节　速冻食品分类及特点

速冻食品虽然已经深入到千家万户，成为人们餐桌上经常食用的美味佳肴。但是，很多人对速冻食品的概念并不十分清楚，究竟什么样的食品才是速冻食品？速冻食品与一般的冷冻食品相比有什么区别？速冻食品有什么特点？目前市场上有多少种类？

一、速冻食品的概念

到目前为止，国际食品行业对速冻食品的概念也没有统一规定。一般认为真正意义上的速冻食品应同时具备以下五个方面的特征。

（1）食品冻结时的冷却介质温度应达到 -30℃或更低；

（2）食品冻结过程中形成的冰结晶不超过 100μm；

（3）食品冻结时通过最大冰结晶生成带的时间应不超过 30 分钟；

（4）食品冻结结束时的中心温度应在 -18℃以下；

（5）食品冻结后的流通，包括储藏、运输、销售等环节都应在 -18℃以下进行。

如果某冷冻食品同时具备以上特征，则可定义为速冻食品。

显然，速冻食品和一般的冷冻食品有很大区别。

（1）从冻结时间上，一般的冷冻食品冻结时间比较长，少的几个小时，长的十几个甚至几十个小时。而速冻食品的冻结时间一般不超过 30 分钟。

（2）冷却介质的温度，速冻食品要求在 -30℃或更低的温度下进行。而一般冷冻食品的冻结温度为 -23～-25℃。

（3）由于一般的冷冻食品的冻结时间比较长，如牲畜肉胴体长达 20 多个小时，形成的冰结晶数量少，规格上也比较大，有的在 500～800μm。

至于食品的冻结终温以及在冷链中的运行温度，要求的条件都是相同的，冷冻食品和速冻食品都是 -18℃。

二、速冻食品的分类

速冻食品的消费量在持续增长的同时，其种类也呈现出多元化发展的趋势，新品种层出不穷，越来越受到消费者的欢迎。

按照速冻食品的性质及来源进行划分，速冻食品可分为畜禽类、水产类、果蔬类和调理类四大类。

畜禽类，包括猪肉、牛肉、羊肉等牲畜肉，也包括鸡肉、鸭肉、鹅肉和鹌鹑肉等禽肉。不管是牲畜肉还是禽肉，作为速冻食品进行冻结时，都不是胴体肉，而是分割肉。因为胴体肉的冻结速度再快，也很难在 30 分钟内完成冻结。

进入 21 世纪后，冷却肉的发展极为迅速。在大力推广冷却肉的同时，还要大力发展低温肉制品和生物发酵制品，把中国传统风味酱、卤、烧、烤等肉制品的生产工艺与现代食品加工技术紧密结合，实现中式肉制品的工业化生产。大力发展可微波加热的速冻肉制品、真空冷冻干燥肉制品等。发展畜禽的头、蹄、尾、内脏等深加工制品以及为生化制药提供原料，提高肉类加工的附加值。鼓励肉食品加工企业进入食品配送领域，通过超市、连锁方式销售加工肉制品。注重骨、毛等废弃物的综合利用，减少环境污染，提高经济效益。在加工企业布局上，政府及行业职能部门对现有肉联厂、冷冻厂和大型龙头加工企业，积极引导其扩大生产规模、提高产品档次、增加花色品种和开展综合利用，在畜产品集中产区扶持建立一批包括冷藏、保鲜和深加工在内的龙头企业。

在禽产品加工方面，我国已是仅次于美国的第二大肉鸡生产国。鸡肉胆固醇低、脂肪含量低、经济可口，产品从整鸡到分割鸡、熟食鸡等，种类丰富。预计未来10年内，世界鸡肉的消费量占肉类消费量的比例将以每年1个百分点的速度增长。现代肉鸡产业涉及粮食、饲料、饲养、加工等多方面，具有资金、技术和劳动密集的特点，投资少、周期短、技术易普及等优势明显。今后我国家禽的养殖、加工、销售要引进国际上先进的生产方式和技术，瞄准国际市场。要大力推广无动物性蛋白饲料，生产无投药健康产品。

水产类，主要指鱼、虾、蟹等海产品以及淡水鱼的精深加工产品。由于水产品捕捞后鲜度下降很快，因此要求冻结速度快，并在更低的温度下冷藏，如金枪鱼的冷藏温度为-45～-50℃，比一般的冷冻食品的冻结温度还低得多。

速冻鱼的主要品种应以小包装为主，这样更能满足消费者和商贩的需求。目前较流行的品种有冻全鱼和去头、内脏、鳍、鳞后将可食部分加工成鱼段、鱼片、鱼糜、鱼丸等半成品，按1000g、500g、250g包装的速冻产品。

我国水产品资源丰富，加入世贸组织后，水产业与国际接轨势在必行。通过发展水产品加工和实施质量安全体系来拓展国际国内市场，从而带动养殖业，这是渔业生产的根本出路。提高水产品加工的科技含量、开发多元化水产食品、产品加工向深加工方向发展，才是我国水产业发展的必由之路。

果蔬类，除水果、蔬菜单体外，还包括水果、蔬菜按照客户要求切分成不同规格的片状、块状、条状、丝状等半成品。果蔬类食品属于植物性食品，当植物性食品冻结速度很慢时，形成较大颗粒的冰结晶会破坏其组织结构而在解冻过程中造成大量汁液流失。因此，对于果蔬类食品，必须进行快速冻结。

以速冻方式保藏水果，是目前常用的加工方法。水果冻结后，内部的生化过程停止，由于所含水分大部分已冻结成冰，微生物无生活所必需的水分，且低温也阻碍了微生物的活动和繁殖，因而水果能得以长期保藏。速冻水果能基本上保持水果原有的自然形状和风味，在储藏期间其色、香、味和维生素没有显著变化。速冻水果绝大部分用于制作其他食品，如果酱、果冻、蜜饯、点心、果汁汽水和冰淇淋。水果速冻从加工、保藏到运输、销售都要在冷链中进行。

适宜速冻加工的水果种类很多，目前在我国还是以出口为主。主要品种有草莓、黑莓、树莓、蓝莓、越橘、菠萝、蜜橘、黄桃、荔枝、芒果、猕猴桃、西瓜球、龙眼、苹果、梨丁、无花果、杨梅等。

蔬菜是人们生活中不可缺少的重要食物，它们富含维生素C、胡萝卜素、矿物质等营养成分。蔬菜收获的季节性很强，并有一定的区域性，造成了常年均衡供应的困难。另外，蔬菜中含有大量的水分，它的化学成分又是微生物发育的良好基质，故若在室温下储藏时间过久，就会使蔬菜品质下降，甚至腐烂变质。因此，采用低温尤其是速冻的方法进行蔬菜的保藏显得十分重要。

适宜速冻加工的蔬菜种类很多，果菜类(可食部分是菜的果实和幼嫩种子)有：青刀豆、豇豆、豌豆、嫩蚕豆、茄子、番茄、青椒、辣椒、黄瓜、西葫芦、丝瓜、南瓜等；叶菜类(可食部分是菜叶和鲜嫩叶柄)有：菠菜、芹菜、韭菜、蒜薹、小白菜、油菜、香菜等；茎菜类(可食部分是鲜嫩的茎和变态茎)有：马铃薯、芦笋、莴笋、芋头、冬笋、香椿等；根菜类(可食部分是根部)有：胡萝卜、山药等；花菜类(可食部分是菜的花部器官)有菜花等；食用菌类(可食部分是无毒真菌的子实体)有：鲜蘑菇如香菇、凤菇等。

调理食品在我国起步较晚，但发展速度很快。从20世纪80年代后期，我国开始出现速冻调理食品，当时的品类相对较少，加工方法也简单，以米面制品居多。

米面类食品，是指以米、小麦粉、杂粮等粮食为主要原料或同时配以(单一或多种配料)肉、禽、蛋、奶、蔬菜、果料、糖、油、调味品为馅料，经成型、生制(或熟制)、速冻、包装而成的食品。包括速冻水饺、包子、花卷、馒头、汤圆、粽子等产品，是目前速冻食品市场上最常见的食品。

三、速冻食品的特点

20世纪70年代末期，以外销速冻肉类、水产品及速冻蔬菜类产品为启动产品，迅速带动了速冻食品行业的发展，而速冻汤圆、水饺等速冻米面类食品的发展历史仅有二十多年，时至今日，速冻食品以新鲜、营养、卫生、口味佳、复原性好、储藏期长、食用方便等特点，受到越来越多的消费者青睐。

速冻食品与其他食品相比，主要有以下五大特点。

(1) 卫生质优。食品经过低温速冻处理，既能最大限度地保持食品本身的色泽风味及营养成分，又能有效地抑制微生物的活动，保证食用安全。

(2) 营养合理。如速冻调理食品配料时，可以通过原料的不同搭配控制脂肪、热量及胆固醇的含量，以适应不同消费者的需要。

(3) 品种繁多。速冻食品现有四大类、3500多个品种，从副食到主食，从盘菜到小吃，样样俱全，这是任何其他加工食品不可比的，这也为那些不善于烹调的消费者提供了方便。

(4) 食用方便。速冻食品既能调节季节性供需平衡，又能减轻家务劳动，减少城市垃圾，保护环境。速冻米面食品大多直接蒸煮就可食用，有些速冻蔬菜解冻后也可凉拌食用，很多种速冻食品微波加热即可食用，非常方便。

(5) 成本较低。与罐头食品相比，速冻食品具有口味鲜和能耗低的特点。同时，速冻食品的能耗比同类的罐头食品低30%左右。

四、速冻食品的选购

正是由于速冻食品具有以上特点，才受到越来越多地消费者青睐，并迅速发展开来。尽管如此，消费者在选购速冻食品时，还要注意以下几个方面的问题。

（1）要选择信誉度较好的大型商场、超市购买食品，同时注意超市是否具备对速冻食品冷藏的基本条件。

（2）要选择市场占有率较高的大型企业生产的知名品牌。品牌知名度较高的产品，大多为具有实力的大型企业生产，其产品质量有保障。

（3）要选择预包装产品。一般来讲，预包装产品比散装产品卫生、安全。尽管自2007年7月1日起，国家规定超市不得销售散装速冻食品，但是有些规模较小的超市、商店还有可能继续销售。对于不带包装的速冻食品，消费者尽量不要购买。

（4）要选择标识规范的产品。速冻米面食品标签上不仅应标注食品名称、配料清单、净含量、制造商、经销商的名称和地址、日期标示和储藏说明，还必须标注速冻、生制或熟制以及馅料含量占净含量的百分比和食用方法等内容。

第三节　速冻食品发展现状及趋势

进入21世纪，基于我国各级政府对速冻食品产业的支持以及消费者购买能力的不断提升，速冻食品逐渐成为食品行业的主流消费品。加上速冻食品生产企业的健康发展和速冻食品市场的逐年稳步提升，速冻食品产业被人们誉为“朝阳”产业。另外，速冻食品的快速发展促进了农副产品的深加工，也大大提高了农副产品的附加值，加速了农业现代化进程，加之速冻食品行业与日常生活消费关联度高，与经济周期关联度低，因此速冻食品产业又被人们誉为“长青”产业。

一、速冻食品行业发展现状

我国速冻食品产业发展到今天，仍处于快速发展阶段，产品线的纵向和横向拓展空间都很大。但是，就整个行业来讲，仍存在规模企业少、产品种类少、精美包装少、第三方物流少、自动化程度低、从业人员文化素质低、产品产量低、规模效益低等问题。

（一）规模企业少

截止到2010年8月，我国登记注册的速冻食品企业共有2500多家，其中规模以上企业（年销售额在500万元以上）200多家，销售额在亿元以上的有50多家，其他都是作坊式小企业，主要为大中型速冻食品企业贴牌加工。还没有真正超过100亿元产值的大型企业。

（二）产品种类少

纵观我国速冻食品市场，尤其是速冻调理食品，从南到北除口味依生活习惯略有调整外，产品结构大致相同。主要以速冻米面食品为主，而且花色品种比较单一，传统的食品如汤圆、水饺、粽子、包子等占大多数，品种也只有300余种。相比之下，国外的速冻食品市场，品种丰富，形式多样，不仅涉及主食、副食、菜肴，就连很多休闲食品也多是速冻生产。目前，全世界速冻食品有3500多种，其中日本有3100多种，美国有2700多种，而我国速冻食品种类只有600多种。

（三）精美包装少

我国的速冻食品尤其是知名企业开发的传统食品，质量并不比国外企业的差，但是缺少精美的包装，包装材料大多采用普通聚乙烯袋，简陋、单调、色度差、制作粗糙，缺乏吸引力，更缺乏艺术性或彰显食品个性的包装。包装设计的滞后造成了我国速冻食品在国际市场上“一流质量、二流包装、三流价格”的不利局面。即使在国内市场，由于我国速冻食品包装的大众化，造成高档速冻食品的价格偏低，与国外品牌相比，竞争力不强。

（四）第三方物流少

目前，我国速冻食品行业的物流配送还不太规范，速冻食品在低温流通过程中还存在一些问题，冷藏火车、冷藏汽车、冷藏集装箱、聚氨酯或聚苯板保温汽车、一般运货汽车等运输工具一起使用，配送结构不合理，运输方式落后，运输工具及测量仪器过于简单，很多企业没有专门的冷藏车，社会上真正的第三方物流公司少，制约了速冻食品产业的健康可持续发展。

（五）自动化程度低

目前，我国速冻食品生产企业中，大多使用的还是国产设备。与进口设备相比，国产设备能耗大、自控性差、故障率高，而且前处理、生产加工、速冻及冷藏之间各种设备的匹配不尽合理，因为到目前为止我国还没有一家企业能够配置全套的速冻食品生产线，只有速冻食品生产企业按照招标方式选择不同厂家的设备，使得速冻食品生产环节各配套设备很难优化，生产线的自动化程度整体比较低，不能完全满足速冻食品从原料处理开始直到成品的连续大生产作业的要求，一定程度上制约了速冻食品业工业化、规模化的进程。

（六）从业人员文化素质低

我国的食品企业属于劳动密集型企业，速冻食品由于生产线自动化程度低以及一些传统食品特殊工艺的要求，需要大量工人进行手工作业，况且在人们的潜意识里总认为手工的食品质量才有保证。纵观当前我国食品企业生产一线的职工，有大专以上学历的很少，多为中小学学历。而事实上现代化食品企业的生产，迫切需要大批高素质技能型人才，他们既有理论知识，又掌握了专门技能，能够对现代化生产设备进行操作、维护、保养和组织生产管理。显然，从业人员的文化素质偏低，也制约了速冻食品产业的发展。

（七）产品产量低

食品企业的产量与生产的自动化程度高低有直接关系，由于目前我国速冻食品企业大多采用自动化程度较低的国产设备，这就决定了其产量不可能太高；另外，我国传统的米面食品多为包馅食品，制作工艺复杂，只能手工包制，不适合机器自动化、规模化生产，也决定了手工制作的产品不可能有太大的产量；再者，人们对速冻食品的消费意识还没有完全建立，总认为自己做的食品才是新鲜的、放心的，速冻食品可买可不买，不是消费必需品。鉴于以上情况，我国速冻食品的产量与发达国家相比，还有一定差距。

（八）规模效益低

进入21世纪，我国的速冻食品产业虽然发展较快，但总体产销情况仍处于产量低、品种少、包装差和规模效益不高的状况，还不能适应大市场、大流通的需求。和世界上一些发达国家相比，人均消费量相差较大。有些大中城市的生产销售企业已经认识到这一点，采取提高工艺技术、改造生产设备、开发新产品、异地建厂、扩大产能等手段，尽量提高企业的规模效益。

二、速冻食品行业发展趋势

从20世纪90年代开始，我国速冻食品经过了20多年的快速发展，目前已经形成相对独立的生产营销体系。产品质量在稳步提升，工艺标准在逐渐完善，花色品种也日渐丰富，市场份额在逐步扩大。今后，我国速冻食品的发展将更加注重安全、营养、方便、卫生、品牌及品种多样化。

（一）食品安全更有保障

最近一个时期，我国的食品安全事件频发，苏丹红、三聚氰胺、毒大米、毒水饺、瘦肉精、牛肉膏、染色馒头、回炉面包、毒胶囊……食品安全问题已经成为当今我国民众最为关注的大事！为此，中央政府下大决心整治食品安全和监管腐败，国务院专门成立食品安全委员会，最高人民法院要求各级人民法院要进一步加大执法力度，依法从重、从快严惩危害食品安全及相关职务犯罪。今后我国的食品工业将进入健康发展的轨道，速冻食品的生产标准更严格，溯源体系更完善，安全将更有保障。

（二）营养搭配更趋合理

我国速冻食品的加工非常注重营养搭配，如芹菜大肉水饺的生产，按照食品营养师的配方，不仅芹菜的比例是一定的，就连大肉的肥瘦都有一定的比例，还有皮馅比等。目前，我国速冻调理食品发展迅速。调理食品在配料时，通过原料的不同搭配严格控制了脂肪、热量及胆固醇的含量，以适应不同消费者的需要。有的企业还推出了针对不同人群和地域的产品，如儿童钙饺、麻辣水饺、东北包子、广州云吞。今后我国速冻食品企业将会聘请专业营养师制定配方，指导生产，营养搭配将更趋合理。

（三）蒸煮烹饪更加方便

社会在进步，人们的饮食理念也在不断更新。以前烹饪时人们煎炸油烹，追求大油大肉口味，现在人们更注重营养与保健。食用大油大肉带来的高血脂、高血压和肥胖症，已经严重影响了人们的身体健康，现代人更喜欢蒸煮食品。而我国生产的大多速冻食品，只需要蒸煮一下就可以食用，非常方便。尤其是家庭微波炉的普及，使人们在短短几分钟之内就可以享受到美味佳肴。还有一些速冻食品如铜锣烧，开袋即食，就是在冷冻状态下食用也香甜可口。今后速冻食品烹饪的极大方便，将为人们快节奏的都市生活提供最佳的食物来源。

（四）产品更卫生，食用更健康

由于速冻食品是在－30℃以下低温条件下生产，在－18℃低温条件下储藏、运输、销售的，这样低的温度足以杀死绝大部分微生物，因为国际公认的绝大部分微生物不能存活的温度是－12℃。即使消费者购买速冻食品后暂时存放在家用冰箱里，从储藏温度上讲也是安全的，因为现在市场上销售的冰箱，几乎全是三星级以上冰箱，冷冻室的温度均为－18℃。另外，速冻食品生产的原料经过仔细挑拣、清洗、切分、调配，每道工序都严格检验，加上我国速冻食品行业继汤圆、水饺之后，会制定更多的国家标准、行业标准、企业标准，规范的生产将使产品更卫生，食用更健康。

（五）品牌集中度更高

从我国速冻食品行业发展形势看，虽然目前表现的是品牌个性不明显、品牌集中度不高，但是，速冻食品品牌化是大势所趋，其实很多消费者在速冻产品上已初步形成一定的品牌消费，在购买速冻食品时比较固定选择一、二个品牌的产品。显然，随着我国速冻食品的快速发展，将会出现更多的品类、更好的产品，地方中小品牌将淡出市场，而已经形成品牌的企业市场越做越大。

（六）产品花样繁多

我国地大物博，幅员辽阔，各地传统名吃种类繁多，比比皆是。可是，真正开发成速冻食品并进入市场消费的产品并不多。我国速冻食品市场上销售的品种目前也就60多种，与日本的2700多种相差几倍。可喜的是，很多速冻食品企业已经认识到新品开发、技术创新的重要性，纷纷加大投入筹建技术中心。2010年我国速冻汤圆市场出现了“水果汤圆”销售异常火爆的局面，相信不久“蔬菜汤圆”也会闪亮登场。今后，开发膳食搭配合理、适合不同地域、不同人群、集营养保健于一体的多功能新产品，将是我国速冻食品企业的重要选择。

我国速冻食品产业经过20多年的发展，已经形成了以米面食品为主，肉类、水产、果蔬及传统名吃为辅的生产营销体系。今后，我国速冻食品产业将会制定更多的产品标准，将会出现成套速冻装备制造企业使得速冻食品生产线自动化程度更高，第三方物流企业将全程监控速冻食品的低温流通，大品牌对市场的占有率更高，产品销售不仅遍及乡村，也会销往世界各地。今后10年，速冻食品将成为我国现代都市居民、上班一族、年轻人以及企事业单位食堂、饭店主要的食物来源。

【大视野】1910年世界上第一台压缩式制冷的家用冰箱在美国问世。1925年瑞典丽都公司开发了家用吸收式冰箱。1927年美国通用电气公司研制出全封闭式冰箱。1930年采用不同加热方式的空气冷却连续扩散吸收式冰箱投放市场。1931年研制成功新型制冷剂氟利昂电冰箱。20 世纪 50 年代后半期开始生产家用热电电冰箱。中国从 50 年代开始生产电冰箱，1956 年天津市医疗器械厂试制成功封闭式压缩机并用于电冰箱。1980 年中国生产冰箱 4.90 万台，1988 年达到 755 万台，2011 年中国家用电冰箱产量达 8699.2 万台。

复习思考题

1. 速冻食品应同时具备哪几个方面的特征？
2. 按照性质及来源划分，速冻食品可分为哪几大类？
3. 速冻食品与其他食品相比，具有什么特点？
4. 消费者在选购速冻食品时应注意什么问题？
5. 我国速冻食品行业存在的主要问题有哪些？
6. 简述我国速冻食品行业发展趋势。

第一章　速冻食品生产理论基础

学海导航

本章主要讲述速冻食品生产的理论基础，涉及食品冻结原理、食品冻结过程中冰晶的形成及分布、影响食品冻结的因素、冻结对食品及微生物学性质的影响、速冻食品的T.T.T理论。本章学习的重点是食品冻结过程中的基本规律，冻结速度对冰晶形成及分布的影响，食品在冻藏过程中的变化。

第一节　食品冻结原理

食品的冻结就是指将食品的温度降低到食品冻结点以下的某一预定温度（一般要求食品的中心温度达到-18℃或以下），使食品中的大部分水分冻结成冰晶体，以减少微生物活动和食品生化变化所必需的液态水分。用冻结来防护食品（系指新鲜原料）是保证许多种易腐食物几乎不变地保持其原有特性的极好方法。常见的速冻食品，不仅有只经过初加工的新鲜状态的肉、禽、水产品、去壳蛋、水果、蔬菜等，还有不少加工品，如面包、点心、冰淇淋、果汁以及名目繁多的预制冻结食品和预调理冻结食品，合理冻结的食品在大小、形状、质地、色泽和风味方面一般不会发生明显的变化。目前速冻食品已发展成为方便食品中的重要食品，在国外已成为家庭、餐馆、食堂膳食菜单中比较常见的食品。

一、冻结点

冻结点是指一定压力下液态物质由液态转向固态的温度点。图1-1为水的相图，图中AO线为液汽线，BO线为固汽线，CO线为固液线，O点为三相点。从图1-1中可以看出，压力对水的冻结点有影响，真空（610Pa）下水的冻结点为0.0099℃。常压

(1.01×10^5Pa)下水中溶解有一定量的空气，这些空气使水的冻结点下降，冻结点变为0.0024℃。纯水在一个大气压下的冰点是273.15K(即0℃)，可是，实际上纯水并不在0℃时就结冻，在一般情况下，纯水只有被冷却到低于0℃的某一温度时才开始冻结。这种现象被称为过冷。开始出现冰晶的温度与相平衡冻结温度之差，称为过冷度。冻结点和过冷点之间的水是处于亚稳态(过冷态)，极易形成冰结晶。冰结晶的形成包括冰晶的成核和冰晶的成长过程。

对于水溶液而言，溶液中溶质和水(溶剂)的相互作用使得溶液的饱和水蒸气压较纯水的低，也使溶液的冻结点低于纯水的冻结点，这种现象即是溶液的冻结点下降现象。因此食品物料要降到0℃以下才产生冰晶。溶液的冻结点下降值与溶液中溶质的种类和数量(即溶液的浓度)有关。食品物料中的水是溶有一定溶质的溶液，只是其溶质的种类较为复杂，溶质的种类较多。

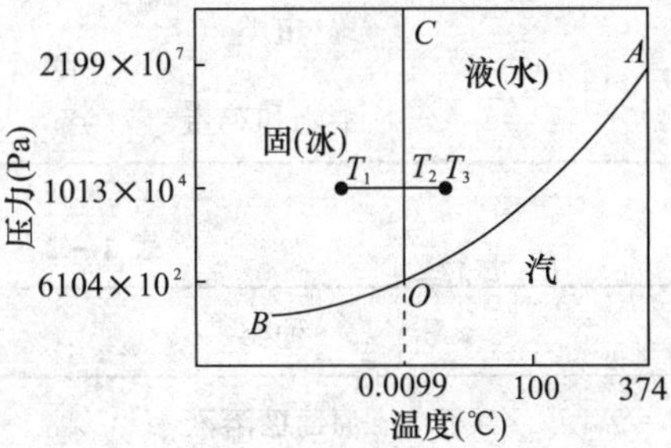

图1－1　水的相图

二、低共熔点

下面以一简单的二元溶液系统为例来说明溶液的冻结点下降情况。图1－2为蔗糖水溶液的液固相图。图中AB线为溶液的冰点曲线，也即冻结点曲线，BC线为液晶线，也是蔗糖的溶解度曲线。从图1－2可以看出，从A到B，随着蔗糖溶液浓度的增加，溶液的冻结点逐渐下降。一定浓度的蔗糖溶液经过冷态后开始冻结，部分水分首先形成冰结晶，使剩余溶液的浓度增加。根据拉乌尔第二法则，剩余溶液浓度的增加又导致这些溶液的冻结点进一步下降，故而溶液的冻结点并非在同一温度完成。我们一般所指的溶液或食品物料的冻结点是它(们)的初始冻结温度。溶液或食品物料冻结时在初始冻结点开始冻结，随着冻结过程的进行，水分不断地转化为冰结晶，冻结点也随之降低，这样直至所有的水分冻结，此时溶液中的溶质、水(溶剂)达到共同固化，这一状态点B被称为低共熔点或冰盐冻结点。

食品物料由于溶质种类和浓度上的差异，其初始冻结点会有所不同。即使是同一类食品物料，由于品种、种植、饲养和加工条件等的差异，也会使其初始冻结点不尽相同。实际上，一些食品物料的初始冻结点多表现为一个温度范围。表1－1列出一些常见食品物料的初始冻结点多表现为一个温度范围，表1－1列出了一些常见食品物料的初始冻结点，表1－2列出一些常见溶液和食品物料的低共熔点。

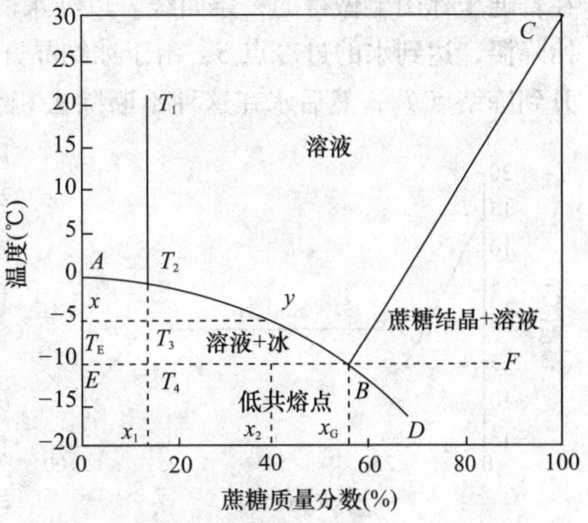

图1－2　蔗糖水溶液的液固相图

表 1－1　常见食品物料的初始冻结点

食品物料的种类	初始冻结点(℃)
蔬菜	－2.8～－0.8
水果	－2.7～－0.9
猪、牛、羊肉	－2.2～－1.7
鱼类	－2.0～－0.5
牛奶和鸡蛋	约－0.5

表 1－2　一些溶液和食品的低共熔点

种类	低共熔点(℃)
葡萄糖溶液	－5
蔗糖溶液	－9.5
牛肉	－52
冰淇淋	－55
蛋清	－77

三、冻结过程和冻结曲线

冻结过程是指食品物料降温到完全冻结的整个过程。冻结曲线是描述冻结过程中食品物料的温度随时间变化的曲线，它是以食品的温度为纵坐标，以冻结时间为横坐标，在普通坐标图上做得的一条曲线。以纯水的冻结曲线为例(图 1－3)，水从初温(T_1)开始降温，达到水的过冷点 S，由于冰结晶开始形成，释放的相变潜热使水的温度迅速回升到冻结点 T_2，然后水在这种不断除去相变潜热平衡的条件下，继续形成冰结晶，温度保持在平衡冻结温度。形成一个结晶平衡带，平衡带的长度(时间)表示全部水转化成冰所需的时间。当全部的水被冻结后，冰以较快的速率降温，达到最终温度 T_3。

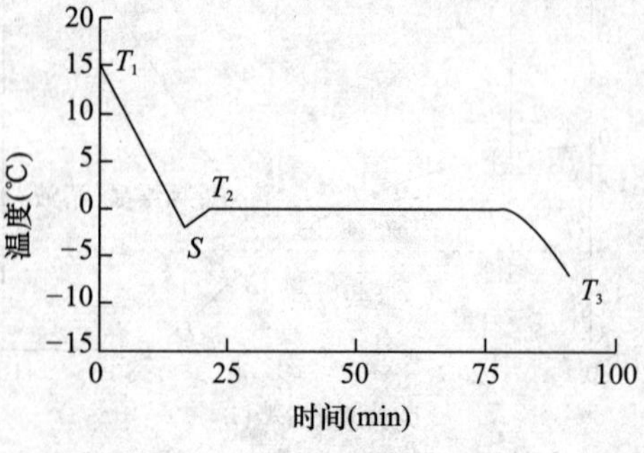

图 1－3　纯水的冻结曲线

图 1－4 为食品物料在不同冻结速率下的冻结曲线。图中，$A \rightarrow S$：冷却过程，只除去显热，S 为过冷点，多数样品都有过冷现象出现，但不一定很明显。过冷点的测定取决于测温仪的敏感度、对时间反应的迅速程度以及测温仪在样品中的位置。样品组织表面

的过冷程度较大，一般缓冻及测温仪深插难测出过冷点，若过冷温度很小或过冷时间很短，测定时需要用灵敏度很高的测温仪才能测得。S→B：结晶放热、温度回升到初始冻结点 B。B→C：大部分水（约 3/4）在此阶段冻结，需要除去大量的潜热，BC 段为有一定斜率的平衡带。在此段的初始阶段水分近乎以纯水的方式形成冰结晶，后阶段则有复杂的共晶物形成。C→D：由于大部分水分已冻结，此时去除一定量的热能将使样品的温度下降较多。样品中仍有一些可冻结的水分，只有当温度已达到低共熔点温度，所有自由水分才全部冻结。表 1－3 反映了冰淇淋中冻结水分比例和温度的关系。

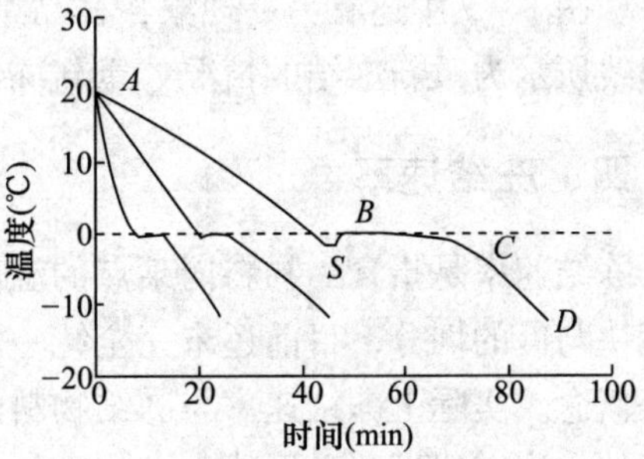

图 1－4　不同冻结速率的食品物料冻结曲线

表 1－3　冰淇淋中冻结水分比例和温度的关系

冻结水分（%）	温度（℃）	冻结水分（%）	温度（℃）
0	－2.5	40	－4.2
5	－2.6	45	－4.6
10	－2.7	50	－5.2
15	－2.9	55	－5.9
20	－3.1	60	－6.8
25	－3.3	70	－9.5
30	－3.5	80	－14.9
35	－3.9	90	－30.2

注：冰淇淋的成分为脂肪 12.5%，乳清固形物 10.5%，糖分 15%，稳定剂 0.3%，水 61.7%。

从图 1－4 可看出，冻结速率加大使冻结曲线各阶段变得不容易区分，速率很大时，曲线几乎为一直线，显示不出稳定的平衡状态。有些样品的冻结曲线显得很不规则，曲线中出现“第二冻结点”现象，如图 1－5 所示。图中箭头所指的即为“第二冻结点”，此现象在不少活态植物组织冻结时出现，而动物性食品物料则无此现象。关于此现象目前还没有准确的解释，但多数理论认为这是由于组织中各处

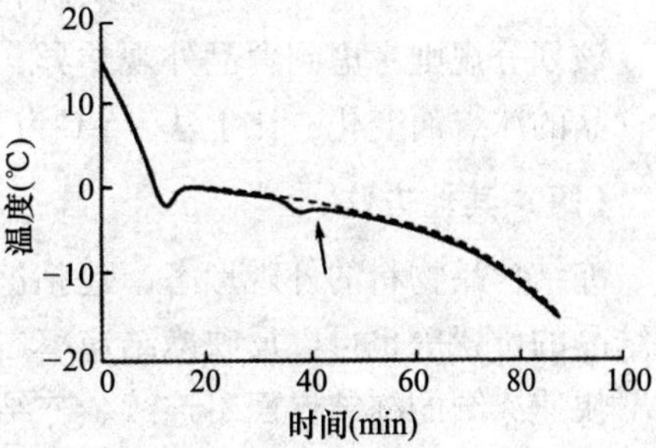

图 1－5　具有“第二冻结点”的冻结曲线

的水分性质不同所造成，如细胞内水和细胞外水、不同种类细胞中的水或胶体网内外的水等。图 1-5 中还有另一现象，样品重新冻结时的冻结温度一般高于第一次冻结，图中虚线所示为重新冻结的情况。重新冻结中不再出现“第二冻结点”现象。

四、冻结速率

冻结速率是指食品物料内某点的温度下降速度或冰峰的前进速度。人们对食品冻结速度快与慢的划分，目前还未完全统一。我们经常谈到缓慢冻结、快速冻结和超快速冻结等概念。实际上冻结速率与冻结物料的特性和表示的方法等有关，目前用于表示冻结速率的方法有以下几种形式。

（一）时间—温度法

一般以降温过程中食品物料内部温度最高点，即热中心的温度表示食品物料的温度。但由于在整个冻结过程中食品物料的温度变化相差较大，选择的温度范围一般是最大冰结晶生成带，常用热中心温度从 -1℃降低到 -5℃这一温度范围的时间表示冻结速率。若通过此温度区间的时间少于 30 分钟，称为快速冻结；大于 30 分钟，称为缓慢冻结。这种表示方法使用起来较为方便，多应用于肉类冻结。

（二）冰峰前进速率

是指单位时间内 -5℃的冻结层从食品表面伸向内部的距离，单位 cm/h。常称线性平均冻结速率，名义冻结速率。这种方法最早由德国学者普朗克提出，他以 -5℃作为冻结层的冰峰面，将冻结速率分为 3 级；快速冻结 5 ~ 20cm/h，中速冻结 1 ~ 5cm/h；慢速冻结 0.1 ~ 1cm/h，该方法的不足之处是实际应用中较难测量，而且不能应用于冻结速率很慢以至于产生连续冻结界面的情况。

（三）国际冷冻协会定义

食品表面与中心温度点间的最短距离 δ_0 与食品表面达到 0℃后食品中心温度降至比食品冰点（开始冻结温度）低 10℃所需时间 τ_0 之比，就是冻结速度 v，单位 cm/h。如食品中心与表面的最短距离 δ_0 为 5cm，食品冰点 -5℃，中心降至比冰点低 10℃，即 -15℃，所需时间为 10 小时，其冻结速率为：

$$v = \delta_0 / \tau_0 = 5/10 = 0.5\text{cm/h}$$

该划分规则考虑到食品外观差异、成分不同，冰点不同，故其中心温度计算值随不同食品的冰点而变化，比上法 -5℃为下限温度低得多，对速冻条件要求更为严格。

（四）其他方法

冻结食品物料的外观形态，包括冻结界面（连续或不连续）、冰结晶的大小尺寸和冰结晶的位置等也可以反映冻结速率。

快速冻结的冻结界面不连续、冻结过程中食品物料内部的水分转移少，形成的冰结晶细小而且分布均匀；慢速冻结可能产生连续的冻结界面，冻结过程中食品物料内部有明显的水分转移，形成的冰结晶粗大且分布不均匀。图 1-6 显示了不同冻结速率冻结的鳕鱼肉中的冰结晶情况。这种方法直观。但不能反映冻结速率上的细小变化，而且易受冻结速率之外其他因素的影响。

通过热力学的方法也可以相当准确地测定单位时间、单位食品物料内冰结晶的生成量，以表示冻结速率。

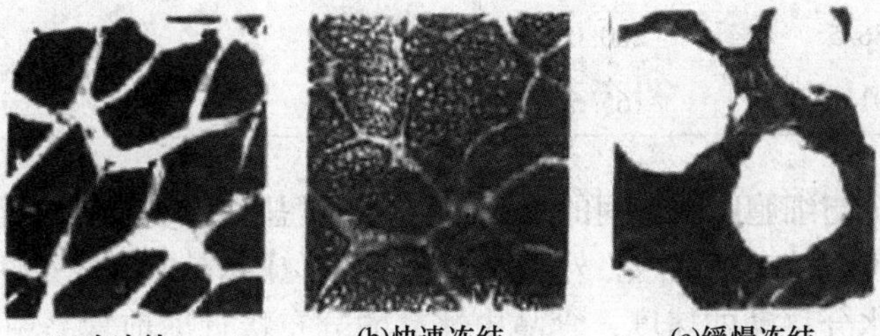

图1-6　不同冻结速率冻结的鳕鱼肉中的冰结晶情况

第二节　食品冻结过程中冰晶的形成及分布

食品在冻结过程中形成的冰结晶与冻结速度有关。一般冻结温度越低，冻结速度越快，形成的冰结晶越细小，在食品中的分布越均匀。

一、冻结速度与冰结晶的关系

不论是一瓶牛奶、一块肉或一个蘑菇，都不会瞬间同时均匀地冻结，也就是说任何一种液体绝不会同时立即从液态转变成固态。例如将一瓶牛奶放入冻结室内，瓶壁附近的液体首先冻结，而且最初完全是纯水形成冰晶体。随着冰晶体的不断形成，牛乳中未冻结部分的无机盐类、蛋白质、乳糖和脂肪的含量就相应增浓。随着冻结的不断进行，牛乳冻结的温度不断下降，含有溶质的溶液也就随之不断冻结，未冻结部分的溶液的浓度不断增浓，最后在牛乳中部核心位置上还会有未冻结的高浓度溶液残留下来。如果温度降到足够低(达到低共熔点)时，最后牛乳也有全部冻结固化的可能。

食品原料(动植物组织)是由无数细胞所构成的。动植物组织的水分存在于细胞和细胞间隙，有的呈结合状态，有的呈游离状态。在冻结过程中，当温度降低到食品的冻结点时，那些和亲水胶体结合较弱或存在于低浓度溶液中的部分水分，主要是处于细胞间隙内的水分，就会首先形成冰晶体。这样，冰晶体附近的溶液浓度增加，与细胞内的汁液形成渗透压力差；同时由于水结成冰，体积膨胀，对细胞会产生挤压作用；再者由于细胞内的汁液的蒸气压大于冰晶体的蒸汽压(表1-4)，使得细胞内的水分不断地向细胞外转移，并聚积在细胞间隙内的冰晶体的周围。这样存在于细胞间隙内的冰晶体就不断地增大。

表1-4　几种温度下水与冰的蒸气压

温度(℃)	水的蒸气压(Pa)	冰的蒸气压(Pa)	温度(℃)	水的蒸气压(Pa)	冰的蒸气压(Pa)
0	610.5	610.5	-20	125.7	103.5
-5	421.7	401.7	-25	80.9	63.5
-10	286.5	260.0	-30	51.1	38.1
-15	191.5	165.5	-40	18.9	12.9

细胞内的水分与细胞间隙之间的水分由于其所含盐类等物质的浓度不同，冻结点也有差异。如果快速冻结，细胞内、外几乎同时达到形成冰晶的温度条件，组织内冰层推进的速度也大于水分移动的速度，食品中冰晶的分布接近冻前食品中液态水分布的状态，冰晶呈针状结晶体，数量多，分布均匀。如果缓慢冻结，冰晶首先在细胞外的间隙中产生，而此时细胞内的水分仍以液相形式存在。由于同温度下水的蒸气压大于冰的蒸气压，在蒸气压差的作用下，细胞内的水分透过细胞膜向细胞外的冰结晶移动，使大部分水冻结于细胞间隙内，形成大冰晶，并且数量少，分布不均匀。由于食品冻结过程中因细胞汁液浓缩，引起蛋白质冻结变性，保水能力降低，使细胞膜的透水性增加。缓慢冻结过程中，因晶核形成数量少，冰晶生长速度快，所以生成大冰晶。水变成冰体积要增大9%左右，大冰晶对细胞膜产生的膨胀力更大，使细胞破裂，组织结构受到损伤，解冻时大量汁液流出，致使速冻食品品质明显下降，甚至不能食用。而快速冻结时，细胞内外同时产生冰晶，晶核形成数量多，冰晶细小且分布均匀，组织结构无明显损伤，解冻时汁液流失少，解冻品的复原性好。所以快速冻结的食品比缓慢冻结食品的质量好。

下面通过举例说明食品的冻结速度对冰晶体的大小、形状、数量和分布状况影响很大。表1-5为龙须菜采用不同冻结方法时冻结速度与冰晶大小的关系。从表1-6中可以看到，冻结速度快时冰晶细小而且量大，而冻结速度慢时则冰晶粗大而且量少。因此采用速冻技术是控制冰晶体颗粒大小的有效方法。

表1-5　龙须菜的冻结速度对冰晶体的大小影响

冻结方法	冻结介质的温度(℃)	冻结速度顺序	冰晶体的大小(μm)		
			长度	宽度	厚度
液氮	-196	1	5~15	0.5~5	0.5~5
干冰	-80	2	29.2	18.2	6.1
盐水	-18	3	29.7	12.8	9.1
平板	-40	4	320.0	163.0	87.6
空气	-18	5	920.0	544.0	324.4

表 1-6　食品的冻结速度对冰晶体的大小、数量等的影响

冻结速度通过 0～-5℃的时间	大小(直径×长度)(μm×μm)	形状	冰结晶数量	分布位置
数秒	(1～5)×(5～10)	针状	无数	细胞内
1.5min	(0～20)×(20～50)	杆状	多数	细胞内
40min	(50～100)×100 以上	柱状	少数	细胞内
90min	(50～200)×200 以上	块粒状	少数	细胞外

二、最大冰结晶生成带

对于新鲜食品来说，一般温度降至-5℃时，已有 80% 的水分生成冰结晶，故把-1～-5℃称为最大冰结晶生成带，即食品冻结时生成冰结晶最多的温度区间。对于冰点较高的肉、鱼、蔬菜、鸡蛋、牛奶来说，最大冰结晶生成带大体处于-1～-5℃范围内。

最大冰结晶生成带对冻结食品质量的影响主要表现在以下几个方面：

(1) 食品组织结构在冻结过程中受到损伤的程度取决于冰结晶的形成情况(如冰结晶的大小、数量、形状及位置)，而冰结晶的形成情况又取决于通过最大冰结晶生成带的时间长短。一系列研究表明，通过最大冰结晶生成带的时间越短，食品的质量就越好。

(2) 肌肉中的蛋白质，尤其肌球蛋白发生冻结变性速度最快的温度区间为-3～-2℃，恰好处于最大冰结晶生成带内。为了减轻肌球蛋白的冻结变性，应该迅速通过最大冰结晶生成带。

(3) 对 α 淀粉来说，发生 β 化变化最快的温度区间为-1～1℃，在-5～-1℃的温度范围，β 化的速度仍然很快。因此，对于含有 α 淀粉的烹调冷冻食品来说，迅速通过最大冰结晶生成带也是很重要的。

(4) 有些低温微生物在-1～-5℃温度下仍能发育。为了抑制这一部分微生物的发育有必要迅速通过最大冰结晶生成带，使食品温度尽快降至-12℃以下。

第三节　影响速冻食品质量的因素

速冻食品的质量是否良好与速冻加工过程的各个环节有直接关系，其主要影响因素有速冻食品原料的性质、速冻前的加工处理工艺、速冻过程中的冷却介质、温度、机械传送方式等各种因素及速冻后冷藏、运输、销售及家庭储藏等环节的影响等。

一、速冻食品原料的性质

(一) 初始品质

具备速冻加工条件的食品，其初始品质的好坏直接影响速冻食品的品质。一般认

为，初始品质越好，新鲜度越高，其冻结加工后的品质也就越好。对于果蔬类食品，采摘期、采摘方式、病虫害、农药以及成熟度等都是影响初始品质的主要因素。果蔬收获时间过早或过晚、虫害和农药污染严重、采摘时造成的机械损伤等都不利于其冻结加工品质。对于肉类食品，屠宰前动物是否安静休息、屠宰后冲洗和放血是否干净、胴体污染控制的程度以及对胴体是否进行适当冷却等都是保证冻结质量的重要因素。为了保证水产品的新鲜度，应在捕捞后迅速冷却和冻结。

（二）收获、屠宰或捕捞后与速冻加工之间的时间间隔

一般来说，收获、屠宰或捕捞后与速冻加工之间的时间间隔越短。速冻食品质量越好。对果蔬类食品，如青刀豆，收获 24 小时后再冻结加工会出现严重的脱水、变色等现象，即使采用较先进的流态化冻结方法进行冻结，其产品质量(尤其色泽、口感等)也会大大下降，这种变色是由于未被钝化的多酚氧化酶、叶绿素酶或过氧化物酶所引起的。对鱼类食品，变色的原因包括自然色泽的分解和产生新的变色物质的方面。自然色泽的破坏，如红色鱼皮的褪色，冷冻金枪鱼的变色。有的还会产生新的变色物质，如白色鱼肉的褐变、虾类的黑变等。变色的机制虽然复杂、但均与原料的鲜度有关，如黑变与虾的鲜度有关，鲜虾捕捞后立即冻结。多酚氧化酶没有活性就不会使其变黑。对畜肉类食品，畜肉的褐变与其屠宰后与氧气接触的时间有很大关系，因为肌肉的肌红蛋白受空气中氧的作用会变色。肌红蛋白的原色是紫红色，氧合后成氧合肌红蛋白呈鲜红色，氧合肌红蛋白氧化后成氧化肌红蛋白呈褐色。畜肉褐变的色调由氧合肌红蛋白和氧化肌红蛋白的比例确定的。氧化肌红蛋白含量超过 50% 时呈褐色，量较少则呈鲜红色。因此对不需成热作用的畜肉类(如猪肉)屠宰后应尽快速冻。

但如果时间间隔不够，对一些速冻食品解冻后的品质会有不良影响。例如，去骨的新鲜肉(包括鲸肉)在达到僵硬前，就在很低的温度下速冻，然后冷藏，当解冻时随着食品温度的升高，肌肉开始出现死后僵硬现象，肌球蛋白和肌动蛋白的结合形成肌动球蛋白可以使肌肉收缩，同时肌肉内的冰晶随着食品温度的升高而变成水，收缩的肌肉将这些水挤出去。形成体液的大量流失，结果使重量减轻、肌肉变形。带骨的肌肉的收缩因受到骨架的限制，解冻时僵硬造成的损伤就小。此现象在去骨的鲸肉中最明显。去骨的鱼片及肉片亦有此现象，但一般鱼片是僵硬后切割的，因此影响较小。如果畜(鱼)肉经僵硬后再进行冻结，则此现象就不会发生。

二、速冻前的加工处理工艺

（一）果蔬类食品速冻前的预处理工序

果蔬类食品冻结前加工处理工艺的包括原料的挑选及整理、清洗、切分、漂烫、冷却等环节。对每一生产环节必须认真操作。任何操作不当都会影响冻结质量。例如：挑选、整理原料时，不能食用的部分是否剔除、大小是否均匀，清洗是否符合卫生标准，切分是否整齐，漂烫时间、温度是否达到要求，冷却温度的高低及冻结前需要包装的食品其包装是否严密等。

由于对食品安全认识的加深，国内外消费者对头发、小金属片、小虫之类的杂质非常敏感，因此对速冻产品的杂质含量要求很严。预处理是操作人员与原料接触最频繁的环节，因此要求操作人员进入车间前要戴帽(罩住所有头发)，穿好工作服，洗手消毒，并通过风淋，吹去附在身上的毛发。产品中混进的小金属片通过专用的金属探测仪检出。车间可采用电子杀虫器驱虫。这些措施有助于预防速冻食品受到污染。

(二) 肉类食品速冻前的预处理

为保持牛、羊肉类食品的鲜嫩度，速冻前需要在0~2℃的冷却间内先预冷却成熟。在此过程中，选择适当的冷却条件和冷却方式尤其重要。一般采用低温冷却，以空气温度0~2℃，湿度86%~92%，流速0.15~0.5m/s为宜。

三、速冻过程中影响品质的各种因素

冻结过程中对速冻食品品质的影响大致有：溶液中溶质的重新分布、冰晶体的形成和长大、残留液的浓缩现象等。但导致这些影响的关键因素是冻结速度。研究表明，冻结速度越快，冻结溶液内溶质的分布往往越均匀，产生的冰晶体颗粒越小，解冻后的复原性越好，残留液浓缩的危害性下降。因此可以说与冻结速度有关的各种条件都是影响速冻食品品质的重要因素，影响食品冷却过程中的冷却速度和冷却终了温度的因素有：冷却介质的相态、冷却介质运动的状态(自然流动或强制流动)和速度、冷却介质与食品的温差、冷却介质的物理性质(热容量、导热系数等)、食品的厚度与物理性质(质量热容、导热系数等)。其主要有以下几方面。

(一) 冷却介质及其温度的影响

冷却介质是从食品中吸收热量，并把热量传递给冷却装置的媒介物。通常采用的冷却介质有气体、液体和固体。

在气体介质中普遍采用的是空气，空气随处可得，不需任何费用。但空气的对流放热系数小，冷却速度慢，空气若长时间地作用于食品，会引起食品的不良变化，主要空气中的氧与肉中脂肪的氧化作用。

采用液体为冷却介质的有冷水和水冰混合物。水的对流放热系数大，冷却速度快；用冷水作为冷却介质没有氧化和干耗的问题，但是用冷水作为冷却介质容易对食品造成交叉污染，如禽类冷却时的沙门氏菌污染的问题；用冷水作为冷却介质还会产生食品中可溶性物质的损失和食品的带水量过多的问题。

采用固体作为冷却介质的主要是淡水冰。用冰作为冷却介质，食品的冷却速度比用空气作为冷却介质的快，但比用水作为冷却介质的慢。

在相同条件下，冷却介质温度越低，冻结速度越快。但需要指出的是，冷却介质温度越低，制冷装置的能量消耗也越大。因此，从经济方面考虑，应选择合适的冷却介质温度。根据目前我国的具体情况，采用氨做制冷剂，蒸发温度一般选择在-35~-45℃。

（二）食品冻结终止温度的影响

食品冻结终止温度应低于或等于冻结后储藏温度，这有利于保持食品速冻状态下形成的组织结构。如果食品的冻结终止温度高于储藏温度，那么在冻藏中就会出现食品的再次缓慢冻结，食品组织内部未冻结的水分就会生成较大的冰结晶，从而出现组织结构被破坏、蛋白质变性、解冻时汁液流失增加等现象，影响速冻食品的质量。

（三）机械传送方式的影响

许多研究表明，机械传送方式对速冻食品的质量有一定影响，适宜的机械传送可以防止物料与传送带黏结或物料与物料黏结，从而保证物料的完整性和实现单体快速冻结。例如，采用水平传送带传送冻结食品，在微冻区往往会出现黏结现象。为了防止这种现象的产生，可在水平传送带上增加一定数量的驼峰。

此外，机械传送装置的运行速度必须根据不同品种的要求而作适当调整。运行过快，达不到规定的冻结时间，不能保证冻结质量；运行过慢，影响生产速度，耗能增高、效率低等。

四、速冻后续过程中影响品质的各种因素

在速冻后冻藏、运输、销售及家庭食用前的储存过程中，影响速冻食品品质的因素主要是温、湿度的波动及储存方式。一般食品在速冻过程中，大约有 90% 以上的水分被冻结，微生物与酶的作用被有效地抑制，因此可以长期储存。但是，如果在上述各环节中出现较大的温、湿度波动(尤其温度波动发生在 -18℃以上)，再加上冻藏时间延长而出现的缓慢氧化作用，往往会使速冻食品出现冰结晶、干耗大、变色等。从而使其品质下降。因此，为保证速冻食品的品质，应尽可能形成冻藏、运输、销售及家庭储藏全过程的冷藏链，使速冻食品始终处于 -18℃以下的恒定温度中。

第四节　冻结对食品营养及微生物学性质的影响

食品在冻结状态下，微生物得不到生命活动所必需的水分，就使反应物质失去了借以扩散移动的介质，食品可作较长时间储藏。动物性食品储藏温度越低，品质保持越好，储藏期越长。防止微生物繁殖的临界温度是 -12℃，实际生产中使用的温度是 -18℃。

一、速冻对食品的影响

（一）食品在冻结过程中的物理和化学变化

1. 体积的变化和产生膨胀压

0℃的纯水冻结后体积约增加 9%，不同温度时水和冰的质量体积如表 1-7 所示。因为食品中含有水分，因此食品物料在冻结后也会发生体积膨胀，但膨胀的程度较纯水小。但也有一些例外情况，加高浓度的蔗糖溶液冻结后体积会出现很小的收缩。影响这

一变化的因素包括：

（1）成分。主要是物料的水分质量百分含量和空气体积百分含量。食品物料中溶质和悬浮物的存在有一“替代”效应，也就是这些物质的存在相对减少了物料中的水分含量，而水是导致物料体积发生变化的原因，水分的减少使冻结时物料体积的膨胀减小；物料内的空气主要存在于细胞之间(特别是对于植物组织)，空气可为冰结晶的形成与长大提供空间，因此空气所占的体积增大，会减小体积的膨胀。

（2）冻结时未冻结的水分的比例。食品物料中可以冻结的自由水分的减少意味着结冰时冰结晶的减少，溶质的种类和数量会影响到物料中结合水的量和形成过冷状态的趋势。

表1-7 水和冰在不同温度时的质量体积

状态	温度(℃)	质量体积($m^3 \cdot kg^{-1}$)
水	100	1.043430×10^{-3}
	20	1.000273×10^{-3}
	4	1.000000×10^{-3}
	0	1.000132×10^{-3}
冰	0	1.090000×10^{-3}
	-185	1.085300×10^{-3}

水结冰后随着温度下降，虽然也有所收缩，但是其收缩微乎其微，只有几万分之一。即使温度降低至-185℃，也远比4℃时水的体积要大得多，所以含水分多的食品冻结时体积会膨胀。比如牛肉的含水量为70%，水分冻结率为95%，则牛肉的冻结膨胀率为：

$$0.70 \times 0.95 \times 0.09 \times 100\% \approx 6\%$$

食品冻结时表面水分首先冻结成冰，然后冰层逐渐向内部延伸。当内部的水分冻结膨胀时会受到外部冻结层的阻碍，于是产生内压，即冻结膨胀压。当外层受不了这样的内压时食品就会破裂。在采用温度很低的液氮冻结，食品的厚度较大时产生的龟裂就是此内压造成的。

冻结前后物料的体积在不同温度段的变化规律不同，这些温度段可以分为：冷却阶段(收缩)、冰结晶形成阶段(膨胀)、冰结晶的降温阶段(收缩)、溶质的结晶阶段(收缩或膨胀，视溶质的种类而定)、冰盐结晶的降温阶段(收缩)、非溶质如脂质的结晶和冷却(收缩)。多数情况下，冰结晶形成所造成的体积膨胀起主要作用。

2. 水分的重新分布

冰结晶的形成还可能造成速冻食品物料内水分的重新分布，这种现象在缓慢冻结时较为明显。因为缓慢冻结时食品物料内部各处不是同时冻结，细胞外(间)的水分往往先冻结，冻结后造成细胞外(间)的溶液浓度升高，细胞内外由于浓度差而产生渗透压差，使细胞内的水分向细胞外转移。

3. 机械损伤

机械损伤也称冻结损伤。食品物料冻结时冰结晶的形成、体积的变化和物料内部存在的温度梯度等会导致产生机械应力并产生机械损伤。机械损伤对脆弱的食品组织，如果蔬等植物组织的损伤较大。一般来说，冻结时的体积变化和机械应力是食品物料产生冻结损伤的主要原因。机械应力与食品物料的大小、冻结速率和最终温度有关。小的食品物料冻结时内部产生的机械应力小些。对于一些含水较高、厚度大的物料，表面温度下降极快时可能导致物料出现严重的裂缝，这往往是由于物料组织的非均一收缩所致（物料外壳首先冻结固化，而当内部冻结膨胀时导致外壳破裂）。

4. 非水相组分被浓缩

由于冻结时物料内水分是以纯水的形式形成冰结晶，原来水中溶解的组分会转到未冻结的水分中而使剩余溶液的浓度增加。浓缩的程度主要与冻结速率和冻结的终温有关，在冰盐结晶点之上时温度愈低，浓缩程度愈高。液态食品物料冻结时加以搅拌可以减少溶质在固—液界面的聚集，有助于纯冰结晶的形成，溶质的浓缩也将达到最大限度。缓慢冻结会导致连续、平滑的固—液界面，冰结晶的纯度较高，溶质的浓缩程度也较大；反之，快速冻结导致不连续、不规则的固—液界面，冰结晶中会夹带部分溶质，溶质的浓缩程度也就较小。冻结—浓缩现象可以用于液态食品物料的浓缩。对冻结食品而言，大粒冰结晶和浓缩引起的危害都很大。因此快速冻结是保证速冻食品质量的重要因素。

（二）速冻食品在冻藏过程中的物理和化学变化

1. 重结晶

重结晶是指冻藏过程中食品物料中冰结晶的大小、形状、位置等都发生了变化，冰结晶的数量减少、体积增大的现象。人们发现，将速冻的水果与缓冻的水果同样储藏在-18℃下，速冻水果中的冰结晶不断增大，几个月后速冻水果中冰结晶的大小变得和缓冻的差不多，这种情况在其他食品原料中也会发生。重结晶的程度取决于单位时间内冻藏温度波动的次数和程度，波动幅度越大，波动次数越多，则重结晶的现象就越严重。因此，即使食品在快速冻结的条件下形成细小均匀的冰结晶，若冻藏条件不好，也会促使冰晶体迅速长大，而数量迅速变少，这样会严重破坏食品的组织结构。因此，冻藏食品的重结晶会使冻藏食品受到缓慢冻结那样的伤害。在正常的冻藏条件下，食品内部的冰结晶的大小会发生一定的变化，如表 1-8 所示。

表 1-8　冻藏过程中食品内部冰晶体大小的变化

冻藏时间（天）	冰晶体的直径（μm）	解冻后肉的状态
刚冻结	70	完全恢复
7	84	完全恢复

续表

冻藏时间(天)	冰晶体的直径(μm)	解冻后肉的状态
14	115	组织不规则
30	125	略有恢复
45	140	略有恢复
60	160	未能恢复

2. 冻结烧和干耗

冻结烧又称为冻烧、冻干害、干缩，这是由于食品物料表面脱水(升华)形成多孔干化层，物料表面的水分可以下降到15%以下，使食品物料表面出现氧化、变色、变味等品质明显降低的现象。冻干害是一种表面缺陷，多见于动物性的组织。

干耗发生的原因是冻结室内的空气未达到水蒸气的饱和状态，其蒸气压小于饱和水蒸气压，而鱼、肉等含水量较高，其表面层接近饱和水蒸气压，在蒸气压差的作用下食品表面水分向空气中蒸发、表面层水分蒸发后内层水分在扩散作用下向表面层移动。由于冻结室内的空气连续不断地经过蒸发器，空气中的水蒸气凝结在蒸发器表面，减湿后常处于不饱和状态，所以冻结过程中的干耗在不断进行着。

预防减少干缩的措施包括减少冻藏间的外来热源及温度波动，降低空气流速，改变食品物料的大小、形状、堆放形式和数量，采取适当的包装等。

3. 脂类的氧化和降解

冻藏过程中食品物料中的脂类会发生自动氧化作用，结果导致食品物料出现哈喇味。此外脂类还会发生降解，游离脂肪酸的含量会随着冻藏时间的增加而增加。乳和冰淇淋中的固形物含量与脂类氧化的敏感性有关；冰淇淋中脂肪含量在39.5%以上时，-18℃冻藏3个月不会发生变味，而脂肪含量低时，容易发生变味。浓缩乳(3∶1)的非脂固形物低于38%时，-27.2℃冻藏24个月也没有氧化味的产生。脂类的氧化受少量的铜、铁等金属离子催化，如冰淇淋中1.25mg/kg的铜即会导致氧化味的产生。浓缩乳中加入螯合剂可减少氧化味的产生，螯合剂主要有柠檬酸、磷酸、苹果酸、酒石酸及其衍生物等。乳和乳制品冷冻前的加热和均质对抑制氧化有作用。加热对氧化的抑制主要是由于硫氢基化合物的形成。而含硫化合物与乳或冰淇淋的加热有关，一般欲冻藏的乳品应先进行加热处理，加热温度应稍高于市售牛乳和冰淇淋。均质的抑制效应与其可减少金属离子浓度有关。抗氧化剂对脂类的氧化有抑制作用。此外冻藏的温度对稳定性也有一定的影响。

4. 蛋白质溶解性下降、变性

冻结的浓缩效应往往导致大分子胶体的失稳，蛋白质分子可能会发生凝聚，溶解性下降，甚至会出现絮凝、变性等。冻藏时间延长往往会加剧这一现象。而冻藏温度低、冻结速率快可以减轻这一现象。成分(总固形物)不同的乳品长期储藏(120天)后发生的变化明显不同。热处理可明显延长末变性储期。均质对蛋白质的稳定性有降低作用，且浓缩前均质比浓缩后均质影响要小一些。冷冻前牛乳的冷藏和冷处理对蛋白质稳定性有不利的影响。但冷藏前的加热处理对减少此影响有好处，加热还可减少冷藏时乳糖结晶的形成。

5. 其他变化

冻藏过程中食品物料还会发生其他一些变化，如 pH、色泽、风味和营养成分等。pH 的变化一般是由于食品物料的成熟和未冻结部分溶质的浓缩所导致的，冻藏过程中食品物料 pH 变化的速率和程度与物料的缓冲能力、所含盐的组成、蛋白质和盐的相互作用、酶活性和保藏温度有关。pH 的变化所引起的质量变化并不明显，但理论上可知 pH 会影响酶的活性和细胞的通透性。

果蔬在冻藏过程中会出现叶绿素的减少而导致的褪色。表 1－9 显示了一些绿色蔬菜在不同冻藏温度下叶绿素减少 10% 所需的时间。因此速冻蔬菜在冻结前应进行热烫处理，若热烫处理不够，在冻藏过程中会变成褐色。这种变色是由于未被钝化的多酚氧化酶、叶绿素酶或过氧化物酶所引起的。

表 1－9　绿色蔬菜在不同冻藏温度下叶绿素减少 10% 所需的时间　　单位：月

蔬菜	－18℃	－12℃	－7℃
青豌豆	43	12	2.5
菠菜叶	30	6	1.6
菠菜梗	14	3	0.7
青刀豆	10	3	0.7

果蔬中维生素 C 的含量也会由于氧化作用而减少，维生素 C 氧化的速率与冻藏的温度有很大的关系，研究表明冻藏温度 －18℃ 以下可以大大降低维生素 C 的氧化的速率。

上述的冻藏过程中的化学变化是由于食品物料发生了相应化学反应的结果。从冻藏过程中非酶反应和酶促反应的速率变化的角度看，温度的降低一般会导致反应速率降低，但冻藏过程中还有一些导致反应速率增加的因素。在冻藏过程中食品物料非酶反应的速率往往会增加，这是由于冻结的浓缩效应导致食品物料中未冻结部分的反应物浓度提高，这种现象在浓度低的食品物料中尤为突出。所以整体的效果是非酶反应的速率一般会增加。酶活性受抑制的程度与温度有很大关系，一般在 0～10℃，酶的活性可能降低也可能增加，温度再低时，酶的活性一般受到抑制。因此，在 －18℃ 以下的温度冻藏的食品物料，在冻藏过程中的酶促反应一般会减小。

二、低温对微生物的影响

（一）低温和微生物的关系

任何微生物都有一定的正常生长繁殖的温度范围，温度越低，它们的活动能力也越弱。温度降低到微生物的最低生长温度时，微生物就会停止生长。一般食品腐败菌繁殖的适宜温度为20～40℃，但根据微生物对温度的耐受性，可分为低温菌、中温菌及高温菌，有少数细菌、酵母和霉菌在－10℃以下仍能繁殖，长期保藏的鱼类，在－30～－25℃的温度下才比较可靠。一般微生物加热到50～70℃即可死亡，但嗜热菌的生长可耐受75℃的高温，而芽孢则需100℃以上的高温蒸汽方可杀死。许多嗜温菌和嗜冷菌的最低生长温度低于0℃，有的甚至可低达－8℃，如荧光杆菌的最低生长温度为－8.9℃。温度降至微生物的最低生长温度以下，就会导致微生物死亡。不过在低温下，微生物的死亡速度比在高温下缓慢的多。大多数食物中毒菌在10℃以上能迅速生长繁殖，某些食物中毒菌和病原菌在温度降低至3℃前仍能缓慢的生长繁殖。嗜冷菌在0～－10℃温度范围内仍能缓慢的生长。食品温度低于－10℃，微生物停止生长并逐渐死亡，但达不到无菌的程度。表1－10是食品中微生物生长的最低温度。

表1－10 食品中微生物生长的最低温度

食品	微生物	生长最低温度（℃）	食品	微生物	生长最低温度（℃）
猪肉	细菌	－4	乳	细菌	－1～0
牛肉	霉菌、酵母菌、细菌	－1～1.6	冰淇淋	细菌	－10～－3
羊肉	霉菌、酵母菌、细菌	－5～－1	大豆	霉菌	－6.7
火腿	细菌	1～2	豌豆	霉菌、酵母菌	－4～6.7
腊肠	细菌	5	苹果	霉菌	0
熏肉	细菌	－10～－5	葡萄汁	酵母菌	0
鱼贝类	细菌	－7～－4	浓橘汁	酵母菌	－10
草莓	霉菌、酵母菌、细菌	－6.5～0.3			

（二）低温导致微生物活力降低和死亡的原因

温度下降，微生物细胞内的酶的活性随下降，使得物质代谢过程中各种生化反应速度减慢，因而微生物的生长繁殖速度也随之减慢。在正常情况下，微生物细胞内各种生化反应总是协调一致的。但在降温时，各种生化反应按照各自的温度系数（Q_{10}）减慢，破坏了各种生化反应的协调一致性，从而破坏了微生物细胞内的新陈代谢。温度下降时，微生物细胞内的原生质黏度增加，胶体吸水性下降，蛋白质分散度改变，并且最后还会导致不可逆的蛋白质凝固，破坏其物质代谢的正常运行，对细胞造成严重的损害。

食品冻结时，冰晶体的形成会使得微生物细胞内的原生质或胶体脱水，细胞内溶质浓度的增加常会促使蛋白质变性；同时冰晶体的形成还会使微生物细胞受到机械性的破坏。

食品冷冻储藏的温度可阻止某些微生物的生长，并大大减缓其他微生物的生长速度。因此，与常温下相比，冷却储藏可延长食品的储藏期。而食品的冻结储藏的温度则可抑制所有微生物的生长。

（三）影响微生物低温致死的因素

1. 温度的高低

温度在冰点左右或冰点以上，部分能适应低温的微生物会逐渐生长繁殖（见表1－11），最后也会导致食品变质。

冻结温度对微生物的威胁很大，尤其－2～－5℃的温度对微生物的威胁最大。但是温度下降到－20～－25℃时，微生物的死亡速度反而缓慢的多。因为温度低至－20～－25℃时，微生物细胞内的生化反应几乎完全停止，胶质体的变性也十分缓慢。

表1－11　牡蛎在储藏过程中的细菌数

储藏时间（天）	下列各储藏温度时每毫升的细菌数（个）		
	5℃	0℃	－5℃
0	1600	1600	1600
6	6600	3600	3400
17	66500	4100	2100
24	1660000	8900	1800

2. 冷却速度

在冻结温度以上时，冷却越快，微生物的死亡率也越大。这是因为在迅速降温过程中，微生物细胞内的新陈代谢所需的各种生化反应的协调一致性迅速破坏。

食品冻结时的情况恰恰相反，缓冻会导致大量微生物死亡，而速冻则相反。因为缓冻时形成量少、粒大的冰晶体，不仅对微生物细胞产生机械性破坏作用，还促使蛋白质变性。速冻时食品在对细胞威胁性最大的－2～－5℃的温度范围内停留的时间甚短，而且温度会迅速下降到－18℃以下，能及时终止微生物细胞内酶的反应和延缓胶质体的变性，故微生物的死亡率较低。一般来说，食品速冻过程中的微生物的死亡率仅为原菌数的50%左右。

3. 结合水分和过冷状态

细菌的芽孢和霉菌的孢子中水分含量较低，其中结合水的含量较高，在降温时较易进入过冷状态，而不形成冰晶体，这就有利于保持细胞内胶质体的稳定性，使其不易死亡。

4. 介质

高水分和低pH的介质会加速微生物的死亡，而糖、盐、蛋白质、脂肪等对微生物有保持作用。

5. 储藏时间

冻结储藏时微生物的数量一般总是随着储藏期的增加而减少，但储藏温度越低，减少的量越少。

食品的冻结储藏时，微生物数量虽也会下降，但和高温热处理具有本质的区别，因为低温并不是有效的杀菌措施，而是抑制其生长繁殖的有效措施。

通常温度为0℃，微生物的生长繁殖速度与室温相比已很缓慢，因此0℃成为食品短期储藏常用的温度。温度为－10℃时，几乎所有的微生物已停止生长，因此－10～－12℃成为冻结食品能长期储藏的安全温度。而酶的活性，一般只有当温度下降至－20～－30℃时，才有可能受到很大的抑制。

三、低温对酶活性的影响

酶是生物机体组织内活细胞产生的一种具有催化特性的特殊蛋白质，生物体内的一切代谢反应几乎都是由酶催化完成的。不论是动物性食品还是植物性食品，它们本身都含有各种各样的酶。它们进行生化反应的速度随食品的性质而不同。特别是鱼类中的海水鱼，在适宜温度条件下，其生化反应进行得很快。鱼类因其自身组织中酶的作用，使之在相当短的时间内，经过一系列中间变化，使蛋白质水解为氨基酸和其他含氮化合物及非含氮化合物，脂肪分解生成游离的脂肪酸，糖原酵解成乳酸。由于鱼体组织中氨基酸一类物质的增多，为腐败微生物繁殖提供了有利条件，使鱼类的品质急剧变坏，以致不能食用，这是酶带来的不良作用。所以鱼类越新鲜，其风味与营养价值越好。相反，畜肉食品的生化反应过程进行缓慢。牲畜经屠宰放血后，停止对肌肉细胞供给氧气，破坏了肌肉组织的新陈代谢，使其停止了生命活动，破坏了正常的生理活动，其体内氧化酶的活动减弱，有自行分解作用的酶活动加强。酶在有机磷化物的参与下很快地将糖原变成乳酸，磷化物形成正磷酸。由于乳酸和磷酸的积聚，使肉呈酸性，这时肉呈僵硬状态，坚硬干燥，不易煮烂。肉僵硬以后，肉中乳酸继续增加，又使肌肉变柔软，富有汁液，具有肉香味，较易煮烂(即肉的成熟)。虽然肉的成熟能改善肉类本身的品质和风味，但也为下一步肉的腐败创造了条件。因为经过成熟的畜肉呈酸性，不利于腐败细菌的繁殖，如果继续在较高温度条件下保存，蛋白质在蛋白酶的作用下会分解产生氨，使肉呈碱性反应，为腐败细菌创造有利环境，引起肉类的腐败变质。果蔬类等蛋白质含量少的食品，由于氧化酶的催化，促进了其呼吸作用，由于呼吸作用的加强，使温度升高，加速了食品的腐败变质。

酶的活性与温度有关，在一定的温度范围内(0～40℃)，酶的活性随温度上升而增大，但是酶也是一种蛋白质，其本身也会因温度过高而变性，失去其催化特性。在酶促反应中，这两个相反的影响是同时存在的，因此在某一温度时，酶促反应速度最大，这个温度就称为酶的最适温度。大多数酶的最适温度为30～50℃，当温度超过酶的最适温度时，酶的活性就开始受到破坏。当温度达到80～90℃时，几乎所有的酶的活性都遭到破坏。酶的活性因温度而发生的变化常用温度系数Q_{10}来衡量：

$$Q_{10}=\frac{K_2}{K_1}$$

式中：K_1——温度为t℃时酶活性所导致的化学反应率；

K_2——温度为 $t+10$℃时酶活性所导致的化学反应率。

在一定的温度范围内，大多数酶的 Q_{10} 值为 2 ~ 3，也就是说温度每下降 10℃，酶的活性就会削弱至 1/3 ~ 1/20 低温虽然不能破坏酶的活性，但可以在一定程度上抑制酶的活性。温度越低，对酶活性的抑制作用越强。例如将食品的温度维持在 -18℃以下，食品中酶的活性就会受到很大程度的抑制，从而有效地延缓了食品的腐败变质的发生。然而，酶在低温下往往仍有部分活性，因而其催化作用仍在非常缓慢地进行。例如胰蛋白酶在 -30℃下仍有微弱的活性，脂肪水解酶在 -20℃下仍能引起脂肪的缓慢水解。另外应该引起注意的是，速冻食品在解冻时酶的活性将重新活跃起来，加速食品的变质。

为了将食品在冻结、冻藏和解冻过程中由于酶活性而引起的不良变化降低到最低程度，食品常经过短时间热烫(或预煮)，预先将酶的活性钝化，然后再冻结。热烫处理的程度应控制在恰好能够破坏食品中各种酶的活性。由于过氧化物酶是最耐热的酶，当过氧化物酶失活时，可以保证所有的其他酶也受到破坏，因此常采用检验食品中过氧化物酶的残余活性的方法，来确定食品热烫处理的工艺条件是否达到要求。

引起食品变质的化学反应大部分是由于酶的作用，但也有一部分不与酶直接有关，如油脂的酸败。油脂与空气直接接触，发生氧化反应，生成醛、酮、酸、内酯、醚等化学物质，并且油脂本身黏度增加，相对密度增加，出现令人不愉快的“哈喇”味，这称为油脂的酸败。无论是细菌、霉菌、酵母等微生物引起的食品变质，或者由酶引起的变质，以及非酶起的变质，在低温环境下，均可以延缓、被减弱。但低温并不能完全抑制微生物的作用，即使在冻结点以下的低温时，速冻食品进行长期储藏，其质量仍然有所下降。

四、低温对果蔬呼吸和蒸腾作用的影响

水果、蔬菜在采后储藏时，虽然不再继续生长，但它们仍是一个有机体，即仍然有生命、有呼吸作用。呼吸作用的实质是在一系列专门酶的参与下，经过许多中间反应所进行的一个缓慢的生物氧化-还原过程，呼吸过程中的氧化作用，能把微生物分泌的水解酶氧化成无害物质，使果蔬的细胞不受毒害，从而阻止微生物的侵入。由此可见，果蔬自身在储藏中能控制机体内酶的作用，并对引起腐败、发酵的外界微生物的侵入有一定的抵抗能力。但另一方面，它们是活体，要进行呼吸，同时与采摘前不同的是它们不能再从母株上得到水分及其他营养物质，只能消耗体内的物质而逐渐衰老变成死体。因此，要长期储藏植物性食品，就必须维持它们的活体状态，同时又要减弱它们的呼吸作用。低温能够减弱果蔬的呼吸作用，延长它们的储藏期。但温度又不能过低，温度过低会引起植物性食品的生理病害，甚至把它们冻死。储藏温度应该选择在不致使植物发生冻死现象时的温度。如能同时调节空气中的成分(氧、二氧化碳、水分)，更能取得良好的效果。

另外，果蔬还存在蒸腾作用，果蔬的表面组织含有很多微小气孔和裂口，在储藏过程中，果蔬内部的水分通过这些气孔和裂口蒸腾到空气中来，造成损耗。很多果蔬在损耗率超过收获重量的5%时，新鲜度和光泽明显降低，表面皱纹增多，失去商品价值。

果蔬的蒸腾作用受果蔬品种、成熟度、温度、湿度、风、气压、光等因素的影响，其中温度的影响最大。温度越低，蒸腾量越小，其主要原因有：①单位容积空气中能够包含的水蒸气(饱和水蒸气)量变小；②细胞液黏度增大，组织内水分移动减慢；③组织内水分子的运动能量减少，不易从组织中蒸腾到空气中去。控制好水果蔬菜的呼吸作用，可以较好地保持食品状态良好。

【大视野】冷藏库也叫冷库，是用来储藏肉类、蛋类、水果、蔬菜等食品以及生物制品、医药物资等的专用建筑。1881 年美国建成第一座机械制冷的冷库。中国近代最早的冷藏库 1917 年建在汉口，后来在南京、上海、天津、哈尔滨、青岛等城市陆续建成一批冷藏库。20 世纪 50 年代以来，中国冷藏库建设有很大发展，各地区均有储藏肉、鱼、禽、蛋、水果、蔬菜以及其他食品的冷藏库。2007 年 10 月 6 日，冰岛怡之航与青岛港合建中国最大单体冷库开业，该冷库总储藏量为 5. 5 万 t。

复习思考题

1. 什么叫冻结点和低共熔点?
2. 什么叫冰晶体的最大生成带?
3. 速冻速率有哪些表示方法?
4. 比较食品冻结过程中速冻与缓冻形成冰结晶的差异，解释原因。
5. 影响速冻食品质量的因素有哪些?
6. 速冻对食品的影响有哪些?
7. 低温对微生物的影响有哪些?
8. 低温对酶的影响有哪些?

第二章　非发酵型速冻面制品加工技术

学海导航

非发酵型速冻面制食品是速冻食品中的大类，以速冻水饺、冷冻面条等产品为代表的非发酵型速冻面制食品占据了速冻面米食品市场的半壁江山。本章主要阐述非发酵型速冻面制食品的原料和辅料（包括速冻水饺、冷冻面条等产品）的生产加工技术、品质控制技术。

第一节　非发酵型速冻面制品的原辅料

面粉是一种由小麦磨成的粉末。按面粉中蛋白质含量的多少，可以分为高筋面粉、低筋面粉及无筋面粉。面粉（小麦粉）是中国北方大部分地区的主食。以面粉为主要原料，经过预制、调味、成形的速冻产品统称为面点类制品。这类产品根据制作工艺的不同可分两大类：发酵类和非发酵类两种。发酵类包括馒头、包子、花卷等。以面粉制成的食物品种繁多，花样百出，风味迥异。

一、面粉

面粉是生产非发酵型速冻面制食品的主要原料，面粉的性质是决定非发酵型速冻面制食品质量的最重要因素之一，因此要从事非发酵型速冻面制食品的研究、开发和生产，必须对面粉的性质全面了解。

（一）面粉的化学成分

1. 蛋白质

面粉中蛋白质的含量和质量不仅影响面粉的营养价值，而且与面制食品的加工工艺和成品质量有密切的关系。在各种谷物面粉中，只有小麦面粉的蛋白质吸水后能形成面筋网状结构，各种面制品都是基于小麦粉的这种特性而生产出来的。

面粉中的蛋白质根据溶解性的不同可分为麦醇溶蛋白、麦谷蛋白、麦球蛋白、麦清蛋白等。其中最重要的是醇溶蛋白和麦谷蛋白，因为它们是面筋的主要成分、其他种类蛋白含量很少。面粉中各类蛋白质的含量及特性见表2－1。

表2－1 面粉中各类蛋白质的含量及特性

种类	溶解性	占总蛋白的比例(%)	相对分子质量	功能	肽链组成
清蛋白	溶于水	9	12000～16000	参与代谢	未知
球蛋白	溶于稀盐液	5	20000～200000	参与代谢	未知
醇溶蛋白	溶于70%乙醇	40	65000～80000	决定面团延展性	一条多肽链
谷蛋白	溶于稀酸液	46	15000～3000000	决定面团弹性	17～20条多肽链

面团在水中搓洗时，淀粉、可溶性蛋白质、灰分等成分渐渐离开面团而悬浮于水中，最后剩下一块具有黏弹性和延伸性的软胶状物质，这就是粗面筋。粗面筋含水65%～70%，故又称湿面筋。湿面筋经烘干除水后即得干面筋。蛋白质的含量和质量被认为是影响面粉加工品质的最重要因素。面粉中蛋白质的含量是产品质量的基础，必须有足够的蛋白质含量才能保证各种面制食品的制作质量。面粉中蛋白质的质量是产品质量的保证，不同的蛋白质量可用于生产不同的面制食品。面粉中蛋白质的质量包括两个方面：一是面筋蛋白占面粉总蛋白的比例，比例越高，形成的面团黏弹性越好；二是面筋蛋白中，麦谷蛋白和麦醇溶蛋白的相对含量，两者比例合适，形成的面团工艺性能就好。如果麦谷蛋白含量过多，就会使面团的弹性、韧性太强，无法膨胀，导致产品体积较小，或因面团韧性和持气性太强，面团气压大而造成产品表面开裂现象。如果醇溶蛋白含量过多，则造成面团太软弱，面筋网络结构不牢固，持气性差，会造成产品顶部塌陷、变形等不良后果。

2. 碳水化合物

碳水化合物是面粉中含量最高的化学成分，约占面粉质量的75%。面粉中的碳水化合物主要包括淀粉、低分子糖和少量的糊精。面粉中的淀粉是以淀粉粒的形式存在的，淀粉粒由直链淀粉和支链淀粉构成，直链淀粉约占1/4，支链淀粉约占3/4。直链淀粉易溶于热水中，形成的胶体黏性较小，而且不易凝固，支链淀粉溶于热水中形成黏稠的溶液。淀粉粒外被一层膜，能保护内部淀粉分子免受外界物质(酶、酸、水等)的侵入。

面制食品的熟制过程也就是蛋白质变性和淀粉糊化的过程。糊化淀粉称为α-淀粉，未糊化的淀粉称为β-淀粉，其不易被酶分解，经熟制的面食中的α-淀粉在冷却或储藏过程中，α度会逐渐降低，即发生类β化，这就是淀粉的老化。淀粉的老化会使面包、馒头、方便面等面制品的品质劣变。因此如何提高面制食品中淀粉的α度和尽可能的减少面食成品的β化是需要深入研究的一个重要课题。

3. 脂质

面粉中脂肪的含量很少，为1%~2%。面粉在储藏过程中，甘油酯在裂脂酶、脂肪酶作用下水解形成脂肪酸。高温和高水分含量可促进脂肪酶的作用，因而在高温、高湿季节面粉易酸败变质。酸败变质的面粉焙烤蒸煮品质差，面团的延伸性降低，持气性减弱，面包或馒头的体积小，易开裂，风味不佳。最新研究表明，面粉中的类脂是构成面筋的重要部分，如卵磷脂是良好的乳化剂，使面包、馒头组织细腻，柔软，延缓淀粉老化。

4. 水分

我国的面粉质量标准规定特一粉和特二粉的水分含量为(13.5±0.5)%，标准粉和普通粉的水分含量为(13.0±0.5)%。面粉中的水分含量过高，易酸败变质。面粉中的水绝大部分呈游离水状态，面粉水分的变化也主要是游离水的变化，它在面粉中的含量受环境温度、湿度的影响。结合水以氢键与蛋白质、淀粉等亲水性高分子物质相结合，在面粉中含量相对稳定。

5. 矿物质

面粉中的矿物质用灰分表示。面粉的灰分含量越低，表明面粉的精度越高。我国国家标准也将灰分作为检验小麦粉质量的重要指标之一，如特一粉灰分含量<0.7%，特二粉灰分含量<0.85%，标准粉灰分含量<1.10%，普通粉灰分含量<1.40%。由于灰分本身对面粉的焙烤蒸煮特性影响不大，且灰分中都是一些对人体有重要作用的矿质元素，随着人们营养意识的提高和对可食资源的充分利用的需要，将灰分含量作为面粉质量标准之一逐渐失去它的必要性。近年来，特别是在欧洲，普遍采用粉色试验代替灰分试验，倡导者们认为粉色是更有意义的指标。

6. 维生素

面粉中主要含有B族维生素、烟酸、泛酸和维生素E，维生素A含量很少，几乎不含维生素C和维生素D，面粉本身含有的维生素较少，在焙烤蒸煮过程中又会损失一部分维生素，为了弥补面粉中维生素的不足，常在面粉中添加一定量的维生素，以强化面粉的营养。

7. 酶

面粉中重要的酶有淀粉酶、蛋白酶、脂肪酶、脂肪氧化酶、植酸酶、抗坏血酸氧化酶等。面粉中的淀粉酶主要是α-淀粉酶和β-淀粉酶。β-淀粉酶的热稳定性较差，当加热到70℃活力减少50%，几分钟后即钝化，而α-淀粉酶在加热到70℃时仍能对淀粉起水解作用，而且在一定温度范围内，温度越高，作用越快。当温度超过95℃时，α-淀粉酶才钝化。在α-淀粉酶和β-淀粉酶的共同作用下，将损伤淀粉分解成麦芽糖和葡萄糖，提高酵母活性，加快酵母发酵速度，增大面包、馒头的体积，并改善发酵面制食品的风味和结构。正常的面粉中含有足够的β-淀粉酶，α-淀粉酶往往不足，需要在面粉中加入一定量的α-淀粉酶来改善面制食品的质量，美国、英国、加拿大等大多数欧美国家都将真菌，淀粉酶添加到面包粉中提高 α-淀粉酶的活性。

（二）我国各种专用粉的质量标准

我国各种专用粉的质量标准见表 2－2。

表 2－2 专用小麦粉的质量标准

项目	面包粉	发酵饼干粉	蛋糕粉	面条粉	馒头粉	饺子粉
水分（%）	≤14.5	≤14.0	≤14.0	≤14.5	≤14.5	≤14.5
灰分（%）	≤0.60	≤0.55	≤0.53	≤0.55	≤0.55	≤0.55
湿面筋（%）	≥33	24～30	22～24	≥28	≥28	25～30
面团稳定时间（min）	≥10	≤3.5	≤1.5	≥4.0	≥4.0	≥3.0
降落数值（s）	250～350	250～350	≥250	≥200	≥200	≥250
气味	无异味	无异味	无异味	无异味	无异味	无异味

二、水

水是面食加工中不可缺少的原料，不同面制食品制作中加水量差别很大。用水的数量和质量既影响面食的加工工艺，又影响成品质量。正确认识和使用水是保证面食质量的关键。制面用水应该没有异味，外观浊度 2°以下，硬度 20°以下，盐离子浓度 2×10^{-4}以下，过锰酸钾浓度 10^{-5}以下，蒸发残留物浓度 5×10^{-4}以下，细菌总数 100 个/mL以下，最起码要符合 GB5749《生活饮用水卫生标准》。如果使用未经处理的，硬度在 25°以上的自来水，会导致面条变脆发硬，影响出品率。

三、食盐

食盐是制作面食的基本配料之一，虽然用量不大，但对制品品质改良作用明显。一定量的食盐，能收敛面筋结构而起到改良面团流变学特性的作用。因此，盐能增加面条的强度而减少断条率。和面时，因为食盐具有较强的渗透作用，能促进小麦粉快速吸收水分，从而加快面团的成熟进程。

食盐在某种程度上还能抑制杂菌生长，防止湿面条酸败。

食盐有调味的作用。

食盐的添加量一般为小麦粉质量的 1%～3%。春秋适中，夏多冬少。使用的食盐，应是色白，味咸，无可见杂质，无异味，无污染物。先将食盐溶解于水中，作食盐水使用。

四、碱

制面用的碱有碳酸钠和碳酸钾两种。其作用与食盐类似，能使面团中的面筋组织结构收敛而产生强化效果，改善面团的黏弹性，增加面条的强度。

碱与小麦粉中的类黄酮色素发生反应，使面条出现淡黄色的外观。

碱能带来一种特有的碱风味，吃起来特别爽口。

碱可以中和湿面条可能出现的酸度，延长湿面条的保存时间。

碱的添加量一般为小麦粉质量的0.15%~0.20%。溶解在水中使用。过量的盐和碱会导致面筋收敛过度而失去黏弹性，严重影响面条的品质。

五、面制食品生产常用的添加剂

为了有利于面制食品工艺操作和提高产品质量，面制食品生产中使用的其他辅助料及添加剂还有乳化剂、氧化剂、疏松剂、增稠剂、抗氧化剂、香精香料和食用色素等。

常用的增筋剂有变性蛋白、L-抗坏血酸、偶氮钾酰胺、过氧化钙、葡萄糖氧化酶等，常用的乳化剂有单甘酯、硬脂酰乳酸钙—钠、大豆磷脂、山梨糖苷脂肪酸酯等，常用的增稠剂有黄原胶、瓜尔豆胶、果胶、羧甲基纤维素钠、海藻酸钠等。

第二节　速冻水饺生产及品质控制技术

我国的非发酵类速冻面制食品，主要以中华民族的特色传统食品——水饺为主。速冻水饺约占冷冻调理食品的1/3，约占速冻面食品的60%，几乎所有生产冷冻调理食品的厂家都生产水饺。速冻水饺已成为速冻食品企业的主要产品。水饺可以根据生产工艺不同分为机器饺和手工饺，机器饺的形状有多种，例如文边仿蟹形、咖喱形、四角形、三角形，手工饺一般以元宝形和纺锤形居多；根据馅料的不同有猪肉水饺、鸡肉水饺、牛肉水饺、三鲜水饺、韭菜水饺、芹菜水饺、雪菜水饺、胡萝卜水饺等。速冻水饺一般要求在-30℃以下，将已加工好的水饺在短时间(15~30分钟)内快速冻结起来，特别是通过最大冰晶区(0~-5℃)时，速度要快，产品以小包装的形式在-18℃的条件下储藏和流通。在此条件下，水饺所含的大部分水分随着热量的散失而形成冰晶体，减少了生命活动和生化反应所需的液态水分，抑制了微生物的活动，延缓了食品的品质变化，从而有效地保持了水饺原有的营养和风味。

一、速冻水饺生产的基本工艺流程

速冻水饺生产的基本工艺流程如图2-1。

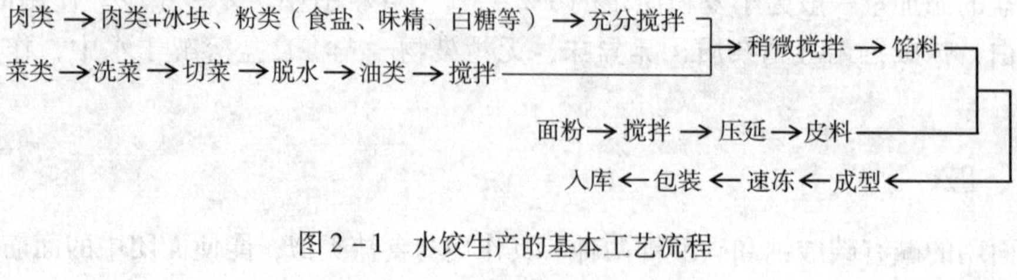

图2-1　水饺生产的基本工艺流程

二、速冻水饺生产的主要工艺操作要点

（一）原料的预处理

饺子是含馅的食品，水饺的风味特色主要体现在其馅心上，饺子馅的原料可以是蔬菜、肉、食用菌类，原料处理的好坏与产品质量关系密切，馅料调制的好坏将直接影响到水饺的质量和口味。要制作出各种风味不同的水饺，关键是要掌握好各种馅料的调制方法。水饺的馅料一般为生馅，少数素馅除外，是用各种荤素原料加工调制而成的。北方水饺主要为肉菜馅，是用猪肉、羊肉、牛肉等加入韭菜、白菜、芹菜等制成的，而南方，特别是东南沿海一带，则常用鱼肉、海鲜等作馅料。四川地处西南，其水饺馅料多以净猪肉为主，很少加入蔬菜。

在调制不同的水饺馅料时，应注意掌握各种不同原料的性质和特点，并采取不同的加工和调制方法，如此才能使馅料达到令人满意的效果。水饺馅料的原料的预处理由蔬菜类的处理、肉类处理、混合搅拌三方面组成。

1. 蔬菜的预处理

洗菜工序是饺子馅加工的第一道工序，洗菜工序看似简单，但是实践证明很多卫生问题都出现在这个简单的洗菜工艺中。比如常见的沙子、头发丝、塑料片等异物杂物，不注意就会出现大的质量问题。洗菜工序控制的好坏，将直接影响后续工序，特别是对产品卫生质量更为重要。因此洗菜时除了新鲜蔬菜要去根、坏叶、老叶，削掉霉烂部分外，更主要的是要用流动水冲洗，一般至少冲洗 3 ~ 5 次，复洗时要用流动水，以便清洗干净。

切菜主要采用切菜机。切菜的目的是将颗粒大、个体长的蔬菜切成符合馅料需要的细碎状。从产品食用口感方面讲，菜切的粗一些好，一般人们较喜欢食用的蔬菜长度在 6mm 以上，但蔬菜的长度太长不仅制作的馅料无法成型，且手工包制时饺子皮也容易破口；如果是采用机器包制，馅料太粗，容易造成堵塞，在成型过程中就表现为不出馅或出馅不均匀，所形成的水饺就会呈扁平馅少或馅太多而破裂，严重影响水饺的感官质量；如果菜切得太细，虽有利于成型，但食用口感不好，会有很烂的感觉，或者说没有咬劲，消费者不能接受。一般机器加工的饺子适合的菜类颗粒为 3 ~ 5mm，手工包制时颗粒可以略微大一点。因此对切菜工艺的考核点主要掌握在颗粒的大小。

脱水也是菜类处理工序中必不可少的工艺，脱水程度控制得如何，与馅类的加工质量关系很大，也是菜类处理工序中必不可少的工艺，尤其是对水分含量较高的蔬菜，如地瓜、洋葱、包菜、雪菜、白菜、冬瓜、新鲜野菜，各种菜的脱水率还要根据季节、天气和存放时间的不同而有所区别，春夏两季的蔬菜水分要比秋冬两季的蔬菜略高，雨水时期采摘的蔬菜水分较高。实际生产中很容易被忽略的因素就是采摘后存放时间的长短，存放时间长了，会自然干耗脱水，一般春季干旱时期各种蔬菜的脱水率可以控制在 15% ~ 17%。一个简单的判断方法是用手挤压，即将脱水后的菜抓在手里，用力捏，如

果稍微有一些水从手指缝中流出来，说明脱水率已控制良好。常见的脱水机也称离心机。

有时一些蔬菜需要漂烫，漂烫时将水烧开，把处理干净的蔬菜倒入锅内，将菜完全被水淹没，炒菜入锅开始计时，30 秒左右立即将菜从锅中取出，用凉水快速冷却，要求凉水换三遍以防止菜叶变黄。严禁长时间把菜在热水中热烫，最多不超过 50 秒。烫菜数量应视生产量而定，要做到随烫随用，不可多烫，放置时间过长使烫过的菜“回生”或用不完冻后再解冻使用都会影响水饺制品的品质。

2. 肉类处理工序

水饺生产中要用到肉必须选用经兽医卫生检验合格的新鲜肉或冷冻肉。严禁冷冻肉经反复冻融后使用，因它不仅降低了肉的营养价值，而且也影响肉的持水性和风味，使水饺的品质受影响。冷冻肉的解冻程度要控制适度，一般在 20℃左右室温下解冻 10 小时，中心温度控制在 2～4℃。原料肉在清洗前必须剔骨去皮，修净淋巴结及严重充血、淤血处，剔除色泽气味不正常部分，对肥膘还应修净毛根等。将修好的瘦肉肥膘用流动水洗净沥水，绞成颗粒状备用。

水饺生产中要用到大量的肉馅，对肉馅要求既不能太细，也不能太粗，肉筋一定要切断。在水饺馅料的制作过程中，肉类的处理至关重要，肉类处理的设备采用绞肉机和刨肉机。肉类处理的原则归纳起来六个字：硬刨、硬绞、解冻。水饺生产过程中最怕出现肉筋，肉筋的出现会使水饺的一端或两端捏合不紧，甚至几个水饺连串，捏口不紧，煮熟后开口，影响外观。为此，要求在肉类处理时充分切断肉筋，对尚未解冻的肉类进行硬刨，刨成 6～8mm 厚、6～8cm 宽、15～20cm 长的薄片，再经过 10mm 孔径的绞肉机硬绞成碎粒，这样处理后的肉基本上没有明显的肉筋，且黏性好。如果肉中含水量较高，可以适当脱水，脱水率控制在 20%～25% 为佳。硬绞出的肉糜一般不宜马上用作制馅，但如果马上用于制作馅料，会因为没有充分解冻而无法搅拌出肉类的黏性，所制得的馅料在成型过程容易出水，由此带来的后果是不易成型和馅料失味，因此在硬刨、硬绞后要充分解冻，如果在冬天还得用风扇吹，否则达不到好的效果。

3. 混合配馅料

如果认为有水饺配方就可生产水饺，那是非常错误的。同样的一个配方，不同的投料顺序会得到不同的效果。各种原料可归纳为四个部分：肉类、粉类、菜类、油类。投料顺序一般为：

肉类+粉类（食盐、味精、白糖等）→充分搅拌 ↘
　　　　　　　　　　　　　　　　　　　　　　→再稍微搅拌
菜类+油类（一般为花生油和芝麻油）→先拌和 ↗

拌馅采用拌馅机，拌馅搅拌时按一个方向，不能倒转，否则容易出水，肉类要和食盐、味精、白糖、胡椒粉、酱油、虾油以及各种香精香料等先进行搅拌，主要是为了能使各种味道充分地吸收到肉类中。同时肉类只有和盐分搅拌才能产生黏性，盐分能溶解肉类中的盐溶性蛋白而产生黏性，水饺馅料有了一定的黏性后生产时才会有连续性，不会出现出馅不均匀，不会在成型过程中脱水。但是也不能搅拌太久，否则肉类的颗粒性被破坏，食用时就会产生口感很烂的感觉，食用效果不好。判断搅拌时间是否适宜可以参考两个方面：首先看肉色，肉颗粒表面有一点发白即可，不能搅拌到整个颗粒发白甚至都搅糊了，外观没有明显的肥膘。肉色没有变化也不行。其次还可以查看肉料的整体性，肉料在拌馅机中沿一个方向转动，如果肉料形成一个整体而没有分散开来，且表面非常光滑并有一定的光泽度，说明搅拌还不够，肉料还没有产生黏性；如果肉料已没有任何光泽度，不再呈现一个整体，体积缩小很多，几乎是粘在转轴上，用手去捏时感觉柔软，且会黏手，说明搅拌时间太长了。

菜类和油类需要先拌和，植物油的添加尽可能将油均匀撒在菜上。这点往往被人们忽略或不被重视，其实这是一个相当重要和关键的工艺。因为肉料含有3%~5%的盐分，而菜类含水量非常高，两者混合在一起很容易使菜类吸收盐分而脱水，由此产生的后果是馅料在成型时容易出水，另外一个可能隐藏的后果是水饺在冻藏过程中容易缩水，馅料容易变干，食用时汤汁减少、干燥。如果先把菜类和油类进行拌和，油类会充分地分散在菜的表面，把菜叶充分包起来，这样无论在成型还是在冻藏过程中，菜类中的水分都不容易分离出来，即油珠对菜中的水分起了保护作用。而当水饺食用前水煮时，油珠因为受热会完全分散开来，消除了对菜类水分的保护作用，菜中的水分又充分分离出来，这样煮出来的水饺食用起来多汤多汁，口感最佳。前面两个工艺处理好后，两部分原料混合在一起只要再稍稍拌匀即可，检验的标准只要看菜类分散均匀了没有。影响打馅质量的因素很多，关键要控制好以下三个方面：一是搅拌速度的控制，按照产品配方计算出各种原辅料数量，准确称量各种按照指定工艺加工过的原辅料，倒入搅拌机中，先慢搅5分钟左右，然后快速搅拌8分钟左右，加入适量水，进行第二次搅拌，搅拌时间比第一次延长5分钟左右，制得的馅料有一定的黏度，外观没有明显的肥膘；二是植物油的添加时间，植物油的最佳添加时间在加菜中间或之后尽快加入，并尽可能将油均匀撒在菜上；三是制备好的馅料要在30分钟内发往包制生产线使用。

（二）面团的调制和饺子面皮的辊压成型

同其他面制食品一样，速冻水饺对原料面粉的要求也很严格，不是所有的面粉都可以用来生产水饺，用于生产水饺的面粉最主要的质量要求是湿面筋含量，另外不同厂家对面粉的白度也有不同的要求。一般要求面粉的湿面筋含量在28%~30%，面筋是形成面皮筋度的最主要因素，制作的面皮如果没有好的筋度或筋性，在成型时水饺容易破裂，增加废品率，增大成本。淀粉和面筋是面粉的主要成分，另外还有水分、蛋白质以及灰分。如果面皮的辊压成型工序控制条件不合适，制得的饺子水煮后，可能会导致饺子皮气泡，或饺子破肚率增高等质量问题。目前工业制得的饺子皮的厚度均匀，而手工加工的饺子皮具有中间厚，周围薄的特点，因此手工加工的饺子口感好，且不容易煮烂。

和面是制作面皮的最主要工序，这道工序掌握的好坏不但直接影响到成型，还影响到水饺是否耐煮，是否有弹性，冷冻保藏期间是否会开裂。为了增加制得的面皮的弹性，要充分利用面粉中的蛋白质，要使这部分的少量蛋白质充分溶解出来，为此在搅拌面粉时添加少量的食盐，食盐添加量一般为面粉量的2%，添加时要把食盐先溶解于水中，加水量通常为面粉量的38%~50%，搅拌时间与和面机的转速有关，转速快的搅拌时间可以短些，转速慢的搅拌时间要长。搅拌时间是否适宜，可以用一种比较简单的感观方法判定：搅拌好的面皮有很好的筋性，用手拿取一小撮，用食指和拇指捏住小面团的两端，轻轻地向上下和两边拉延，使面团慢慢变薄，如果面团能够拉伸得很薄，透明，不会断裂，说明该面团已经搅拌得刚好。如果拉伸不开，容易断裂或表面很粗糙、会粘手，说明该面团搅拌得还不够，用于成型时，水饺很短，而且表皮不光滑，有粗糙颗粒感，容易从中间断开，破饺率高。当然，面皮也不能搅拌得太久，如果面皮搅拌到发热变软，面筋也会因面皮轻微发酵而降低筋度。和面通常采用真空和面机和面。真空和面就是在真空负压状态下和面，小麦粉微粒在负压状态下搅拌，能快速均匀地吸透水分，促进面团的蛋白质网络结构充分转化。充分吸水是小麦粉蛋白质网络形成、淀粉糊化(a)的重要条件。真空和面可使面团含水量增加，真空度在 -0.05 ~ -0.07MPa 。较普通和面技术，真空和面所得面团游离水减少，不易混汤，不易粘辊。小麦粉颗粒吸水均匀充分，可使面团色泽均匀，面片无色差，不起花。面团微粒分子间呈真空状态，空气间隔减少，提高了面团密度和强度。真空和面所得速冻水饺速冻后，破损率、冻裂率明显下降。水饺煮后，面皮表面晶莹光滑、口感劲道、不粘牙、耐煮，无破皮现象。面皮含水率可提高5%~8%。

面团调制后要压延，压延的主要目的把皮料中的空气赶走，是将松散的面团压成细密的，达到规定要求的薄面片，同时进一步促进面筋网络组织细密化，并使细紧的网络组织在面片中均匀分布，把淀粉颗粒包围起来，从而使面片具有一定的韧性和强度。使皮料更加光滑美观，成型时更易于割皮。如果面皮的辊压成型工序控制条件不合适，制得的饺子水煮后，可能会导致饺子皮气泡或饺子破肚率增高等质量问题。目前工业制得的饺子皮的厚度均匀，而手工加工的饺子皮具有中间厚、周围薄的特点，因此手工加工的饺子口感好，且不容易煮烂。如果没有压延，皮料会结成较大块的面团，分割不容易。调制好的面团经过4~5道压延，就可以得到厚度符合要求的饺子面皮，整张面皮厚度约为2mm，经过第一道辊压后面皮厚度约为15mm，第二道辊压面皮厚度约为7mm，第三道辊压厚度约为4mm，第四道辊压面皮厚度约为2mm左右。第四道辊压时用的面扑为玉米淀粉和糯米粉混合得到的面扑(玉米淀粉：糯米淀粉 = 1：1)。第三道压延工序所用的面扑均与和面时所用的面粉相同。

（三）饺子的成型(包制)

有了馅料和皮料，接下来就可以成型了。如果是手工包制，一定要对生产工人的包制手法进行统一培训，以保证产品外形的一致。同时该工序是工人直接接触食品阶段，因此除了进入车间进行常规的消毒以外，同时还应该加强车间和生产用具的消毒，手工包制车间人员多，为了保证食品的安全，要定期对车间、通道出口的空气进行卫生指标的检验。

水饺机的类型有很多种，如图2－2、图2－3为成都索拉泰克公司生产的SK—H96

型全自动饺子机及解剖图。

水饺机的类型不同，成型出的水饺的外观和质量自然也就不一样，但成型时有几个要点要注意。

（1）包饺机要清理调试好。工作前必须检查机器运转是否正常，要保持机器清洁、无油污，不带肉馅、面块、面粉及其他异物；要将绞馅调至均匀无间断地稳定流动；要将饺皮厚薄、重量、大小调至符合产品质量要求的程度。一般来讲，水饺皮重小于55%，馅重大于45%的水饺形状较饱满，大小、厚薄较适中。在包制过程中要及时添加面（切成长条状）和馅，以确保饺子形状完整，大小均匀。包制结束后机器要按规定要求清洗有关部件，全部清洗完毕后，再依次装配好备用。

图2－2　SK—H96型全自动饺子机

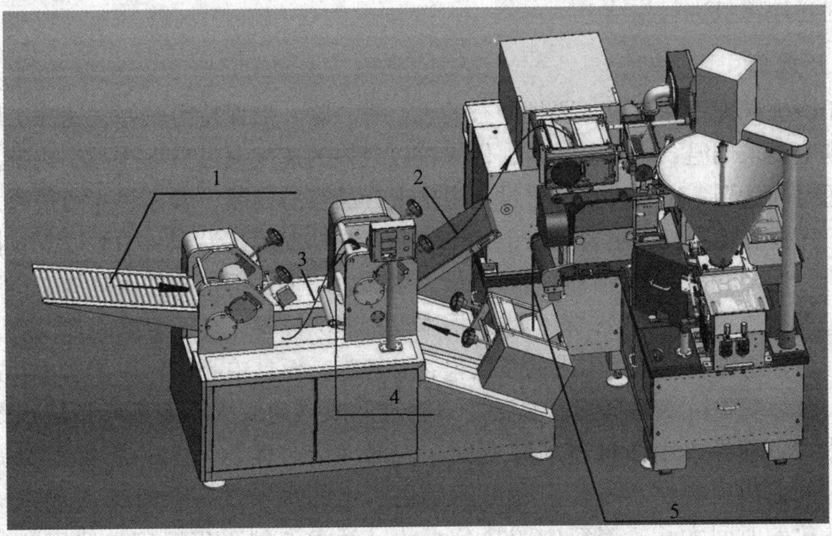

图2－3　SK—H96型全自动饺子机解剖图

1—待压面团；2—复合面带；3—新面带；4—回收面带；5—待回收面皮

（2）要调节好皮速，皮速快了会使成型出的水饺产生痕纹，皮很厚；如果皮速慢了，所成型出的水饺容易在后角断开，也就是通常所说的缺角。因此，调节皮速是水饺成型时首先要做的关键工作。调节的技巧是关上机头，关闭馅料口或不添加馅料，先空皮形成一些水饺，此时可能会因为皮料空心管中没有空气，出现瘪管，空皮饺形成不出来，这时可以在机头前的皮料管上用尖器迅速地捅一个小洞，让空气进入，这样皮料管会重新鼓起，得到合适的外观和稳定的重量时，皮速才算调好。

（3）要调节好机头的撒粉量，水饺成型时由于皮料经过绞纹龙绞旋后，面皮会发热发黏，经过模头压模时，水饺会随着模头向上滚动，滚到刮刀时产生破饺，因此在机头上方放适量的撒粉是必要的，撒粉的目的就是缓和面皮的黏性。撒粉量不是越多越好，如果撒粉太多，经过速冻包装时，水饺表面的撒粉容易潮解，而使得水饺表面发黏，影响外观。平时对水饺机的保养和维护是保证水饺成型质量的重要因素，特别是对机头的保养，水饺机头在出厂时都喷涂有一种不粘面皮的铁芙蓉，对这种涂料不能用硬器刮，只能用布料擦拭。

（4）水饺在包制时要求严密、形状整齐，不得有露馅、缺角、瘪肚、烂头、变形、带皱褶、带小辫子、带花边饺子、连在一起不成单个、饺子两端大小不一等异常现象。水饺在包制过程中，在确保水饺不粘模的前提下，要通过调节干粉调节板漏孔的大小，减少干粉下落量和机台上干粉存量及振筛的振动，尽可能减少附着在饺子上的干面粉，使速冻水饺成品色泽和外观清爽、光泽美观。机器包制后的饺子，要轻拿轻放，手工整形以保持饺子良好的形状。在整形时要剔除一些如瘪肚、缺角、开裂、异形的不合格饺子。如果在整形时，用力过猛或手拿方式不合理，排列过紧、相互挤压等都会使成形良好的饺子发扁、变形不饱满，甚至出现汁液流出、粘连、饺皮裂口等现象。整形好的饺子要及时送速冻机进行冻结。

（四）速冻

对于冷冻调理食品来说，要把原有的色、香、味、形保持得较好，速冻工序至关重要。原则上要求低温、短时、快速，使水饺以最快的速度通过最大冰晶生成带，中心温度要在短时间达到 -18℃。在销售过程中出现产品容易发黑、容易解冻的根源是生产时的速冻工序没有控制好，主要是以下几个方面：冻结温度还没到 -30℃以下就把水饺放入速冻机，这样就不会在短时间内通过最大冰晶生成带，不是速冻而是缓冻；温度在整个冻结过程中达不到 -30℃，有的小厂根本没有速冻设备，甚至急冻间都没有，只能在冰柜里冻结，这种条件冻结出来的水饺很容易解冻，而且中心馅料往往达不到速冻食品的要求，容易变质；隧道前段冷冻温度不能过低或风速太大，否则会造成水饺进入后因温差太大，而导致表面迅速冻结变硬，内部冻结时体积增大，表皮不能提供更多的退让空间而出现裂纹。另外一种可能是生产出的水饺没有及时放入速冻机，在生产车间置放的时间太长，馅料中的盐分水汁已经渗透到了皮料中，使皮料变软、变扁、变塌，这样的水饺经过速冻后最容易发黑，外观也不好。可以通过试验确定速冻饺子在速冻隧道中的停留时间，以确保产品质量。必要时可在速冻水饺表面喷洒维生素 C 水溶液，可以对水饺表面的冰膜起到保护作用，防止饺子龟裂，形成冰晶微细，减少面粉老化现象。

（五）包装储藏

速冻食品在称量包装时要考虑到冻品在冻藏过程中的失重问题，因此要根据冻藏时间的长短而适当地增加分量。冷库库温的稳定是保持速冻水饺品质的最重要因素，库温如果出现波动，水饺表面容易出现冰霜，反复波动的次数多了，就会使整袋水饺出现冰碴，水饺表面出现裂纹，严重影响外观，甚至发生部分解冻而相互黏结。

（六）影响速冻水饺质量的因素

1. 面粉品质的影响

面粉的化学成分主要有碳水化合物、蛋白质、脂质（脂类或类脂）、水分、矿物质、维生素和酶等。其中碳水化合物、蛋白质、脂质含量较高，对面团的形成也非常重要。饺子由皮和馅组成，饺子皮的主要原料是面粉，直接影响着制品的外观和口感，合适的面粉是保证速冻水饺品质的前提保证。

（1）小麦蛋白质。

面粉中的蛋白质根据溶解性质不同可分为麦胶蛋白（醇溶蛋白）、麦谷蛋白、麦球蛋白、麦清蛋白和酸溶蛋白五种。其中主要是麦胶蛋白和麦谷蛋白，其他三种含量很少。麦胶蛋白约占面粉蛋白含量的40%~50%，为面团提供黏着性和延展性。在水饺中麦胶蛋白主要赋予饺子皮具有良好的滚压成形和面皮黏合特性。

麦谷蛋白约占面粉蛋白含量的35%~45%，使面团具有一定的弹性。在水饺中麦谷蛋白是构成面皮的主要骨架，使得水饺具有其特有的外形，另外，麦谷蛋白对于饺子皮的口感也起到了很重要的作用。

水饺对面粉蛋白质品质要求较高，主要食品对蛋白质含量的要求从低到高依次为糕点、饼干、馒头、面条、饺子、面包，可见饺子仅次于面包，一般为12%~14%。面粉中的蛋白质主要分为清蛋白、球蛋白、麦胶蛋白、麦谷蛋白，其中麦胶蛋白、麦谷蛋白是组成面筋的主要成分，面筋含量的多少及质量的好坏与饺子品质密切相关，蛋白质形成面筋后，应该具有一定的延伸性和弹性，只有这样才可以在水饺冻结过程中减轻由于水分冻结，体积膨胀造成的对水饺表皮的压力。片面追求面筋数量而忽视了蛋白质质量是影响水饺冻裂率的一个重要因素。因此，作为优质速冻水饺的专用面粉，它的蛋白质质量要好，面筋质量要高，面团的稳定时间要合适。我国国家标准对饺子专用面粉中的面筋含量要求在28%~32%，面团的稳定时间≥3.5分钟（饺子粉SB/T10138—93），同时要求弱化度在120BU以下。但面筋超过32%以后，水饺品质的效果变化不明显，而且从工业化生产讲，筋力太高的面粉弹性好，加工过后缩成原状的趋势强，导致对工艺很多的不便，和面时水分少时面团较硬难于加工，水分多时面团易粘在机器的输送带上，因此面筋含量要适宜。

（2）小麦淀粉。

淀粉在小麦面粉中所占的比例较大，一般占70%~80%。它是由众多的α-D-葡萄糖分子组成。根据葡萄糖分子间连接方式不同，可分为直链淀粉和支链淀粉。其中，直链淀粉占17%~19%，其余为支链淀粉。淀粉填充与面筋骨架中，增加了面团的稳定性。淀粉的糊化和老化对食品的质构有显著影响，因此对速冻水饺的品质影响也很大。用于速冻水饺的面粉要求它的淀粉特性具有较低的糊化温度，较高的热黏度，较低的冷黏度。较低的糊化温度可以使水饺皮在低温下糊化并吸收大量的水，较高的热黏度可以使水饺在蒸煮时对表面淀粉有很强的黏附性，使表面淀粉流失减少，较低的冷黏度可以使水饺煮熟降温后减少饺子间的粘连。对于生产速冻食品的面粉来说，淀粉的低温冻融稳定性要好，淀粉或面粉的冻融稳定性与速冻食品、冷冻面团的品质关系密切，速冻水饺也不例外，否则速冻水饺容易冻裂；破损淀粉的含量对水饺的品质也产生很大影响，蒸煮损失与破损淀粉有很大的相关性，破损淀粉含量越少，蒸煮损失越少。直链淀粉具有优良的成膜性和膜强度，支链淀粉具有优良的黏结性。

(3) 小麦脂质。

面粉中的脂质含量为1.4%~2.0%，面粉加水搅拌后，脂质与面筋蛋白形成很紧密的脂质—蛋白质结合体。脂质—蛋白质结合体能阻止面筋的解聚，增强面筋网络及其保持面团形状。面团受热后，蛋白质变性，脂质—蛋白质结合体的结合力减弱，脂质慢慢地转向淀粉结合。脂质与淀粉结合能延缓淀粉的回生老化，起到抗老化和保鲜作用。

2. 面团的形成过程

(1) 水分子的渗透。

水接触到面粉表面时，面粉中的亲液胶体(蛋白质、淀粉)上的极性基团与水相互吸引，发生水化作用，使得淀粉与蛋白质溶解。同时小麦粉中的可溶性组分与水发生溶剂化作用，形成较高浓度的溶液，并在那里产生一定的渗透压力，加速了水向面团中的渗透。另外，搅拌桨的机械作用也加速了水的渗透。

(2) 面筋网络的形成。

蛋白质进入水中后，麦谷蛋白通过肽键间的二硫键交联成分子量高达几百万的细长纤维状聚合物，在搅拌作用下，线性麦谷蛋白分子相互缠结，形成一个无序的网络构架；麦胶蛋白通过分子内二硫键、氢键和疏水键形成球状，充填麦谷蛋白形成的网络构架中，然后麦胶蛋白和麦谷蛋白之间、麦谷蛋白分子之间通过大量的氢键和疏水键相互作用形成稳定的面筋网络。由于机械搅拌作用，淀粉粒、脂质和其他组分也被揉合到面筋网络中。

(3) 淀粉在面筋网络中的作用。

淀粉约占面粉重的65%以上，在面团形成中起到了重要的作用。就像盖房子浇筑钢筋混凝土一样，面筋好比是钢筋，起着骨架作用，淀粉好比是水泥，充填在钢筋之间，形成了一个稳定的组织结构。淀粉充塞于面筋网络结构中，在面团形成阶段淀粉吸水并不充分，在热加工过程中，糊化的淀粉颗粒从面团内部吸水膨胀，这使淀粉颗粒体积逐渐膨胀，固定在面筋的网络结构中，同时由于淀粉所需要的水是从面筋中转移而来，这使面筋在逐渐失水的状况下，网络结构逐渐变得更有弹性和黏性。在烘焙或蒸煮过程中，面筋不再构成面制品的骨架，实际上是由淀粉在维持面制品的体积。

(4) 脂质在面筋网络中的作用。

进入面筋网络中的脂质在搅拌作用下，极性脂质的极性基团与麦胶蛋白以氢键结合，非极性基团与麦谷蛋白以疏水键结合形成麦胶蛋白—脂质—麦谷蛋白复合体。另外蛋白质和脂质被结合到高聚碳水化合物上，并同直链淀粉形成闭环化合物，对面团的形成也起到很重要的作用。面粉中各个组分与水分子之间、各组分之间的相互作用，形成具有一定黏性、弹性、塑性等特性的面团，然后在压延作用下，即可形成符合要求的饺子面皮。

3. 灰分的影响

灰分是衡量小麦面粉加工精度的主要品质指标，不同的加工精度，面粉的粉色差异较大、粉色差的面粉制成的速冻食品的颜色会越来越差，用于速冻食品的面粉灰分要低于0.45%，且越低越好。同时灰分主要构成成分是纤维素，一般和面过程中，纤维素在面筋网络中形成节点，破坏了面筋网络的强度；并且由于纤维素吸水较快且较多，在面筋网络中形成水分聚集点，导致水饺冻结过程中破裂率提高。

4. 粗细度的影响

面粉粗细度一方面影响面粉色泽，另一方面影响面粉中游离水的含量和吸水率，这对速冻食品的稳定性有相当重要的影响。若游离水含量太多产生冰晶对面筋网络的构造会产生破坏作用，降低速冻食品的储存性。

5. 添加剂的应用

同其他面制食品一样，选择合适的添加剂可以提高水饺的品质，有效降低生产成本。添加剂的选择对水饺的品质影响很大，例如乳化剂的添加可以明显降低裂纹概率，减少蒸煮损失，这是因为乳化剂能与面粉中的淀粉、蛋白质、特别是小麦面粉中的麦谷蛋白发生较强的作用，强化面筋网络，使面团弹性增强，阻止搅拌等工艺过程造成对面筋网络的破坏。还可阻止直链淀粉的可溶性淀粉的老化。淀粉添加量越高水饺白度越好。外加淀粉改变了原面粉中蛋白质与淀粉的比例，从而改善了面筋网络的结构致密度，改变了对光的折射率，提高了饺子的色泽。但添加量太大，面筋被稀释，面筋质量下降，水饺的冻裂率增大。另外，淀粉对饺子的耐煮性及口感、风味也有负面影响，所以淀粉添加量要根据面粉和生产情况选择恰当的比例。

在速冻水饺中加入酯化淀粉，由于其具有较强的吸水性、保水性和乳化作用，可有效地分散游离水，降低流态物质表面张力，控制流体的聚集，防止大冰晶的形成带来的制品结构的破坏，以及同时带来诸如汁液流失，解冻时“汤化”等不利影响，安全渡过玻璃体转化过程，从而保证产品品质。

各种添加剂在速冻水饺中所起到的作用不同，对水饺品质改良的效果也有所不同，而且单独使用一种添加剂可能起不到很好的效果，因此在实际生产中往往采用多种添加剂进行复合使用。但是影响速冻水饺品质的第一因素是原料面粉的品质及其加工工艺，面粉添加剂加不加、加多少，应视面粉的品质及其生产需要而定。

6. 工艺的影响

（1）面团的调制工艺。

面粉的加水量、和面程度要适度，加水量要根据季节、环境温度及面粉本身质量适当控制，气温低时可多加一些水，这样做有利于饺子的成形。当面团较硬时，和面的力大，不利于水饺成形，此时可多加些水或加入一些淀粉，将面团和软一些。

（2）放置时间。

如果水饺成形后放置时间过长，不能及时送入速冻间速冻，饺子馅内的水分会渗透到饺子皮内或流出饺外，影响水饺色泽，会造成水饺色泽变差，因此包好的饺子应立即送入速冻机速冻。

（3）速冻工艺。

速冻食品要求快速冻结，在20分钟内迅速通过最大晶体生成带（-1～-5℃），快速冻结要求此阶段的时间尽量缩短，当食品的中心温度达到-18℃，速冻过程结束。经速冻的食品中形成的冰晶体较小（冰晶的直径小于100μm），而且几乎全部散布在细胞内。细胞破裂率小，从而才能获得品质高的速冻食品。速冻速度越快，组织内玻璃态程度就越高，速冻可以使水饺体系尽可能地处于玻璃态，形成大冰晶的可能就越小。而慢冻时，由于细胞外液的浓度较低，因此首先在细胞外水分冻结产生冰晶，造成细胞外溶液浓度增大，而细胞内的水分以液态存在，由于蒸气压差作用，使细胞内水向细胞外移动，形成较大的冰晶，细胞受冰晶挤压产生变形或破裂。同时随速冻时间增加肉馅中蛋白质的保水能力下降，胞内水分转移作用加强，产生更大、更强的冰晶，而刺伤细胞，破坏组织结构。另外由于冻结速度慢，汁液与饺皮接触时间也长，致使饺皮色泽发暗；而速冻时，肉馅不致因流失汁液而浸入饺皮。所以，制冷温度是决定制品冻结速度的主要因素，温度低效果好，但到一定温度后影响变得就不显著了。速冻隧道冻结温度达到-20℃以下，将水饺放入速冻隧道，隧道前段冷冻温度不能过低，风速不宜太大，否则会造成水饺进入后因温差太大，而导致表面迅速冻结变硬，内部冻结时体积变化，表皮却不能提供更多的退让空间而出现裂纹。冷冻风速对速冻饺子的冻裂率及品质有明显影响，在生产中要降低产品干耗量，提高其品质就要选择适当的冻结风速。随着风速的增大，速冻水饺的冻裂率降低，感官和食用品质提高，但是风速达到8m/s时，冻裂率提高，感官和食用品质降低。所以风速并不是越高越好，过高或过低均会降低速冻水饺的品质。综合评定得出，风速为6m/s，速冻水饺的冻裂率最低，干耗量最少，品质最佳。

（4）储藏温度对水饺品质的影响。

玻璃化保存理论认为，如果食品处于玻璃态，一切受扩散控制的松弛过程将被极大抑制，使得食品在较长时间处于稳定状态，食品内部受扩散控制的结晶，再结晶过程将不再进行。如果食品可以在它的玻璃化转变温度以下保存，就可以减缓食品内部的变化，从而延长食品的保存期，提高保存过程中的质量。储藏和运输条件对冷冻食品的品质有很大的影响，但是贮存运输过程中的温度波动有时不可避免，温度波动是影响重结晶的重要因素。出现温度波动时，速冻过程中形成的细小冰晶逐渐长大，破坏了内部结构，从而导致面制品的变质。用玻璃态转变理论可以很好地解释食品加工与储藏过程中的某些食品品质的变化，并且用玻璃化转变温度和水分活度的关系，还可以预计食品的贮存期及储藏条件。例如：某些方便食品的组织软化、面包老化、粉状食品的风化和吸湿、冷冻食品的干缩等问题，都可以用玻璃态转变来解释，食品储藏过程中褐变、脂肪氧化和结晶等，也与玻璃态转变有很大的关系。目前利用玻璃化转变在冷冻食品中的应用，较为成功的是在冰激凌速冻果蔬储藏中。

7. 水饺馅的影响

水饺馅的品种也会对冻裂率造成一定的影响。馅中脂肪含量较高的品种冻裂率相对较低，因为脂肪在冻结时体积缩小；蔬菜中因为水分含量较高，所以蔬菜馅水饺冻裂率相对会较高。如果是肉馅，用的原料肉不应是反复冻融的，否则会影响保水性、影响水饺的成型，同时饺馅内肥瘦肉之比也要合适，肥膘过多，饺馅过于油腻，饺子易出现瘪肚现象，让人感到饺馅过少，肥膘过少，口感欠佳。水饺馅的加水量对水饺品质也会产生影响，外加水越多，速冻后肉馅膨胀系数可能性增加，从而使裂纹概率增加。饺馅要搅拌充分，否则会出现水分外溢、馅汁分离现象，而且速冻后的水饺颜色加深、发暗，缺乏光泽，煮熟后易出现走油、漏馅、穿底等不良现象。但是如果水太少，会造成口感风味劣化。一般情况下饺子馅在满足口感风味的要求下尽量少加水。水饺馅大小要均匀，不能过大，否则不利于水饺的成形且熟制时容易出现生馅及皮烂现象。

8. 影响速冻水饺卫生指标的因素

影响速冻水饺卫生指标的因素有两方面：一方面是原材料的卫生指标不合格，另一方面是产品在生产过程中被污染。因此必须对原材料进行严格地的检验把关，对不合格产品进行严格地杀菌处理。生产中的污染主要来自人为带入和环境因素。因此要求操作人员的手、衣、鞋进行严格消毒处理，车间、工具等都应定期消毒，控制空气中的落下菌，严格依照食品卫生法进行生产操作。

9. 其他因素的影响

饺子皮与馅的比例对水饺的成形影响也较大，馅心的比例一般控制在60%～70%，这样水饺才饱满；皮馅比不合理等原因也会对水饺的冻裂率有一定影响。馅太多，容易把饺子皮涨破；水饺在成形时尽可能使水饺上附着的面粉少一些，否则也会影响成品水饺的色泽及外观；同时，水饺在运输的过程中，要保持温度的恒定，防止温度的波动。

总之，影响速冻水饺品质的因素较多，在生产过程中必须严格控制好每一个环节，这样才能保证产品的质量，满足消费者的需求。

（七）速冻水饺生产中的质量检验

速冻水饺生产中的质量检验见表2－3。

（八）速冻水饺的质量评分标准

速冻水饺的质量评分标准见表2－4。

表 2－3　速冻水饺生产中的质量检验工作表

序号	流程说明	质量监控要点	检验项目及相应要求	检验操作方法
1	原料、辅料处理	1. 类原料处理 2. 料处理 3. 类原料处理 4. 卫生控制	1. 蔬菜处理后表面干净，无烂叶、过老根叶、泥沙、虫斑叶、其他杂物等；蔬菜经斩切处理后规格大小均匀符合生产工艺要求。 2. 肉类原料处理后表面干净、无淤血、异味、明显肉筋、杂物；而且要注意肉不能过度解冻以致肉温度过高，一般要求肉处理后的温度不能超过 4℃，另外肉绞烂后大小规格符合生产工艺要求。 3. 面粉类原料拆袋时注意检查泥沙、棉绳、胶丝等杂物是否混入面粉里，使用前要确认好面粉的质量、品牌、用量。面粉原料不得有结块、生虫、霉变、异味、吸潮等质量问题。面粉的使用必须严格按照工艺配方要求执行。 4. 每天要定时检查人员的指甲是否修剪；工衣、工帽、工鞋是否清洗干净，另外要检查人员的头发是否外露、口罩是否戴工整；车间使用的胶筛、胶篮、刀具、案台、清洗池等是否都清洗干净；掉地原料是否经过处理后才使用	1. 感官检验：目视、手摸、鼻闻 2. 用探温计检查肉中心温度
2	制馅	1. 工艺 2. 味道 3. 规范性 4. 卫生控制	1. 检查打馅时是否严格按配方要求制备，操作员有无偷工减料等情况。 2. 检查馅料打制是否均匀，并抽取小部分进行蒸煮试味检测，也可以通过对比检查馅料中调味料是否放够。 3. 打馅时检查操作员是否按工艺要求投料顺序进行打馅，每种原料的使用是否都经过严格称量，违规操作的情况是否出现。 4. 打馅的机械设备是否清洁干净，投料时检查是否存在物料交叉污染的情况，检查待用物料是否暂放时间过长，每隔 30 分钟都要检查原辅料的新鲜度，防止物料温度上升导致变味变质	1. 感官检验：目视、手捏、口尝 2. 用秒表检查打馅时间，用探温计检查物料温度（特别是肉温）
	制皮	1. 工艺 2. 效果 3. 规范性 4. 卫生控制	1. 打皮时检查是否严格按照配方要求制备，特别对于添加剂类辅料必须按要求称量添加，还有检查操作员是否存在偷工减料情况。 2. 皮制出后，抽样检查皮的打制效果，如水分、色泽、质感、气味等项目确保正常。 3. 检查操作员是否存在违规操作行为，如投料时连带着外包装袋放进料斗里。 4. 检查压皮机等机器设备是否清洁干净，工用具是否清洁干净，操作过程中检查物料、工用具是否存在交叉污染情况，定时抽查皮的厚度、表面卫生情况	感官检验：目视、手摸、鼻闻

续表

序号	流程说明	质量监控要点	检验项目及相应要求	检验操作方法
3	成型	1. 重量 2. 形状 3. 规范 4. 控制	1. 检查水饺的重量、皮馅比例。手工水饺重量范围为18～20g；皮为8～9g，馅为9～10g。机械水饺单个重量范围为20～22g；皮为9～10g，馅为10～12g。皮厚薄均匀，每次抽检皮张数20张以上，取平均数检查。 2. 检查水饺的形状（扇贝状）必须包制严密、形正、大小适中，不得有露馅、缺角、破皮、变形、带皱褶、开口等情况，水饺摆放不能并连在一起，必须严格按照数量和行列要求放盘。检查手工水饺时，员工不得私自将水饺皮压薄使用。 3. 检查员工操作的规范性，放水饺时检查员工有无做到轻拿轻放，包制手工水饺时员工有无将一些不合格皮掺进去用。另外加强检查新员工包制水饺的效果是否符合要求。 4. 检查水饺机的卫生是否符合清洁要求，使用前后进行卫生检查，表面不得有残留馅料、皮料粘附，使用的胶托、工用具用前必须严格清洗消毒。胶托按照规定必须用消毒水（100～150mg/L）进行浸泡消毒5～10分钟	1. 感官检验：目视、手摸、鼻闻 2. 用小台秤称量皮与馅的重量，饺子重量 3. 用小尺测量饺子的大小尺寸
4	预冷	1. 时间 2. 温度 3. 冷库卫生 4. 操作规范	1. 跟进检查水饺的预冷时间和预冷效果，观察预冷后水饺是否存在异常情况（如皮开裂、开口、变色、有异味）。 2. 跟进检查冷藏库温度显示是否正常，是否存在波动幅度大的情况。 3. 检查冷库的卫生状况和物料摆放是否规范，检查冷库是否存在半成品，次品、其他物料交叉污染情况。 4. 检查产品有否定置摆放，并附清晰标识区分。放货员是否存在混放产品情况	1. 目测 2. 用已校准的标准温度计检查库温
	速冻	1. 速冻时间 2. 速冻温度 3. 操作规范 4. 卫生控制	1. 跟进水饺的速冻时间是否与平时一样，一般速冻时间为40分钟左右，最长不超过1小时。 2. 检查速冻机的温度显示是否正常。速冻温度最低区不得超过－30℃。检查产品的冻结效果，中心温度要求在－10℃以下。 3. 检查放货员是否按照品种先后顺序放货，是否存在混放情况。放货要求每放一个品种产品前必须先放上一块产品名标识牌。 4. 检查速冻机的卫生状况，使用前不得检出杂物，产品残留物，手工水饺合放于一盘时，检查确认好水饺的冻结效果，未冻的水饺不得合倒在一盘里，倒盘时，检查水饺皮有否粘烂的情况。放货员必须戴上一次性手套才能放货。掉地产品不得当作合格品放货	1. 目测 2. 用已校准的标准温度计检查速冻机的温度

续表

序号	流程说明	质量监控要点	检验项目及相应要求	检验操作方法
5	装袋	1. 包材质量 2. 卫生控制 3. 打印日期 4. 封袋效果 5. 次品挑选 6. 操作规范	1. 检查胶袋的材质、耐破性、尺寸、印刷质量是否与样板相符。 2. 装袋人员必须戴上一次性手套，任何人不得直接用手把产品加入胶袋里。 3. 胶袋打印的生产日期必须清晰、正确、工整，不易脱落。品种类别打“√”位置要与产品相符合，不得混淆。 4. 胶袋封口前要排气，封口要求平整、严密、美观、牢固，不漏气，稍用力挤压不爆口。 5. 装袋前必须将不合格品挑出，如破损严重、露馅、开口、变形、变色、缺口、瘪肚等。 6. 过程操作人员必须注意轻拿轻放，封口机使用前必须调试好温度，防止温度调试不良造成胶袋的浪费。产品封袋后停放时间不得超过 10 分钟，必须及时装箱	1. 目测 2. 用直尺检查胶袋的大小尺寸并用秒表抽检停放时间
	称重	1. 台秤校准 2. 重量规格确认 3. 操作规范	1. 称量水饺前用标准砝码检查台秤的准确性。 2. 检查确认好每一个品种水饺的重量规格（450g/500g/2500g）。 3. 称量产品时要求计量准确，称量范围严格按照每种产品的标准执行。操作过程中保持台秤正常运作，称量时不得有产品或其他物品压秤情况	1. 目测 2. 使用标准砝码校准台秤
6	装箱	1. 包材质量 2. 卫生控制 3. 纸箱打印 4. 封箱效果 5. 操作规范	1. 检查纸箱的材质、耐折性、尺寸、印刷质量是否与样板相符。 2. 检查纸箱内外是否卫生干净，内壁是否存在污物或污渍。 3. 纸箱打印的生产日期必须清晰、正确、工整，不易脱落。品种类别和包装规格打印要与产品相符合，不得混淆。 4. 产品装箱时要摆放整齐，按照行列层数要求放置，不得随意摆放。封箱时胶带要封严粘牢。 5. 装箱操作人员要注意轻拿轻放，箱内产品与纸箱打印品种、生产日期、数量相一致	1. 目测 2. 用直尺抽检纸箱的尺寸用秤测量纸箱的重量
	称重	1. 台秤校准 2. 重量规格确认 3. 操作规范	1. 称量水饺前用标准砝码检查台秤的准确性。 2. 检查确认好每一个品种水饺的成品包装规格（20袋/箱；24袋/箱）。 3. 称量产品时要求计量准确，称量范围严格按照每种产品的标准执行。操作过程中保持台秤正常运作，称量时不得有产品或其他物品压秤情况	1. 目测 2. 使用标准砝码校准电子秤

续表

序号	流程说明	质量监控要点	检验项目及相应要求	检验操作方法
7	入库	1. 数量记录 2. 操作规范	1. 准确记录入库产品数量，并及时将记录传至仓库； 2. 传货人员操作时注意轻拿轻放，放货时按品种类别进行，不得混放	目测

生产工艺流程：①原料、辅料处理→②制馅/制皮→③成型→④预冷/速冻→⑤装袋/称重→⑥装箱/称重→⑦入库保存。

表 2－4　速冻水饺的质量评分标准

项目	满分	评分标准
颜色	10 分	白色、奶白色、奶黄色(6～10 分)黄色、灰色或其他不正常色(0～5 分)
光泽	10 分	光亮(7～10 分)，一般(4～6 分)，暗淡(0～3 分)
透明度	10 分	透明(7～10 分)，半透明(4～6 分)，不透明(0～5 分)
黏性	15 分	爽口、不粘牙(11～15 分)，稍粘牙(6～10 分)，粘牙(0～5 分)
韧性	15 分	柔软、有咬劲(11～15 分)，一般(6～10 分)，较烂(0～5 分)
细腻度	10 分	细腻(7～10 分)，较细腻(4～6 分)，粗糙(0～3 分)
耐煮性	15 分	饺子表皮完好(11～15 分)，饺子破肚无损(6～10 分)，有损伤(0～3 分)
饺子汤特性	15 分	清晰，无沉淀物(11～15 分)；较清晰，有沉淀物但不明显(6～10 分)；混浊，有明显沉淀物(0～5 分)

第三节　速冻面条加工及过程控制技术

面条，已有 2000 余年的悠久历史，以其制作简单、烹调快捷、食用方便、经济实惠而成为中国及亚洲其他国家和地区最常见的传统面食。目前我国在面条的烹调技术上虽然仍居世界一流水平，但在制面技术的研究和工业化等方面落后于日本、意大利等国家，造成许多传统制面技术、艺术、文化等逐渐流失、如何解决传统面条的工业化问题是面条研究者和生产者共同努力的目标。

一、冷冻面条的特点

冷冻面条主要具有如下特点：①产品口感好，优于油炸或热风干燥方便面，接近传统手工面条的口感；②水分含量高，品质保持好，面条经冷冻后阻止水分转移和淀粉老化，保持了面条刚煮出时的品质，这一点优于速食面；③煮食时间短，较细的冷冻生面煮 2～3 分钟，冷冻熟面煮不足 1 分钟即可食用，这一点优于挂面和湿切面，而且面条经冷冻后，流通过程在 －18℃保存；④保质期长，不需添加防腐剂，可在一年内保持较高的品质，这一点优于方便面、冷藏面、速食煮面等；⑤产品不经油炸，经常食用不会

"上火"，食用方法多种多样，如汤食、凉拌、炒、煎、焖；⑥适应性广，作为保藏手段，可以适合多种面条的加工，如乌冬面、荞麦面、意大利面条。

冷冻面条也有一些缺点：①需要严格的保存条件，冷冻库内温度变化易使表面干燥发白，严重时会降低风味；②冷冻面条对包装材料要求高，要求包装材料具有较好的柔韧性、耐寒性、气密性等，如果包装气密性或密封程度不好，容易从外部吸收气味，所以最好与其他冷冻食品分开保存；③冷冻面条较脆，如搬运不注意，容易破损；④冷冻面条生产成本高，从生产到消费都要求严格冷冻(不高于－18℃)，对普通消费者来说价格较高。

二、冷冻面条的生产方法

配料和面→静置松弛→复合压延→连续压延→切条→水煮→冷水冲洗→冷水→速冻→包装(在该过程中，将调料制成酱包与面体一起包装)→冷藏。

三、冷冻面条的品质保持原理

面条在水煮时，淀粉膨润、糊化，蛋白质也发生变性，由不可食状态变为可食状态，随着热和水从面条外部向内部的传递和渗透，经过一定时间后，面条形成一定的水分梯度。外层含水量高(约80%)黏糊感较强，内层含水量低(约50%)弹性较强，黏性和弹性共同形成了面条的口感、但是随着时间增长，外部水分不断向内部渗透，最终面条整体的水分会均匀一致，丧失了应有的口感，达到所谓完全伸展状态。

由于煮出的面条含水量高(约60%)，在常温或冷藏条件下面条中已糊化的淀粉经过一段时间后会发生老化，口感也会变差，再加热后，虽然可以恢复一定口感，但已经均匀分布的水分无法恢复到原来的水分梯度，从而不可能恢复最初刚煮出的口感，如果在煮熟后快速冻结，食用前快速解冻，就能使口感恢复至最佳状态面条在冷冻时必须采用快速冷冻方式，一般认为速冻要在－35℃以下30分钟内使产品中心温度达到－18℃以下产品在3～20分钟内通过0～－5℃的最大冰晶生成温度带，才不会损伤面条的组织。

四、冷冻面条生产工艺要点

(一) 原辅料选择和配比

小麦粉选用面条专用粉或者蛋白质含量为8%～10.5%、灰分小于0.4%的面粉。中华面、荞麦面所用小麦粉蛋白质含量要求高些(10.2%～11.2%)。食盐选用精盐，添加量为面粉的2%～4%。中华面需要加入碱类物质，可选用碳酸钾、碳酸钠、磷酸的钾盐或钠盐等，混合使用效果较好，添加量为面粉的0.2%～0.5%。为了改善面条的黏弹性，延缓煮时涨糊，降低煮面损失，可添加占面粉重量0.5%～2%的谷朊粉和0.2%～1%的增黏剂。水选用软水，添加量根据和面机而定。要尽量多加水，普通和面机加水量为面粉的30%～36%，真空和面机的加水量可达面粉的40%以上。

（二）和面

可采用普通和面机或真空和面机，时间为 12～15 分钟，如果不采用面条熟化工艺，最好使用真空和面机。可使面条的含水量增加。

一般面条生产时的加水量在 35% 以下，由于水分进入面粉粒子中心的速度慢，因此水分过多会造成面带表面产生黏性或面带过软而失去机械操作性。面粉粒子尤其粉心粒子均有孔洞存在，而真空搅拌可使这些孔洞内有真空度存在，能将水吸入孔洞；水分也可以喷雾状或气态形式与面粉粒子接触，与面粉粉粒均匀而且充分地混合，水分在极短的时间内进入面粉粒子中心。因此真空搅拌容许添加更多的水分而不至使面带软化或黏滞。搅拌水分的增加所产生的效果使面粉粒子上的结构蛋白质因吸水增加而软化，故在搅拌时面筋能扩展。此外，增加水分还有以下优点。

1. 煮面时间缩短

煮面时，若面体内本已含有较多水分，则内部淀粉容易达到膨润状态，这种作用产生的结果是比较能够达到理想的水分梯度状态。生面条水分较少时，若煮面要煮到内部刚熟时（中心白点消失），则面条表面可能因为煮面时间过长而糊烂了。反之，若欲维持外表不糊则势必造成中心不熟，这种面体容易于复热时因内外应力差太大而断裂。煮面时间缩短还能提高生产效率和减少煮面水的添加量。

2. 面条密度增加

使用真空搅拌，面团中空气量减少，面条密度增加，煮面时内部不会有气泡形成，煮面过程中面条不会很快浮至液面而使面条受热及水分渗入减少，在煮面时间缩短的同时，使面条内部糊化均匀。如果面团未经真空搅拌而使面条内部有气泡存在，煮面时就会在内部形成气泡合体，对面条的咬感有负面作用。面条密度增加还会使面条外观有透明感。

3. 可使面团的品温降低

品温升高是一般制面搅拌机尤其是大型搅拌机的最大缺点，因其搅拌轴的机械能使搅拌温度升高，造成面带过软或表面黏滞性增加。而真空搅拌设备因允许较多的加水量，故使面团面筋能展开，在搅拌中产生较大的面块，以致在面块进入复合机前，必须打散，以免进入复合机的进料分配不均匀，影响进料量的准确性。双型真空搅拌机能减少此缺点，使形成较松散的面块。

（三）熟化

面团经真空搅拌后经粗整及复合为面带，此时因外力而变形，其组织结构仍处于硬直紧绷的状态。此时若给予缓和静置约 30～60 分钟，可使内部的面筋结构松弛，以消除面带的内部应力，进而形成柔软可塑性强的面带。让面筋、淀粉继续吸收游离水，促进面筋网络结构的形成。方便面和挂面的熟化在和面后压片进行，时间较短；而冷冻面条的熟化一般是在压片后或切条后进行，时间较长以面带熟化方式较为常见，主要有卷取式和输送带式。前者的熟化条件为时间 1～2 小时，温度 10～20℃；后者的熟化条件为时间20分钟至1小时，温度25～30℃，湿度在80%以上(为了防止面带表面干燥)。面带熟化除使水分分布更均匀外，还因氧化作用使部分双硫键形成，有益于形成面条内部良好的结构，使外观色泽更加透明。

(四) 压延

压延分为复合和压延两个阶段。压延过程中，作用在面带上的压力大小与压辊的直径有关。直径越大，作用在面带上的压力也越大。复合阶段要把颗粒状的松散的面团压成面片，所需压力较大，辊径大；压延阶段所需压力较小，辊径也比较小。初压面片的厚度一般不低于4mm(两片复合前相加厚度不低于8mm)以保证面片最终承受8～10倍的压延倍数，使面片密实、光洁。面片要逐道压延。影响面团压延效果的两个主要因素是压延比和压延速率。压延比，又称压薄率，指在轧片过程中，面片进出某道压辊的厚度差与进入前厚度的比值。可用下式表示压延比：

压延比=(辊压前面片厚度－辊压后面片厚度)×100%/辊压前面片厚度

压延比一般不大于50%，太大会破坏面片内部的网状组织。压延比与压延道数有关。面块经复合机的两个进料口进入两对大滚轮，压延为两大厚面带，再复合为一条面带，然后依面带厚度及面条厚度规格要求、面带速度等设定压延比生产面条。由于真空搅拌使用水量较高，故面带复合压延的能量降低。为了产生手工制面的效果，复合及压延之前对压延滚轮可采用波状设计，模拟人手的虎口对面团的捏合作用，避免以往面筋蛋白经压延后单向排列，而改以双向的网状结构，达到手工制面的品质。根据面条的品种不同最后将面带压成一定厚度。一般复合后压延阶段压5～7道。前后各道比较理想的压延比依次为50%、40%、30%、25%、15%、10%。压延速率过高，面带会受到过度的拉伸，容易破坏已形成的面筋，影响面带的表面光滑度；速率过低，面带受压时间长，表面光滑，但影响产量。一般规定末道压辊线速度不大于0.6m/s。

切条是在切面机上完成的。在连续化生产的过程中，切面机安装在压延机的后端，切面机由切条刀和切断刀组成。挂面的外观质量取决于切刀的机械加工精度。

(五) 煮面

煮水温度控制在98～100℃，如果十分混浊时，应经常添加沸水。煮面与冷却为生产中最直接与面条质量相关的工艺过程。在煮面阶段并不煮至刚熟的那一点，而是煮至九成熟(即面条中心白点即将消失)。煮完后不会立即进入冷却阶段，余热仍会进入面体中心，尤其是面条经煮后面体膨润，热会继续传导至面条中心。煮面时间与煮前面条内部水分含量有关，而煮面时间的长短又与水分梯度的分布有关。要使面条内水分梯度分布良好与以下因素有关。

1. 面粉粒径与蛋白质含量

面粉的粒径大小影响水分进入面粉粒子路径的长短及粒子内空气含量的多少。对空气含量而言，面粉粒子越细，则与水分接触的表面积越大，粒子内空气含量也越多。因此平均粒径在60～80μm左右使用真空搅拌是最为理想的条件。值得一提的是，若粒径<40μm则大部分的结构蛋白质以碎片状存在，故会造成搅拌时面筋结合不易，导致制

面机械性能降低。面粉中蛋白质含量越多，淀粉的糊化温度越高。在相同的搅拌水分含量下，蛋白质含量越高煮面时间会越长，因其会结合较多的水分。

2. 淀粉含量及种类特性

熟面条中淀粉的膨润度与口感有直接的关系。在较薄的冷冻面条中添加糊化温度较低且膨润程度较大的淀粉会促进煮面时的吸水速率，降低煮面时间；在较厚的面条中，若加水量不提高，面条外层部位会因淀粉的快速吸水膨润而升高密度，使表面层变得很挤，水分渗入面条速率受阻，煮到九分熟时外表已糊烂，对于面条质量有负面影响。因此生产厚面条要提高面团搅拌时的加水量。

3. 煮面水的温度

冷冻面条生产过程中，生面条通过水煮槽的时间、水温和水煮液中面条溶出固形物的多少，关系冷冻面条质量的稳定。水煮液的温度以90～99℃为宜。水温过高(溶出固形物增多可使水温超过100℃)或过低，均会影响面条内水分梯度的分布，造成质量不稳定。因此，随着煮面进出量、吸水速率、溶出固形物、面条配方等参数的变化，应调整水煮条件的参数，使质量趋于稳定。

(六) 水洗

用0～5℃的冷水洗去面条表面的黏液，防止面条粘连。

(七) 冷却

用2～3℃的冷水将面条温度降至10℃以下(芯部温度)，冷却在冷冻面条制造过程中比较重要。冷却的主要作用有：①降低面条温度，延缓水分流失，防止面条长度改变，保持面条刚煮出时的品质；②可以加速冷冻过程，减少冷冻能耗，还能够提高面条的韧性，防止面条粘连，也可以缩短解冻时间。

(八) 冷冻

冷冻是冷冻面条生产的关键工艺，要求面条在冷冻时必须快速通过“最大冰晶生成温度带(通常在0～－5℃)”，才不会损伤面条的组织，所以采用速冻方式效果最好，一般温度控制在－30～－40℃冷冻35～50分钟，至面条芯部完全冻结。

(九) 包装

包装应选用柔软性、耐寒性好的包装材料。对于包装后再冷冻的面条，应轻轻地从上面压平，然后立即冷冻。

五、冷冻面条的品质管理

冷冻面条的品质管理应注意以下几点：①为了使冷冻面条符合冷冻食品的要求，生产出的成品到食用前必须在－18℃以下保存，为了防止吸收异味，最好与其他冷冻食品分开保存。②冷冻面条解冻时间要短，严禁自然解冻，因为解冻后的面条同样会发生淀粉老化，如果解冻时间长，面条中的水分将失去均衡而无法恢复到原有的口感和味道。③冷冻面条解冻后应立即食用，不要再次冻结。再次冻结不仅失去冷冻面条的意义，而且冰晶会变大，破坏面条的组织结构，口感将会变差。冷冻面条是冻结着的食品，在流通过程中要轻拿轻放，以免破碎。

第四节　速冻馄饨加工及过程控制技术

馄饨是中国汉族的传统食品，源于中国北方。西汉扬雄所作《方言》中提到：“饼谓之饨。”馄饨是饼的一种，差别为其中夹肉馅，经蒸煮后食用。若以汤水煮熟，则称“汤饼”。馄饨发展至今，成为名号繁多、制作各异、鲜香味美、遍布全国各地、深受人们喜爱的著名小吃。

一、馄饨的简介

馄饨是中国汉族的传统食品，馄饨名号繁多，江浙等大多数地方称为馄饨，广东称为云吞，湖北称为包面，江西称为清汤，四川称为抄手，新疆称为曲曲。各地有不少特色的深受食客好评的馄饨，著名的有成都市龙抄手饮食店的抄手，其品种多种，皮薄馅嫩，味美汤鲜；重庆市的过桥抄手，包捏讲究，调料多种，蘸调料食；上海市老城隍庙松运楼三鲜馄饨，馅料讲究，薄皮包馅，味色鲜美；新疆乌鲁木齐市的曲曲，羊肉为馅，皮薄馅嫩，汤清味鲜等等。馄饨皮为边长约6cm的正方形，或顶边长约5cm，底边长约7cm的等腰梯形；馄饨皮较薄，煮熟后有透明感。亦因此薄厚之别，等量的馄饨与水饺入沸水中煮，煮熟馄饨费时较短；煮水饺过程中另需加入3次凉水，经历所谓“三沉三浮”，方可保证煮熟。馄饨重汤料，而水饺重蘸料。猪肉、虾肉、蔬菜、葱、姜构成最基本的馅料之选。菜肉大馄饨与鲜肉小馄饨曾是上海小吃店的基本选项。起源于无锡东亭的无锡三鲜馄饨以鲜猪肉、开洋、榨菜为馅料。常州三鲜馄饨则以鲜猪肉、虾仁与青鱼肉为馅。猪肉、水产、干货和酱菜的搭配组合也启发了日后的馅料创新。广东以肥、瘦猪肉、鲜虾仁，加入大块鱼碎及蛋黄、调味混成。20世纪90年代以来，连锁经营的数家风味大馄饨店在上海出现，酱菜、荤素时鲜、南北干货纷纷汇入馅料，馄饨馅料的品种也得到大幅丰富与提升，诸如莲藕叉烧鲜肉、腊肉山药鲜肉、咸肉鲜肉、三菇鲜肉、荷兰豆鲜肉、蛋黄香酥鸭、哈密瓜鲜肉、银鱼蛋黄、平菇虾仁、松仁粟米鲜肉新鲜组合出现。牛肉、螺肉、鸡肉、各色鱼肉等水产、时鲜蔬菜水果、各色豆制品都可为鲜货之选。干货中，开洋、干贝、香菇、香肠、咸鱼、咸肉、梅菜亦可入馅。酱菜中，尤以榨菜、大头菜和萝卜干受青睐。

二、速冻馄饨工艺流程

速冻馄饨的工艺过程主要包括产品和配菜的工艺流程：

产品的主要工艺流程为：配制面粉→和面→制皮→制馅→包制→熟化→预冷→冻结→包装→ 成品。

配菜的主要工艺流程：原料→清洗→切分→冻结→包装→成品。

三、操作要点

（一）和面、制皮

把面粉倒入和面机中，加清水、碱合成面团，揉光。压面机压成牛皮纸厚的面带，要分多次压面，每压一次拍一层干淀粉（绿豆粉最好），约拍粉五六次，压好后用刀切成梯形，上宽5cm，下宽8cm。

（二）制馅

肉预冷后用绞肉机绞碎，放入高速打桶中，加入酱油、精盐、斩拌2分钟，加入鸡肉膏等辅料、葱姜末、花生油、芝麻油调匀即可。

（三）手工成型

左手的食指、中指、无名指，三指摊着1张馄饨皮，右手拿着竹片、将肉馅挑到皮上，然后对叠，包法通常分为四种：官帽式、枕包式、伞盖式、抄手式。

（四）速冻

成型后的馄饨排入托盘，进行快速冻结，30分钟内中心温度达到-18℃。

（五）包装、冻藏

速冻后封口装箱，存放在-18℃的冻库即为成品。

第五节 速冻春卷加工及过程控制技术

春卷源于我国北宋时代，是一种风味独特的民间小吃，目前在国内外广为流行。春卷油炸后其馅风味不尽相同，但其皮很酥、非常脆，能使消费者百吃不厌，回味无穷。春卷类是冷冻调理食品中新兴的一大类油炸类产品，依据馅料口味的不同，春卷可分为素菜卷、海蛎卷、干贝卷、虾仁卷、鳗鱼卷、香菇卷、虾仁春卷、甜春卷、豆沙春卷。所用原料有胡萝卜、青刀豆、甘蓝、蘑菇、香干、粉丝、洋葱、笋、鲜虾仁、豆沙、调味料及面粉。它的生产由制馅、制皮、成型几个工序组成，其生产的主要设备与水饺生产的设备相似。

一、春卷类产品的工艺流程

春卷类产品的工艺流程如下：

皮料制作 ↘
　　　　　　成型、装盒→速冻→检验、包装→入库
馅料制作 ↗

二、春卷类产品的操作要点及注意事项

（一）面粉的选择

用于制作春卷皮的面粉不同于水饺皮和包子皮，它的总体要求比较低，筋度一般能

达到29%就可以，对白度的要求也不高，不需要用特白粉，更不需要添加增白剂。它要求用粗筋粉，面筋比较粗，比较黄，黏度大，如精粉类都可以(中筋精粉、高筋精粉、快食面专用粉等)，而精制粉、粉心粉、面包粉以及筋度特别低的用于生产饼干糕点类的专用粉等都不适合用于春卷皮的制作。

（二）春卷类产品制作的主要操作要点

1. 制皮

（1）面浆的制作。

面浆的配料基本上只由面粉、水和少量的食盐组成，辅料最好先经胶体磨均质，以面粉为100kg为例，食盐添加0.8～1kg，水为90～100kg。配制时食盐先溶解于水，水要分数次添加，边加边搅拌，搅拌至添加的水分被面浆完全吸收。搅拌过程中应引起注意的是搅拌务必要沿着同一个方向，速度不能太快，否则面筋很容易被打断，无法制作春卷皮，一般使用立式搅拌机。

如果用手工打浆，效果会更好。手工拌制时，拉面时最好按同一个方向从料盆周边往中心拉，周而复始，一边拉一边加水，直到面浆表面光泽度好，不黏手，置放不动时没有水珠渗出，筋性强时为止。用手拿取少量面浆，让面浆自由下垂，面浆不会出现断痕，而是呈现表面很光滑的纺锤形状。不论是手工还是机械制面浆，面浆制好后不能马上用于制作春卷皮，而要静置15～30分钟进行醒面，一般醒面温度为20～22℃。

（2）春卷类的皮料制作。

春卷类的皮料制作方法有机械法和手工法两种，两者的主要区别是：机械制皮机制作的春卷皮相对手工制作的春卷皮来说质地比较好，但是机械制皮机较昂贵，生产量不大的厂家用机械制皮机不划算。用春卷制皮机制皮，春卷制皮机要调好温度。

2. 制馅

春卷类的馅料的制作同水饺类的馅料的制作方法一样，可以参考水饺类的馅料。

3. 成型装盒

春卷的成型较简单，展开春卷皮，底朝上，面朝下，取适当的馅料(一般皮馅比为1:2)放在靠操作人员一边的春卷皮的边上，并把馅料整理成与盒子宽度一致的长条状，先把靠馅料一边的春卷皮紧紧压住馅料往另一边卷一圈，这时左右两手把两边的皮往馅筒方向折叠，再继续往另一边卷，直到还剩20～30mm长的时候停下，往余下的春卷皮的边沿上涂抹一层面粉浆(或称面糊)，再继续往里卷，把带面浆的另一边皮粘在卷好的皮上，放到盒子里，一条春卷就算成型完毕。成型全过程中不可使馅料外露，卷包紧实，馅料分布均匀。成型的春卷直接装入模具，模具使用前认真检查，确保每个模具均是合格品；装模具时注意装平整，确保春卷不外露、不破损、不变形。

4. 速冻

成型后的春卷经传送带送入－30℃以下速冻机速冻30分钟；春卷中心温度达到－18℃以下。要注意的是，春卷在速冻过程中的失重较严重，依速冻时间长短的不同，失重率会达到1%~2%，因此在成型过程中要注意适当增加分量，以确保速冻后符合净重要求，保证消费者的利益。

5. 检验

是否有破损及异物混入，并过金属探测器。

6. 包装

速冻出来的春卷经过检验合格后进行包装。

7. 入库

装箱的春卷及时入-20℃以下低温冷库中储存，仓库进行标识以便追溯。表2-5为出口速冻春卷的规格。

表2-5　出口速冻春卷的规格

品名	条重(g)	箱包装规格(g×条×盒)
春卷	100	100×8×9
	40	40×30×10
	17	17×72×10
	15	15×80×10，15×16×24
迷你春卷	12	12×96×10
咖喱角	12.5	12.5×12×24，12.5×102×10
珍宝春卷	40	40×36×10

【大视野】2009年1月29日，日本兵库县警方公布了一条爆炸性消息，在中国河北天洋食品厂生产的速冻饺子中，检测出超标百余倍的高毒农药甲胺磷，因为食用毒饺子，该县有一家三口出现中毒反应。另外，距兵库县数百公里的千叶县，也有两家共7人中毒，症状最重的5岁女孩一度面临生命危险，这7名受害者所食饺子的包装袋内也检出严重超标的甲胺磷。事件发生后，中国政府高度重视，本着对两国消费者高度负责的态度，从全国抽调侦查、检验等各方面专家，成立专案组。中国警方投入大量警力走访排查，克服了作案时间与案发时间相隔久、现场客观物证少等困难，开展了大量艰苦细致的侦破工作。现已查明，犯罪嫌疑人吕月庭(男，36岁，河北省井陉县人，原天洋食品厂临时工)，因对天洋食品厂工资待遇及个别职工不满，为报复泄愤在饺子中投毒。吕月庭对投毒作案供认不讳。

复习思考题

1. 简述速冻水饺的生产工艺。
2. 简述速冻水饺的质量控制技术。
3. 简述影响速冻水饺质量的因素。
4. 简述速冻水饺的 HACCP 工作表。
5. 简述速冻面条的生产工艺。
6. 简述速冻面条的质量控制技术。
7. 简述影响速冻面条质量的因素。

第三章　发酵型速冻面制品加工技术

学海导航

发酵型速冻面制品是速冻食品的一个重要品种。发酵面制品主要有馒头和包子，它主要研究的是的馒头与包子这种日常食品如何通过生产成速冻食品，实现传统食品的工业化，把人们从繁杂的家务劳动中解放出来。发酵型速冻面制品加工技术主要研究制品特点、生产工艺流程、生产配方、工艺要点。

第一节　速冻馒头加工及过程控制技术

馒头是我国的传统面食，把面粉加水、酵母，发酵后蒸熟而成的食品，成品外形为半球形或长条。馒头味道可口松软、营养丰富，是中华民族最亲切的食物之一。在江南地区，一般在制作时加入肉、菜、豆蓉等馅料的馒头叫做包子，而普通的馒头叫白馒头。我国幅员辽阔，民族众多，口味不同，作法各异，由此发展出了各式各样的馒头，如白面馒头，玉米面馒头、菜馒头、肉馒头、生煎馒头、油炸馒头，叫法也不尽相同，如蒸饼、炊饼、饽饽、馍馍、大馍。

有馅馒头在南方被称为“馒头”，肉馅的叫“肉馒头”，在北方叫做“包子”，在半圆顶部捏合处褶皱不加红印，菜馅的叫“菜馒头”，通常有肉馅、豆沙馅、油菜、白菜、粉条、萝卜丝、南瓜、韭菜鸡蛋等。

主食馒头以小麦面粉为主要原料，是中国主要的日常主食之一。根据风味、口感不同，可分为以下几种：①北方硬面馒头是中国北方的一些地区，如山东、山西、河北百姓喜爱的日常主食。依形状不同又有刀切形馒头、机制圆馒头、手揉长形杠子馒头、挺立饱满的高桩馒头等。②软性北方馒头在我国中原地带，如河南、陕西、安徽、江苏百姓以此类馒头为日常主食。其形状有手工制作的圆馒头、方馒头和机制圆馒头等。③南方软面馒头是我国南方人习惯的馒头类型。多数南方人以大米为日常主食，而以馒头和面条为辅助主食，南方软面馒头颜色较北方馒头白，而且大多带有添加的风味，如甜味、奶味、肉味。有手揉圆馒头、刀切方馒头、体积非常小的麻将形馒头等品种。

随着生活水平的提高，人们开始重视主食的保健性能。强化和保健馒头多以天然原料添加为主。常见的有玉米面、高粱面、红薯面、小米面、荞麦面等为主要原料，或在小麦粉中添加一定比例的此类杂粮，生产的馒头产品。营养强化馒头主要有强化蛋白质、氨基酸、维生素、纤维素、矿物质等。

点心馒头以特制小麦面粉为主要原料，比如雪花粉、强筋粉、糕点粉，适当添加辅料，生产出组织柔软、风味独特的馒头。比如奶油馒头、巧克力馒头、开花馒头、水果馒头。该类馒头一般个体较小，其风味和口感可以与烘焙发酵面食相媲美，是很受儿童欢迎的品种，也是宴席面点品种。

一、工艺流程

原料准备处理→和面→压面→成型→装盘→醒发→蒸制→冷却→速冻→包装→入库→成品

二、配方

配方一：面粉 25kg，酵母 0. 25kg，食盐 0. 75kg，面包改良剂 0. 1kg，水 12. 5kg。

配方二：面粉 25kg，玉米淀粉 1. 5kg，鲜鸡蛋 3kg，白砂糖 3kg，酵母 0. 34kg，面包改良剂 0. 1kg，泡打粉 0. 25kg，水 12. 2kg。

三、和面

和面又称调粉、打面，通过搅拌和面形成面团，是影响馒头质量的决定性因素之一。

1. 和面的目的

(1) 各种原辅料均匀地混合在一起，形成质量均一的整体。

(2) 加速面粉吸水、胀润形成面筋的速度，缩短面团形成时间。

(3) 扩展面筋，使面团具有良好的弹性和延伸性，改善面团的加工性能。

2. 和面的六个阶段

(1) 原料混合阶段。

小麦粉等原料被水调湿，似泥状，并未形成一体，且不均匀，水化作用仅在表面发生一部分，面筋没有形成，用手捏面团，甚硬，无弹性和延伸性，很黏。

(2) 面筋形成阶段。

此阶段水分被小麦粉全部吸收，面团成为一个整体，已不黏附搅拌机壁和钩子，此时水化作用大致结束，一部分蛋白质形成了面筋，用手捏面团，仍有黏性，手拉面团时无良好的延伸性，易断裂，缺少弹性，表面湿润。

（3）面筋扩展阶段。

随着面筋形成，面团表面逐渐趋于干燥，较光滑和较有光泽，出现弹性，较柔软，用手拉面团，具有了延伸性，但仍易断裂。

（4）和面完成阶段。

此阶段面筋已完全形成，外观干燥，柔软而具有良好的延伸性，用手拉取面团具有良好的延伸性和弹性，面团非常柔软，此阶段为最佳程度，应立即停止搅拌。

（5）搅拌过度阶段。

如完成阶段不停止，继续搅拌，面筋超过了搅拌的耐受程度，开始断裂，面筋中吸收的水又溢出，面团表面再次出现水的光泽，出现黏性，流动性增强，失去了良好的弹性，用手拉面团时，面团黏手而柔软，面团到这一阶段的明显特征是面团还软。

（6）破坏阶段。

若继续搅拌，则面团变成半透明并带有流动性，黏性非常明显，面筋完全被破坏，从面团中洗不出面筋，用手拉面团时，手掌中有一丝丝的线状透明胶质。

3. 面团形成原理

（1）面粉中含有大量的面筋蛋白质，具有特殊的组成和结构，在一定条件下能够形成面筋，成为面团的骨架。

（2）面筋吸水。面筋蛋白质表面亲水基水合，同时水分向面筋蛋白质中心扩散，与面筋蛋白质中心含有的小分子可容物形成高浓度的溶液，使面筋蛋白质分子内外存在浓度差，形成渗透压，促进面筋蛋白质内部大量吸水、膨胀、扩展，形成开放式外观结构，利于相互结合。

（3）搅拌的作用。①面粉是由小的面粉颗粒构成，面粉遇水时，面粉颗粒表面面筋蛋白质吸水。同时水分向颗粒中心扩散，由于颗粒组成的紧密性，扩散速度很慢，这时搅拌起到极大的促进作用，使面粉颗粒与搅拌浆、器壁及相互之间碰撞摩擦，失去水合表面，暴露新的表面进一步与水结合，直至面粉颗粒消失，面筋蛋白质完全水合。②吸水、涨润的面筋蛋白质在搅拌的作用下，相互靠近并以氢键、二硫键结合，形成面筋网络，并在搅拌的进一步扩展作用下，提高面筋网络的弹性和延伸性，从而形成面团，具有良好的弹性和延伸性。

4. 影响面团形成的因素

（1）面粉是影响面筋性质的决定因素。

（2）加水量一般为45%~65%，过硬不利于面团形成，过软不利于操作。

（3）温度一般为28~30℃，过低不利于面团形成，过高易引起蛋白质变性，破坏面筋。

（4）搅拌的合适时间为10~30分钟。

（5）其他因素：①糖。由于糖的反水化作用，增加糖的量，则延缓了水化作用，至面筋形成所需的时间长，从而延长了整个搅拌时间。②油脂。一般认为，添加油脂不会引起搅拌时间和搅拌耐力的变化。但是添加油脂后，面团韧性增强，增强了面筋的持气能力。③鲜蛋液。添加鸡蛋可以增强面筋，但要注意减少加水量。④乳粉。添加乳粉使面团的吸水率增加，水化作用延缓，搅拌时间延长。⑤添加剂。氧化剂增强面团的硬度，延迟面团的形成，延长搅拌时间。还原剂使面筋变软，缩短搅拌时间。酶制剂，淀粉酶的液化作用能使面团软化，搅拌时间缩短，并且使面团的黏性增大，给操作带来困难；蛋白酶能分解蛋白质，使搅拌的机械耐力减小，面团被软化，进而也影响面团的发酵耐力。因此，蛋白酶使用量应严格控制。乳化剂，它与淀粉和蛋白质相互作用，不仅具有乳化作用，而且还具有面团改良作用。它可使面团韧性增强，提高面团搅拌耐力，从而使搅拌时间延长。乳化剂还促进油脂在面团中分散，与油脂一起在面团中起到面筋网络润滑剂作用，有利于面团起发膨胀。⑥食盐。食盐使面筋韧性增强，水化作用显著延缓，从而使面团形成时间延缓。总之，盐量越多，搅拌时间越长。

5. 面团搅拌工艺

（1）原辅料准备。根据配方要求准备材料，根据一次和面量称量材料。

（2）和面操作。

将面粉、酵母、泡打粉等粉状物料倒入卧式和面机开机搅拌 1～2 分钟。糖水一次性倒入和面机，加入乳化剂，搅拌(20±1)分钟。面团达到手捏有弹性，双手搓成细条后，表面平滑光洁，双手迅速用力扯断，断声清脆，即为打好面团。

（3）面团温度的控制。

适宜的面团温度是面团良好形成的基础，也是面团发酵时所要求的必要条件。因此应根据加工车间情况和季节的变化适当调整面团的温度，使面团温度在 28～30℃。影响面团温度的因素有：面粉和主要辅料的温度，室温，水温，搅拌时增加的温度。搅拌时因摩擦引起面团增加的温度，根据经验一般第一次和面增加 4～6℃，第二次和面增加 8～10℃。在食品厂的生产实践中，室温和粉温比较稳定不易调节，一般用水温调节面团温度，水温的计算公式如下：

第一次搅拌时的水温 T_1 = 面团理想温度 ×3 -（室温 + 粉温 + 搅拌新增加的温度）

例：已知室温 24℃，粉温 23℃，搅拌时增加 6℃，面团理想温度为 28℃，求水温。

$$T_1 = 28 \times 3 - (24 + 23 + 6) = 84 - 53 = 31(℃)$$

第二次搅拌时的水温 T_2 = 面团理想温度 ×4 -（室温 + 粉温 + 搅拌新增加的温度 + 第一次发酵后面团的温度）

例：已知室温 25℃，粉温 24℃，第一次发酵后面团的温度 30℃，搅拌时升高了 9℃，要求调出面团的温度为 28℃，求所用水的温度。

$$T_2 = 28 \times 4 - (25 + 24 + 30 + 9) = 24(℃)$$

（4）搅拌时间的控制。

搅拌时间应根据搅拌机的种类、原料性质、面团温度等因素灵活掌握确定。一般选用卧式和面机，一般需要 10～20 分钟。搅拌不足，面筋未达到充分扩展，面筋的延伸性和弹性平衡差，不能保持发酵时产生的二氧化碳气体，馒头体积小，易收缩变形，内部组织粗糙，结构不均匀。搅拌过度，面团表面过于湿黏，面团过于软化，弹性差，延伸性差，极不利于面团整形操作，成形时面团易变形，持气性差，馒头体积小，内部组织粗糙，品质差。

四、压面

压面是提高馒头质量，改善馒头纹理结构的重要手段。压面的主要目的是把面团中原来的不均匀大气泡排除掉，保证馒头成品内部组织均匀，无大气孔。压面一般采用压面机。压面时，面团在压辊间辊压，同时用手工拉、抻。这样既加快了压面速度，又改善了面片的加工性能。但不能拉、抻过度。每压一次，需折叠一次，如此反复，直至面片光滑、细腻为止。压面时可根据面团软硬度适量撒浮面粉，防止粘辊。压出的面片应该规格整齐，不能长短不齐，厚薄不均。否则不易成型。

每包粉(25kg)和出的面团要分 3 块以上压面。压制时，用连续面机压(15 ±3)次后，再用高速压面机压制(3 ±2)次左右。压好后面厚为 2 ~ 3cm。压好的面团，平摊在工作台上用刀切成宽为(15 ±2)cm、厚为 3 ~ 5cm 的面块，送至馒头成型机。

五、成型

成型是把面团块做成产品所需要的形状，使馒头外观一致，式样整齐。馒头成型的方式分手工成型、机械成型、手工与机械相结合成型等。手工操作是将面团用手反复揉捏，然后按照规定的标准用刀切割成大小均匀的面团。馒头成型机有半自动和全自动两种；半自动的就是一部分分割工具结合一部分手工操作的半手工、半机械分割方法。通常使用的有直条面团分割器、方形面团分割器及圆形面团分割器等几种。

全自动馒头成型机是将压好的面皮送上调试好的馒头自动成形机上制出符合要求的生胚再均匀上盘。带孔蒸盘清洗干净后，将干净的油纸或专用垫布铺在上面待用。以 4 ×6等均匀方式排布于蒸盘内，然后转上干净的蒸车。每台车自装上第一盘生坯后计时，在成型段停放不能超过 10 分钟(冬春两季不超过 15 分钟)，到时间不论车上有多少盘都必须立即送入醒发间。

六、发酵

1. 发酵的作用

(1) 使酵母大量繁殖，产生二氧化碳气体，促进面团体积膨胀。

(2) 改善面团的加工性能，使之具有良好的延伸性，使面团的组织结构均匀细密、多孔柔软。

(3) 使馒头具有诱人的芳香风味。

(4) 提高馒头的营养价值。

2. 酵母

(1) 酵母的形态结构。

酵母属单细胞微生物，其形态、大小随酵母菌种不同而有差异。环境条件的变更，也会导致细胞形态的变异。常见的酵母形态有圆形、椭圆形等。其大小短径多在 4 ~

8μm，长径多在6.5～11.5μm。每克鲜酵母中含有50亿～100亿个酵母芽胞。

（2）酵母的繁殖。

酵母的繁殖多为出芽繁殖，当母细胞成熟时，先由细胞的局部边缘生出乳头状的突起物——芽细胞，当芽细胞长大后，细胞质及内含物就移入芽胞内，同时细胞核分裂，分裂的核除一部分在母细胞内，其他部分即移入芽胞内，当芽胞长大后，子细胞与细胞交接处形成新膜，使子细胞与母细胞分离。子细胞形成独立细胞体后，便又继续进行芽殖，这样一代代的繁殖下去，酵母繁殖的速度受营养物质和温度等环境条件的影响。

酵母繁殖所必需的营养物质有碳、氮、无机盐类和生长素等。酵母的碳源大多来源于糖类。首先被利用的是单糖，双糖经水解成单糖后才能被利用。有机酸盐类、甘油和酒精也是酵母所需的碳源。铵盐与蛋白质的水解产物如肽、氨基酸等为酵母的氮源，尿素及酰胺等也易被酵母所利用。

无机物如镁、磷、钾、硫、钙、氯，常以盐类的形态被酵母所利用。其中常被利用的有磷酸钾、硫酸镁、硫酸钙及氯化钙等。生长素是促进酵母生长的微量有机物质，如硫胺素、核黄素、泛酸、吡哆醇。

面包酵母的适宜繁殖温度在27～32℃，最适温度为27～28℃。在这个最适宜温度和适宜营养条件下，每2～2.5小时其芽胞就可增殖一倍，酵母的活力随温度增高而旺盛，以增至38℃为极限；但随温度升高，它的衰老期也来得快，在10℃以下，其活力几乎完全停止。

面包酵母的最适pH在5～8.5，pH低于2或高于8.5其活力受到严重的抑制。

酵母是兼性厌氧微生物，在生长过程中，需要利用大量的氧气以进行呼吸作用，供氧充足有利于酵母对营养物质的利用；反之，在缺氧条件下则进行发酵，产气效率低。因此，在面团发酵中，供应足够的氧气，可促进面团的发酵。

（3）酵母的种类。

活性干酵母：活性干酵母是经低温干燥而制成的颗粒酵母。它具有以下特点：使用方便、活性稳定，发酵力高达1300mL、易储存，常温下可储存一年左右、使用前需用温水活化。

即发活性干酵母：即发活性干酵母是近些年来发展起来的一种发酵速度很快的高活性新型干酵母。具有以下特点：活性特别高，高达1300～1400mL、活性特别稳定，可贮存3～5年、发酵速度快，能大大缩短发酵时间、使用时不需活化。

3. 发酵原理

（1）发酵是酵母在面团中的生长繁殖。酵母是一种有生命力的兼性厌氧微生物，需要有适当的营养物来维持它的生命及繁殖生长。因此，要使酵母在面团发酵过程中充分发挥作用，就必须创造有利于酵母繁殖生长的环境条件和营养条件。如足够的水分、适宜的温度、适当的pH值、必需的氮和矿物质等。

（2）从面团搅拌开始，酵母就利用面粉中含有的低分子单糖和低氮化合物而迅速繁殖，生成大量新芽孢。随着酵母生命活动的进行，产生大量的二氧化碳，面团发酵膨胀的体积也达到最大即完成了发酵，如果继续发酵，过度发酵，酵母进入衰亡期。

（3）酵母在发酵过程中生长繁殖所需的能量，主要依靠分解糖所产生的热量，酵母利用葡萄糖在有氧的情况下进行呼吸作用生成二氧化碳和水及能量，在无氧的情况下进行发酵作用生成乙醇、二氧化碳和水及能量。葡萄糖来源于面粉中含有、直接添加、淀粉分解产生、蔗糖分解产生等。如果面团中缺少可供酵母直接利用的糖类，面团发酵便不能正常进行。因此，在面团发酵过程中往往加入葡萄糖，就是为了使酵母可以直接利用。

（4）酵母在生长和繁殖过程中都需要氮源，以合成本身细胞所需的蛋白质。一般有两种来源，一是面团内各种成分所具有的有机氮，如氨基酸。二是无机氮，如各种铵盐。

（5）酵母在面团发酵过程中的繁殖增长率，与面团中的含水量有很大的关系。在搅拌面团时，吸水率高，加水量多，酵母细胞增殖也快。反之则慢。

4. 影响发酵的因素

（1）酵母的数量。

一般地说，面团中加入酵母数量越多，发酵力越大，发酵时间就越短，但用量过多，超过一定限度，引起发酵力的减弱。使用酵母发酵，其活力和用量比较容易控制和掌握。但是如果使用面肥发酵，由于面肥老嫩差异很大，即面肥中所含酵母数量不等，同时还受到气候、水温、发酵时间等因素的影响。

（2）发酵温度。

酵母菌在30℃左右最为活跃，发酵最快，15℃以下繁殖缓慢，0℃以下失掉活动能力，60℃以上死亡。馒头面团发酵如果条件许可，应该在控制温度下进行，这样便于控制发酵程度。如果条件不允许，那应该结合自然条件，运用不同水温调节，如夏季用冷水，春秋季用温水，冬季用温热水等，但不能用60℃以上的热水。

（3）软硬程度。

在发酵过程中，面团软硬程度也影响发酵。一般来说，软的面团（掺水量较多）发酵快，也容易被发酵中所产生的二氧化碳所膨胀，但是气体容易散失；硬面团（掺水量较少）发酵慢，是因为这种回团的面筋网络紧密，抑制二氧化碳气体的产生，但也防止气体散失。因此调制发酵面团，要根据面团用途具体掌握，调节软硬。一般地说，作为发酵的面不宜太硬，稍软一点较好，同时还要根据天气冷暖以及馒头面粉质量等情况全面考虑。

（4）时间。

发酵时间对面团质量影响极大，时间过长，发酵过头，面团质量差，酸味强烈，熟制时软塌。时间过短，发酵不足，胀发不足，也影响成品质量。准确掌握发酵时间是十分重要的。但发酵时间又受酵母多少、质量好差、温度高低等条件所制约。馒头制作行业掌握发酵时间的方法，大都先看所用发酵剂质量和数量，再视所采用的发酵温度来定发酵时间。

（5）馒头专用面粉：在前述中已提到馒头专用面粉的质量好坏所起的决定性作用，从而可影响发酵效果的好坏。

以上5种因素并不是孤立的，而是相互影响、相互制约的，如酵母多，发酵时间短，反之时间就长；温度适宜，发酵就快，反之发酵就慢；硬面发酵慢。因此要取得良好的发酵效果，要从多方面考虑，做到恰到好处。不过发酵快慢主要还是取决于时间的控制和调节。如酵母少，天气较冷，面团较硬，发酵时间就可以长一些；酵母多，天气热，面团又软，发酵时间就短一些。

5. 发酵成熟的判断

当发酵得恰到好处时，面团膨松、软硬适当、具有弹性、酸气正常，用手抚摸，质地柔软光滑；用手按面，按下的坑能慢慢鼓起，俗称不起"窝子"；用手抻拉，带有伸缩性，揪断连丝，俗称"筋丝"；用手拍敲，"嘭嘭"作响；切开面团，内有很多小而匀的孔洞，俗称"蜂窝眼"；用鼻子嗅闻，酸味不呛，有酒香气味；用肉眼观察色泽白净滋润。发得不足时，即面团没有发起，既不胀发，也不松软，用手抚摸，发死、发板、没有弹性；用手按面，坑不能鼓起。用这种面团是不能制作成品，要延长时间继续发酵。发酵过度时，即面团发酵大了，一般称作"老了"，这种面团非常软塌，严重的成为糊状，按时不鼓起，抓无筋丝，即无筋骨劲，严重的像豆腐渣那样散；酸味强烈，这种面不但不能用来制作成品，也不能作面肥用，必须加面重新揉和，重新发酵。

6. 发酵操作

（1）发酵间预先调好温度(37 ± 3)℃，湿度(80 ± 10)%，对产品进行发酵，发酵时间为(55 ± 10)分钟。

（2）当产品发酵到表面微有湿润，手捏有粘手感，并觉得是蓬松而不是硬实感时，才可送入蒸柜；同时注意避免发酵过度，即发酵好的生坯要及时进行蒸制。

七、蒸制

1. 蒸制成熟的原理

当面团生胚上屉后，屉中的蒸汽温度（热量）主要是通过传导的方式（传导热）把热量传给生胚。生胚受热后，淀粉和蛋白质就发生了变化，淀粉受热开始膨胀糊化，在糊化过程中，吸收水分变为黏稠胶体。下屉后温度下降，就冷凝为凝肢体，使制品具有光滑的表面。蛋白质受热开始了热变性凝固（即成熟）。由于在发酵过程中，酵母产生大量气体，也就使生胚中的面筋网络形成大量的气泡，充填于在和面时已形成的多孔结构中，使成品成为富有弹性的海绵膨松状态，这就是蒸制成熟的基本原理。蒸制成熟是由蒸锅内的蒸汽温度所决定，但蒸锅的温度和湿度与火力大小及气压高低有关，一般说来，蒸汽的温度大都在100℃以上。蒸锅的湿度，特别是盖紧笼盖后，可达饱和状态，所以蒸是温度较高、湿度较大的加热方法，具有适应性广和使制品形态完整、馅心鲜嫩、口感松软、易被人体消化吸收等特点。

2. 蒸制操作

蒸制馒头、包子和卷类都需要合适的蒸汽量，做到蒸熟蒸透，但是需要的蒸制时间不同。蒸制馒头和卷类的时间要长一些，如蒸3～5屉，一般用5～20分钟，而蒸制包子，一般要10~16分钟，蒸制时间过长对品质会带来不利影响，特别是卷类和包子，一些辅料如葱花和蔬菜等会变黄，失去香味，对表观光滑度也有一定影响。检验馒头是否已熟制的最简单方法是用食指按一下，看按下的窝是否弹回，如果弹回，表明已熟，如果不能复原，则表示未熟，仍需蒸制一段时间。

把生胚送入蒸柜关紧柜门，调整蒸汽压力，对生胚蒸汽压力为0.15~0.4MPa，蒸制420~540秒，当其中心温度达86℃以上并保持1分钟，蒸熟蒸透，才可拉出蒸柜。

八、冷却装托、预冷、急冻入库

（1）拉出蒸柜的产品在冷却区冷却至中心温度40℃以下即可装托。产品表面开裂在1cm以上、表皮皱皮严重不光滑者或压扁的为次品，掉地的为废品。装托时挑拣出来。

（2）把装好底托的产品预冷至中心温度低于15℃时才可进入急冻隧道。

（3）预先把急冻隧道温度拉至－30℃以下，才可冻结产品。

（4）当产品中心温度达到－18℃以下，便可用机器或手工进行包装。

（5）包装后封口过金属探测器检测有无金属。

（6）打印纸箱标识：把产品装入规定的包装纸箱，封好箱，做好检验合格的标记。

九、馒头生产线

面制主食机械研究人员和面制品工艺技术人员共同合作，根据馒头生产要求，应用多项前沿科学技术，研制出与工艺贴切性强，自动化程度较高的馒头生产线，使机械加工的馒头超越了手工馒头的品质。

DFD系列智能化馒头生产线应用仿生技术、光控光感技术、电磁感应技术、低温蒸汽技术、微电脑可编程技术、远红外技术等前沿高新技术，完成和面、连续压片、卷片、挤压、定量切割面团、成型、醒发、蒸制等一系列的馒头制作。实现了模拟手工馒头成型的全过程，馒头内部结构均匀、细腻、层次规则，口感咬劲强，表皮光亮，保水复蒸性好，达到或超过手工馒头的口感。馒头的一次成型率高，品质稳定均一。见图3－1,图3－2。

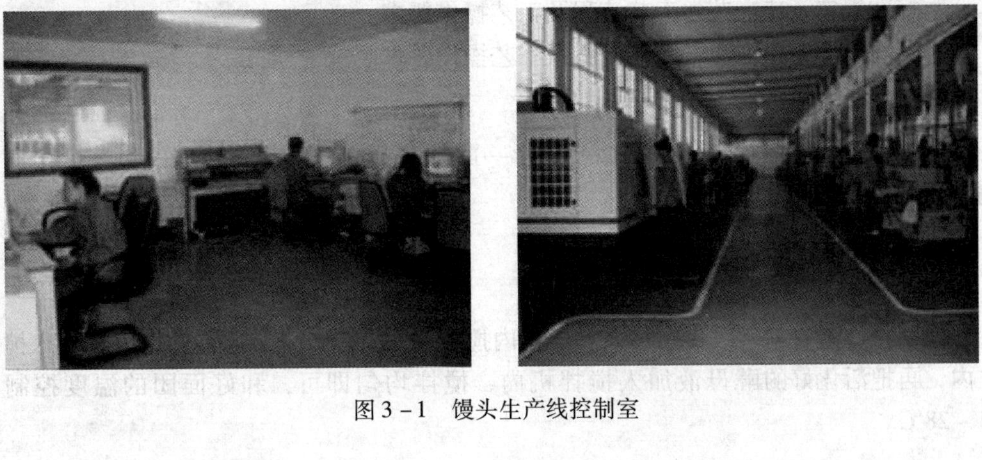

图3－1　馒头生产线控制室

图 3-2　馒头生产线设备图

十、质量控制要求

（1）每包粉自打好后计时，夏秋两季在 10 分钟以内完成，冬春两季在 20 分钟以内完成。

（2）在压面过程中，发现面皮容易风干要立即盖上湿布。

（3）在成型过程中，发现面皮过软或过硬时要把面皮还给和面间处理。

（4）成型段要把生胚均匀放于蒸盘上，不能放歪。

（5）蒸制时必须保证蒸汽压力和蒸制时间、蒸制温度。

十一、速冻花卷工艺流程及工艺操作标准

花卷也是馒头的一种，常见的有调味花卷和普通花卷。花卷一般呈两边滚弧形，形状很像望远镜，也有的在该弧的中间横向再压痕呈四片花瓣形，也有的是直接滚成圆柱形。生产时没有添加调味料的称为普通花卷，添加少量香葱及食盐的称葱花卷，添加少量蛋清的称蛋花卷。

1. 范围

本标准规定了速冻花卷工艺流程及工艺操作要求。

本标准适用于速冻花卷工艺流程及工艺操作要求。

2. 工艺流程

原辅料混合→搅拌和面→压面→成形→醒发→蒸制→冷却→速冻→包装→金属检测→检验→产品冷藏

3. 工艺操作要求

（1）和面。

将面粉、泡打粉、改良剂投入和面机内搅拌均匀，白砂糖和水混合溶解，倒入搅拌缸内，再把活化好的酵母液加入搅拌机内，搅拌均匀即可，和好面团的温度控制在 25～28℃。

（2）压面。

将和好的面团在高速压面机上反复辊压约25次，使面团光滑，面带组织均匀，切面基本无孔，再在整形压面机上将面团压成长条面皮，放置在木案板上。

（3）成形。

将面皮抻成厚度均匀的宽面带，刷一层猪油，把小葱丁撒在猪油上，将面带折三折，由两人拉成均匀的长条，每次3根长条一组，用刀定量切割，将切好的面块用筷子按规定的方式折叠成菊花状，按间隔3～5cm放入蒸盘，每盘18只。

（4）醒发。

醒发温度为（夏季）38～42℃；（冬季）40～45℃，湿度为75%～80%，时间为30～40分钟，根据气候适当调整。

（5）蒸制。

蒸制压力控制在0.03～0.05MPa，蒸制时间约为10分钟，用手一按就恢复原状，并有熟面香味，即成熟。

（6）冷却。

在常温下自然冷却或用排风机，不黏手即可。

（7）速冻。

速冻要求在温度－30～－40℃，冻结时间10～30分钟。

（8）包装。

将冻结坚硬、合格的产品称重、装袋包装。

（9）金属检测。

将包装后的产品放入金属探测仪检测，合格后方能装箱。

（10）检验、装箱、冷藏储存、运输等按本产品内控标准规定执行。

十二、小麦粉馒头标准 GB/T 21118—2007

本标准的附录A、附录B和附录C为规范性附录。

本标准由国家粮食局提出。

本标准由全国粮油标准化技术委员会归口。

本标准起草单位：河南兴泰科技实业有限公司、国家粮食局科学研究院、河南工业大学、安琪酵母股份有限公司。

本标准主要起草人：孙辉、王凤成、郑心羽、陈蓉、苏东民、姜薇莉、刘长虹、杨业栋、杨子忠、田晓红、程爱华。

2007年10月16日发布，2008年1月1日实施。

中华人民共和国质量监督检验检疫总局，中国国家标准化管理委员会发布。

1. 范围

本标准规定了小麦粉馒头的术语和定义、技术要求、检验方法、检验规则、判定规则、标签标识以及包装、运输和储存等的要求。

本标准适用于以小麦粉为原料生产的商品馒头。

2. 规范性引用文件

下列文件中的条款通过本标准的引用而成为本标准的条款。凡是注日期的引用文件，其随后所有的修改单(不包括勘误的内容)或修订版均不适用于本标准，然而，鼓励根据本标准达成协议的各方研究是否可使用这些文件的最新版本。凡是不注日期的引用文件，其最新版本适用于本标准。

GB 1355 小麦粉

GB 2760 食品添加剂使用卫生标准

GB/T 2828.1 计数抽样检验程序 第1部分：按接收质量限(AQL)检索的逐批检验抽样计划

GB/T 4789.3 食品卫生微生物学检验 大肠菌群测定

GB/T 4789.4 食品卫生微生物学检验 沙门氏菌检验

GB/T 4789.5 食品卫生微生物学检验 志贺氏菌检验

GB/T 4789.10 食品卫生微生物学检验 金黄色葡萄球菌检验

GB/T 4789.15 食品卫生微生物学检验 霉菌和酵母计数

GB/T 5009.3—2003 食品中水分的测定

GB/T 5009.11 食品中总砷及无机砷的测定

GB/T 5009.12 食品中铅的测定

GB 5749 生活饮用水卫生标准

GB 7718 预包装食品标签通则

GB 14880 营养强化剂使用卫生标准

GB 14881 食品企业通用卫生规范

3. 术语和定义

下列术语和定义适用于本标准。

3.1

小麦粉馒头 chinese steamed bread made of wheat flour

以小麦粉和水为原料，以酵母菌为主要发酵剂蒸制成的产品。

4. 技术要求

4.1 原料要求

4.1.1 小麦粉应符合 GB 1355 的规定。

4.1.2 食品添加剂和营养强化剂应符合 GB 2760 和 GB 14880 的规定。

4.1.3 水应符合 GB 5749 的规定。

4.1.4 酵母和其他辅料应符合国家有关质量和卫生的规定。GB/T 21118—2007

4.2 感官质量要求

4.2.1 外观：形态完整，色泽正常，表面无皱缩、塌陷，无黄斑、灰斑、黑斑、白毛和粘斑等缺陷，无异物。

4.2.2 内部：质构特征均一，有弹性，呈海绵状，无粗糙大孔洞、局部硬块、干面粉痕迹及黄色碱斑等明显缺陷，无异物。

4.2.3　口感：无生感，不粘牙，不牙碜。

4.2.4　滋味和气味：具有小麦粉经发酵、蒸制后特有的滋味和气味，无异味。

4.3　理化指标

理化指标要求见表 3－1。

表 3－1　理化指标

项　目	指　标
比容/（mL·g^{-1}）	≥1.7
水分/（%）	≤45.0
pH 值	5.6～7.2

4.4　卫生指标

4.4.1　卫生指标要求见表 3－2。

表 3－2　卫生指标

项　目	指　标
大肠菌群/（MPN/100g）	≤30
霉菌计数/（CFU/g）	≤200
致病菌（沙门氏菌、志贺氏菌、金黄色葡萄球菌等）	不得检出
总砷（以 As 计）/（mg/kg）	≤0.5
铅（以 Pb 计）/（mg/kg）	≤0.5

4.4.2　其他卫生指标应符合国家卫生标准和有关规定。

4.5　生产加工过程的技术要求

4.5.1　生产过程的卫生规范应符合 GB 14881 的规定。

4.5.2　生产过程中不得添加过氧化苯甲酰、过氧化钙。不得使用添加吊白块、硫黄熏蒸等非法方式增白。

5. 检验方法

5.1　比容测定：按照附录 A 规定的方法进行测定。

5.2　pH 测定：按照附录 B 规定的方法进行测定。

5.3　水分测定：按照附录 C 规定的方法进行测定。

5.4　总砷：按 GB/T 5009.11 的规定执行。

5.5　铅：按 GB/T 5009.12 的规定执行。

5.6　大肠菌群：按 GB/T 4789.3 的规定执行。

5.7　霉菌计数：按 GB/T 4789.15 的规定执行。

5.8　沙门氏菌：按 GB/T 4789.4 的规定执行。

5.9　志贺氏菌：按 GB/T 4789.5 的规定执行。

5.10　金黄色葡萄球菌：按 GB/T 4789.10 的规定执行。

6. 检验规则

6.1　出厂检验项目

比容、pH 和感官质量。

6.2　组批

同一天同一班次生产的同一品种的产品为一批。组批量以馒头个数计。

6.3　抽样数量和方法

在成品仓库内随机抽取样品，依据组批量，按照 GB/T 2828.1 规定的方法取样，抽样数量见表 3-3。

表 3-3　抽样数量

组批量(最小包装数)	样本量(包装个数)
2~50	2
51~500	3
501~35000	5
35001 及其以上	8

7. 判定规则

7.1　全部质量指标符合本标准规定时，判定该批产品为合格。

7.2　不超过两项指标不符合本标准规定时，可在同批产品中双倍抽样复检，复检结果全部符合本标准规定时，判定该批产品为合格；复检结果中如仍有一项指标不合格时，判定该批产品为不合格。

7.3　卫生指标有一项不符合本标准规定时，判定该批产品为不合格，不得供人食用。

7.4　在“感官质量要求”检验中，如发现有异味、污染、霉变、外来物质时，判该批产品为不合格，不得供人食用。

8. 标签标识

8.1　标签应符合 GB 7718 的规定。

8.2　产品名称：符合本标准的规定和要求的产品，允许标注的名称为小麦粉馒头。

8.3　标签上应注明产品的保质条件和保质期，并醒目地注明食用前应加热。

9. 包装、运输、贮存

9.1　包装：包装容器和材料应符合相应的卫生标准和有关规定。

9.2　运输：运输产品时应避免日晒、雨淋。不应与有毒、有害、有异味或影响产品质量的物品混装运输。运输时应码放整齐，不应挤压。

9.3　贮存：产品应贮存在阴凉、干燥、清洁、无异味的场所。不应与有毒、有害、有异味、易挥发、易腐蚀的物品同处贮存。

附　录　A
（规范性附录）

小麦粉馒头比容测定

A.1　仪器

A.1.1　天平：感量0.01g。

A.1.2　面包体积测量仪。

A.2　测定步骤

A.2.1　称量

蒸制好的馒头冷却1小时后，取1个馒头称量，精确到0.1g。

A.2.2　体积测量

用馒头体积测量仪（菜籽置换法）测量馒头体积，精确到5mL。

A.3　结果计算

馒头比容按式（A.1）进行计算。

$$\lambda = m/V \tag{A.1}$$

式中：λ——馒头比容，单位为毫升每克（mL/g）；

V——馒头体积，单位为毫升（mL）；

m——馒头质量，单位为克（g）。

计算结果保留小数点后1位。

A.4　精密度

在重复性条件下获得的两次独立测定结果的绝对差值不应超过0.1mL/g。GB/T 21118—2007

附　录　B
（规范性附录）

小麦粉馒头pH的测定

B.1　仪器

B.1.1　pH计。

B.1.2　天平：感量0.01g。

B.1.3　高速组织捣碎机。

B.2　测定步骤

B.2.1　试样制备

将待测馒头样品切碎，置于高速组织捣碎机的捣碎杯中，粉碎3分钟，置于磨口瓶中备用。称取上述粉碎后的试样50.0g置于高速组织捣碎机的捣碎杯中，加入150mL经煮沸后冷却的蒸馏水，再捣碎至均匀的糊状。

B.2.2　pH计的校正

以下提到的试剂均为分析纯试剂。

称取3.402g磷酸二氢钾和3.549g磷酸氢二钠，用煮沸后冷却的蒸馏水溶解后定容至1000mL。此溶液的pH为6.92(20℃)。

称取10.12g烘干后的邻苯二甲酸氢钾，用煮沸后冷却的蒸馏水溶解后定容至1000mL。此溶液的pH为4.00(20℃)。

采用两点标定法校正pH计。如果pH计无温度校正系统，缓冲溶液的温度应保持在20℃以下。

B.2.3　试样的测定

将pH复合电极插入足够浸没电极的B.2.1制备的试样中，并将pH计的温度校正器调节到20℃。待读数稳定后，读取pH。同一个制备试样至少要进行两次测定。

B.3　结果计算

取两次测定结果的算术平均值作为测定结果，精确到0.01。

B.4　精密度

在重复性条件下获得的两次独立测定结果的绝对差值不应超过平均值的2%。GB/T 21118—2007

附　录　C

（规范性附录）

小麦粉馒头水分测定

C.1　仪器

C.1.1　高速组织捣碎机。

C.1.2　干燥箱。

C.1.3　天平：感量0.01g。

C.1.4　扁形铝制或玻璃制称量瓶：内径60～70mm，高35mm以上。

C.2　试样制备

将待测馒头样品切碎，置于高速组织捣碎机的捣碎杯中，粉碎3分钟，置于磨口瓶中备用。

C.3　测定方法

准确称取2.00～5.00g试样置于称量瓶中，放入60～80℃的干燥箱中干燥2小时，再按GB/T 5009.3—2003的第一法“直接干燥法”的规定进行测定。

C.4　结果计算

样品水分含量按式(C.1)进行计算。

$$X = (m_1 - m_2)/(m_1 - m_3) \times 100\% \quad (C.1)$$

式中：X——样品中的水分含量，%；

m_1——称量瓶和样品的质量，单位为克(g)；

m_2——称量瓶和样品经过两次干燥后的质量，单位为克(g)；

m_3——称量瓶的质量，单位为克(g)。

计算结果保留小数点后1位。

第二节　速冻包子加工及过程控制技术

速冻包子是含馅食品，其最主要的优点是家庭或餐厅再加工简单，消费者食用非常方便。速冻包子是目前速冻食品企业发酵类面食品中产量最大、品种最多的产品。包子的分类也有很多种：按口味性质可分为肉包、菜包、甜包；按外形特征可分小笼包、叉烧包、水晶包、玉兔包、寿桃包、鸳鸯包等；按馅料不同可分为鸡肉包、鲜肉包、豆沙包、奶黄包、香芋包等；还有的根据地域传统分为天津狗不理、广州酒家、开封小笼包、上海南翔小笼包等；按照成型方法分为机器加工包子和手工包制包子。人们对速冻包子的要求比较高，要求皮薄馅多，皮质有弹性，馅料有水分，外形美观，味道好又有特色，耐蒸、耐咬，颜色白又不能添加增白剂，还要求营养丰富。机器生产的包子外观一致，大小均匀，但馅料较干，不耐蒸、不耐咬，皮质较差，而手工做的包子皮薄馅多且馅料有汤汁，耐蒸、耐咬，但大小相差较大，外观也比较粗糙，卫生条件也较差，因此现在市场上机器包子和手工包子都占有一定的市场。随着经济的发展，生活节奏的加快，卫生观念的提高，工业化生产的包子将逐渐成为速冻包子的主流。

一、工艺流程

速冻包子生产包括制馅、制皮、成型三个工序，其生产工艺流程如下：

馅料处理→搅拌→备馅↘
　　　　　　　　　　　成型→醒发→蒸制→冷却→速冻→包装→入库冷藏
　　面粉→搅拌→皮料↗

二、制馅、制皮

包子在制馅方面与水饺基本相同，区别是包子馅对蔬菜和肉的颗粒尺寸比饺子馅要大些，各种调味料的调制顺序同饺子馅的要求一样。将包子馅调好后，还要加工成包子，蒸制后，经过有关人员品尝，合格后方可将包子馅投放生产线。

包子制皮所使用的面粉与水饺不同，主要区别在面筋的含量，包子要求面筋含量为26%~28%，蛋白质含量在11.5%~13%，一般使用中筋面粉。包子皮料的搅拌也有别于水饺皮：首先，在和面机的选择上有区别，因为包子皮放有酵母，特别是在温度较高的天气条件下，皮料容易发酵，因此要求和面机的转速要快，不会发热；其次，皮料的配料上也有很大区别，除了酵母外，包子皮多添加有白糖和猪油，添加猪油的作用是提高包子表面的光泽度，另外添加猪油的包子在冷却时表面不易发干发裂。包子皮在搅拌时下料顺序也要引起重视，酵母首先要和面粉先行搅拌，使酵母充分均匀地分布于面粉中，盐和白糖要先溶解于水或冰水中再加入，在包子皮的搅拌已基本完成的时候才能添加猪油，搅拌的最后检验标准与水饺皮相似。

压延工序对包子皮来说非常重要，如果没有压延或压延时间不够，包子皮中的空气没有驱赶干净，留有空气的包子皮经醒发蒸制后表皮有明显的气泡，冷却后气泡皱缩形成疤纹，严重影响外观。一个简单的检验压延时间是否合适的办法就是听声音，如果皮料在压延时没有气泡破裂的声音，说明已基本驱赶净面皮中的空气。

三、成型

包类的成型有手工和机械两种方式，机械成型要求馅料较干，面皮略硬，因此与手工包子相比，不耐蒸、不耐咬，皮质较差等特点。手工包子皮薄馅多有汤汁，耐蒸、耐咬，但个体大小差异大，外观较粗糙，卫生条件也不容易控制，手工包子对环境的卫生条件及工人的熟练程度要求严格，因此手工包子与机加工包子都有一定的市场份额。近年来机制包子成型设备发展很快，品质迅速提高，已非常接近手工制作水平。并且效率高，品质控制容易，成为市场主流。

四、醒发

醒发是包子生产过程中最重要和最难以控制的工序。接种一定量活性干酵母的包子面皮在较大温度范围内都可以发酵，一般是温度越高发酵越快，同样面团的发酵过程也受到相对湿度的影响，湿度高，表面水分太多，会造成表层糊化、起泡，甚至塌陷；湿度太小，发酵过程会出现干裂，蒸制后，裂口较多，增加次品率。实践证明 40℃ 的温度和 70% 的相对湿度较为理想，但在实际生产过程还要根据天气情况和成型速度对发酵时间作适当的调整，一般为 30 ~ 40 分钟，包子的发酵是一种有生命运动的过程，一个因素没有控制好，就可能造成发酵的失败。

在发酵操作这道工序应注意以下几个问题：首先是温度和湿度的控制，温度和湿度存在统一和对立，它们之间并不是可以随机组合，基本上呈类反比关系，温度越高湿度会相对较低，特别在气温较低、空气又很干燥的条件下，一方面要求温度要高，一方面又要求湿度要大，两者的矛盾相对就比较突出，发酵箱往往没有办法调节到所需要的对应关系量，此时常常需要采用往蒸箱地面泼热水的方法提高温度和湿度。其次是发酵终点的判断，因为发酵是酵母在一定条件下的生长繁殖，受到环境因素的影响较大，因此根据具体情况作出一些判断也很重要，判断的方法可以用触压法。快到发酵终点时，用手去轻压，如果有以下两个特点说明发酵效果就好：其一是表皮会黏手，手压下去拉回来时会有拉丝的感觉；其二是手压下去放手后，表皮的凹口会自动弹起，并恢复原状。此外是发酵过程的稳定性，包子皮在发酵的过程中不能对其做大的振动，特别是发酵后期，一旦振动了，发酵当时看不出有什么异样，但蒸制后就会出现“死包”，即表皮皱缩变硬，个体缩小，不能食用。

醒发是在醒发间里完成的，因此好的醒发间很关键，醒发设备显示的温度和相对湿度要和箱体中心实际数据一致。

五、蒸制

蒸制就是对已发酵好的包子进行蒸熟的过程。蒸制的时间和包子的大小、进箱的蒸气压力、蒸箱的密闭性都有关系。一般包类的蒸制压力不宜太大，0.04～0.06MPa 的压力蒸制 10～15 分钟就可以了。但如果生产叉烧包则例外，叉烧包要求裂口呈四瓣花状，因此在蒸制叉烧包时，进箱的蒸气压力要达到 0.1MPa 以上。在蒸制包子时经常会出现几个问题：一是表面起泡，出现表面起泡的原因有几个方面，可能由于面皮没有压延好使皮内留有空气，蒸箱内水汽太多也会使蒸出的包子表面起泡。此外如果发酵过度也会使表面出现不光滑甚至起泡。二是塌陷问题，特别是个体较大的包子，如果没有控制好有关条件很容易出现塌陷现象，其原因可能是进箱气压太大，在蒸制的瞬间就出现塌陷，还有发酵过度也会出现塌陷的可能。三是死包问题，或者说是烫伤，其现象是包类蒸制后出现皱缩，颜色发黑、发暗，个体变硬，不能食用。出现这类问题的原因主要有两个：一个是蒸箱和架车或放包子的盆子积有较多的水珠，蒸制时受热的水珠滴到下层的包子表面使其被烫伤；另一个是面粉的筋性不好，面筋不够强，易断，蒸制时在一定压力下出现断裂而使整个包类皱缩。同时要注意包子类也不要反复冷冻，食用时也无须解冻。

六、冷却

包子类食品速冻前必须冷却，速冻前的冷却工序是保证包子类品质的重要因素。冷却时要用风扇吹凉，其目的是吹干包子表面的水珠。如果没有进行冷却这个工序，而是直接进行速冻，会使包子表面马上形成一层冰层或冰花，包子的光泽度会被破坏，致使表面不光滑。另外如果包子还是热的就进行速冻，会出现表面已经冻硬而中心不容易冻硬，使得包子容易变质，特别是肉类包，馅料很容易变味发酸。

七、速冻

经过冷却的包子迅速进入速冻机，30 分钟完成冻结过程，使中心温度达到 -18℃。

八、包装入库

包子类速冻后要求快速冻藏，因为包类特别容易解冻，解冻后马上就会变形，影响产品质量。

九、速冻甜包工艺流程及工艺操作标准

1. 范围

本标准规定了速冻甜包工艺流程及工艺操作要求。

本标准适用于公司速冻甜包工艺流程及工艺操作要求。

2. 工艺流程

原辅料混合→搅拌→压面
制馅 → 成形→醒发→蒸制→冷却→
速冻→包装→金属检测→检验→冷藏

3. 工艺操作要求

（1）和面：将面粉、泡打粉、改良剂、酵母投入和面机内搅拌均匀，先用一半冰水将白砂糖溶解、搅匀，再将糖水和入另一半冰水中，将该混合液倒入搅拌缸内，先慢速搅拌均匀，搅拌1分钟后，快速搅拌同时加入猪油，搅拌均匀即可，和好面团的温度控制在10~15℃。

（2）压面：将和好的面团在高速压面机上反复轧压约25次，使面团光滑，里面组织均匀，切面基本无孔，待用。

（3）制馅。①豆沙馅：将煮好的红豆用磨浆机磨成细沙状，将磨好的豆沙和玉米淀粉、糖粉、色拉油、速冻油一起放入炒锅中，炒制1.5~2小时即可，自然冷却后待用。②奶皇馅：将糕点粉、吉士粉、黄油、鸡蛋、白糖、玉米淀粉、水、奶粉按比例放入容器中，搅拌均匀，倒入炒锅中，炒制1~1.5小时即可，自然冷却后待用。③蔴蓉馅：将炒好的芝麻用磨浆机磨成细沙状，将芝麻酱、糖粉、速冻油、玉米淀粉、水放入打馅机中，搅拌均匀即可。

（4）成型：将压好的面团放入包点机的面斗中，同时将馅放入馅斗中，先开面绞龙，后开馅绞龙，测试皮馅比(25%的馅含量)，将调试好的包子放入蒸盘中，间隔3~5cm，每盘18只。

（5）醒发：醒发温度为夏季38~42℃，冬季40~45℃；湿度为70%~80%；时间为30~40分钟，根据气候适当调整。

（6）蒸制：蒸制压力控制在0.03~0.05MPa，蒸制时间约为10分钟，用手一按就恢复原状，并有熟面香味，即成熟。

（7）冷却：在常温下自然冷却或用排风机，不黏手即可。

（8）速冻：速冻要求在温度-30~-40℃，冻结时间10~30分钟。

（9）包装：将冻结坚硬、合格的产品称重、装袋包装。

（10）金属检测：将包装后的产品放入金属探测仪检测，合格后方能装箱。

（11）检验、装箱、冷藏储存、运输等按本产品内控标准规定执行。

【大视野】染色馒头事件：2011年4月11日，中央电视台二套《消费主张》节目指出，在上海市浦东区的一些华联超市和联华超市的主食专柜都在销售同一家公司生产的三种馒头，高庄馒头、玉米馒头和黑米馒头。这些染色馒头的生产日期随便更改，食用过多会对人体造成伤害。上海市质监局连夜对上海盛禄食品有限公司进行查处，查封涉案的食品添加剂、产品生产记录、销售台账等证据，责令企业停产整顿并召回涉案产品，企业负责人也被公安部门采取控制措施。2011年9月26日，上海市宝山区人民法院对“染色馒头”案作出一审判决。法院认定上海盛禄食品有限公司法定代表人叶维禄等 3 人犯生产、销售伪劣产品罪，分别判处其有期徒刑并处罚金。其中，主犯叶维禄被判有期徒刑 9 年，处罚金 65 万元。

复习思考题

1. 简述馒头的特点。
2. 简述速冻馒头生产要点。
3. 简述包子的特点。
4. 简述速冻包子操作要点。
5. 简述面团形成原理。
6. 简述发酵原理。
7. 简述蒸制原理。

第四章　速冻米制品加工技术

学海导航

速冻米制品是速冻食品中重要的一种产品类型，主要指以各种大米、糯米（粳米、籼米）、或玉米等含淀粉类物质为原料，经过调味、制馅、经由机器或手工包制成型，并经速冻而制成的一类产品。市场上常见的速冻米制品有汤圆、粽子、米饭等，最近几年发展较快的有速冻汤圆、粽子、米饭等产品。本章将详细介绍速冻汤圆、粽子、米饭的生产工艺及过程控制管理。

第一节　速冻汤圆加工及过程控制技术

汤圆历史十分悠久，是宁波的著名小吃之一，也是我国的代表小吃之一。据传，汤圆起源于宋朝，当时各地兴起吃一种新奇食品，即用各种果饵做馅，外面用糯米粉搓成球，煮熟后，吃起来香甜可口，饶有风趣。因为这种糯米球煮在锅里又浮又沉，所以它最早叫“浮元子”，后来有的地区把“浮元子”改称元宵。

一、糯米粉制备工艺及加工性能

1990年中国第一颗速冻汤圆诞生，拉开了中国传统食品和速冻技术互相融合的帷幕。速冻技术为中国传统食品规模化生产提供了技术的可行性，而随着社会经济的发展和人们生活节奏的加快，手工包制已无法满足速冻汤圆的市场需求，汤圆的机制化成为一种必然趋势，手工到机制化的演变，保证了速冻汤圆实现规模化、产业化的生产。

市售速冻汤圆口味十分丰富，但是汤圆皮的组成却是比较固定的。糯米粉作为构成汤圆皮的主要原料之一，其性质和加工性能直接关系着速冻汤圆加工工艺和汤圆的品质，糯米粉性质是速冻汤圆质量的主要因素。

目前糯米粉的制备原料主要分为两种：籼糯米和粳糯米。两种不同类型的糯米制备的糯米粉在物质组成，理化指标及口感方面略有差异，籼糯米和粳糯米的成分组成见表 4－1。

表 4－1　籼糯米和粳糯米粉主要成分含量表

类型	成分(g)					能量	
	水分	脂肪	碳水化合物	膳食纤维	灰分	(kcal)	(kJ)
粳糯米	13.8	0.8	76.7	0.7	0.8	343	1435
籼糯米	12.3	1.1	78	0.5	0.7	352	1473

(一) 糯米粉制备工艺

1. 水磨法制备糯米粉的生产工艺流程

糯米→浸泡→洗涤→磨浆(一次或两次)→过滤→破碎喂送→蒸汽→换热器→二级烘干(二次正压，或一正一负，或一次正压)→筛理→冷却→检验→计量包装→成品

2. 辊磨糯米粉

糯米→洗涤→摊凉→振动流化床干燥→中气压磨粉机(MDDK)→筛理→入仓→配粉→检验→计量包装→成品

3. 超微粉碎糯米粉

糯米→风洗→粉碎→筛理 —筛下物→ 冷却→检验→计量包装→成品

（粉碎→筛理之间：循环；筛理后：上层筛上物）

(二) 糯米粉的主要理化指标与原料及加工工艺的关系

1. 水分

水分和糯米品种和加工工艺有关。

2. 白度

(1) 白度和稻米品种的关系：籼米＜粳米＜籼糯米＜粳糯米；

(2) 白度与直链淀粉及支链淀粉丰富程度有关，不是越白越好；

(3) 与米的加工精度有关。

3. 灰分

灰分与生长土壤环境、地理属性有关，与米的加工精度有关。

4. 酸度

(1) 浸泡产生。

(2) 在产品实现过程中是否有堆积。

5. 细度

细度与加工工艺有关，与米的黏度有关(浸泡时间、籼粳性、直链淀粉含量)。

6. 黏度指标

(1) 起始糊化温度越低越好。粳糯米 < 籼糯米 < 粳米 < 晚籼米 < 早籼米。

(2) 最高黏度：老米 > 籼米；整米 > 碎米；水磨粉 > 辊 > 超；粳糯 > 粳碎。

(3) 回生值：和糯米品种有关，和糯米存放时间有关。

(4) 崩解值：和糯米品种有关。

(三) 测定糯米粉黏度指标的主要设备及原理

黏度指标是评价糯米粉加工性能和品质的最重要的指标，最常用的测定糯米粉黏度的仪器是布拉本德黏度仪(Brabender Viscogra pH)。

布拉本德黏度仪设备的主要构造图和原理示意图见图4-1和图4-2：

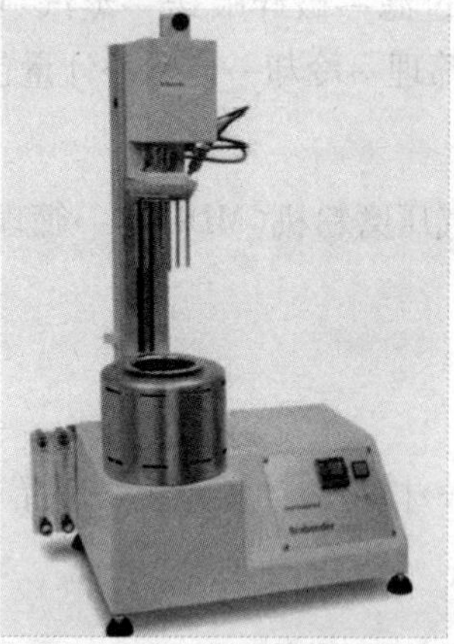

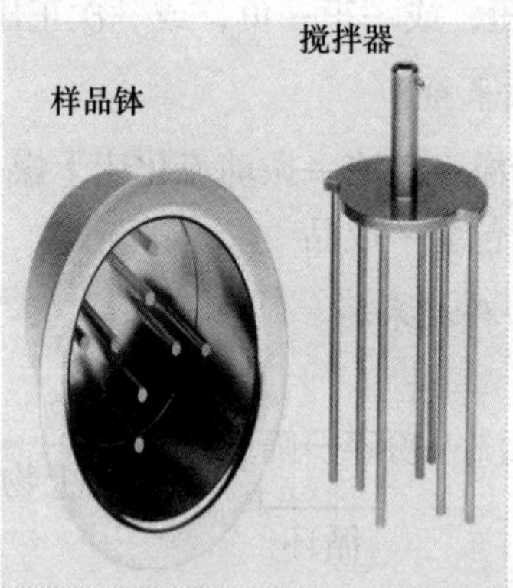

图4-1 布拉本德黏度仪

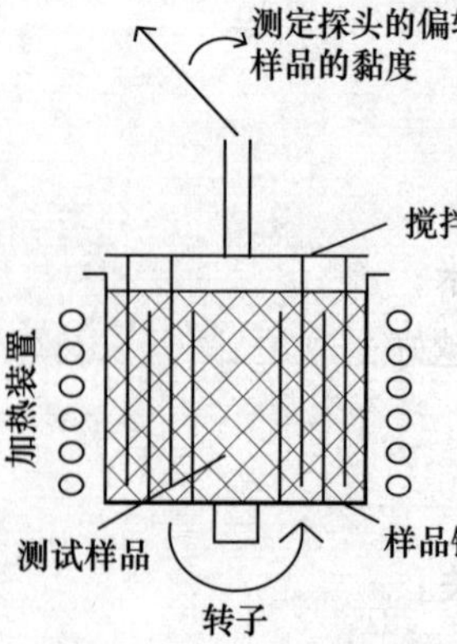

图4-2 布拉本德黏度仪测试原理

黏度仪测定系统包括带针的样品钵及装在里面的样品，如淀粉/水的悬浊液。带针的测定探头穿进样品钵。样品钵旋转，搅拌针能搅拌样品并使样品不形成沉淀。测定探头被旋转的样品钵里样品产生的黏度阻碍而偏转。这个偏转以扭矩形式被测定在电子型黏度仪中，这个偏转通过电子器件测定，而老式或简单型号用机械传动测定。

该仪器采用受控的加热—保温—冷却的温度过程，在固定的剪切条件下进行，确保糊化和黏度曲线的高度重复性和数据稳定性，以计算机作为工作站，最大程度的减少人为操作误差。布拉本德黏度曲线示意图和糯米粉实际测试图见图 4－3 和图 4－4。

（1）在测定开始阶段，因为淀粉颗粒不能溶于冷水，黏度不变。

（2）当温度开始升高时，淀粉颗粒开始吸水溶胀，因为淀粉颗粒体积增大，互相碰撞、摩擦加剧，导致黏度增加；除此之外，越来越多的微粒从淀粉颗粒上被溶解下来，导致液体的黏度升高。

（3）淀粉颗粒在液体中互相粘连，黏度进一步升高。

（4）当淀粉颗粒大部分被溶解，而分子仍然保持完整没有被破坏时，此时的黏度为最大黏度，因为温度升高分子间化学键被破坏。溶解的淀粉和周围的凝胶在机械搅拌作用下被打断，黏度升高和降低再次达到平衡，黏度曲线图上表现为最大值。

（5）在测定的最后阶段（冷却），被溶解的松散的分子重新规则排列（回生），黏度再次升高。

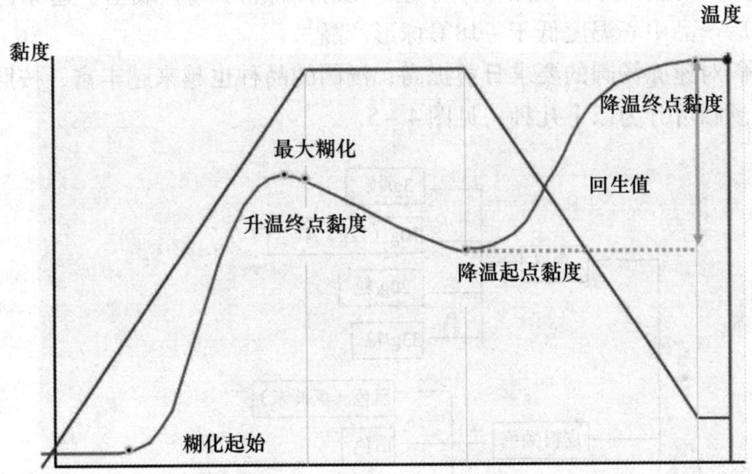

图 4－3　布拉本德淀粉黏度曲线示意图

在糯米粉测定方法的模式下进行糯米粉黏度的测试，黏度曲线如图 4－4。

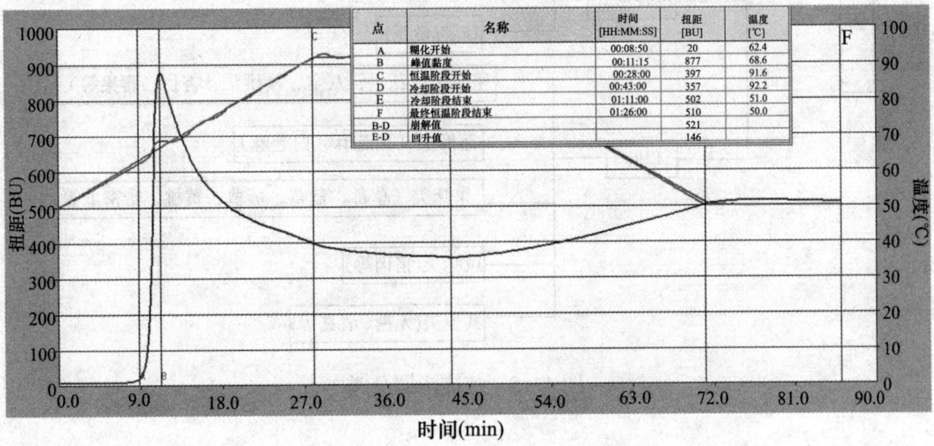

点	名称	时间 [HH:MM:SS]	扭距 [BU]	温度 [℃]
A	糊化开始	00:08:50	20	62.4
B	峰值黏度	00:11:15	877	68.6
C	恒温阶段开始	00:28:00	397	91.6
D	冷却阶段开始	00:43:00	357	92.2
E	冷却阶段结束	01:11:00	502	51.0
F	最终恒温阶段结束	01:26:00	510	50.0
B-D	崩解值		521	
E-D	回升值		146	

图 4－4　布拉本德黏度仪测定的糯米粉黏度曲线图

糯米粉的性质直接关系着速冻汤圆的冻融稳定性和煮制后的口感，是评价汤圆品质优劣的重大指标。随着速冻汤圆市场日益繁荣，消费者对速冻汤圆的质量要求越来越高，糯米粉检测设备日益精密化、智能化，糯米粉性质的研究越来越受到糯米粉加工企业和速冻企业的重视。糯米粉基础研究的加深，必会推动糯米粉加工和使用行业的发展。

二、速冻汤圆的加工工艺

(一) 速冻汤圆的定义

中华人民共和国国内贸易行业标准《SBT 10423—2007 速冻汤圆》对速冻汤圆(quick－frozen glutinous flour ball)的定义如下：以糯米粉或其他糯性粉为主要原料制皮料，添加(或不添加)馅料，经和面，制芯(无芯产品除外)、成型、速冻、包装制作而成的且速冻后产品中心温度低于－18℃球形产品。

随着人们对速冻汤圆的要求日益提高，汤圆的品种也越来越丰富，按照不同的分类方法，速冻汤圆可分为以下几种，见图4－5。

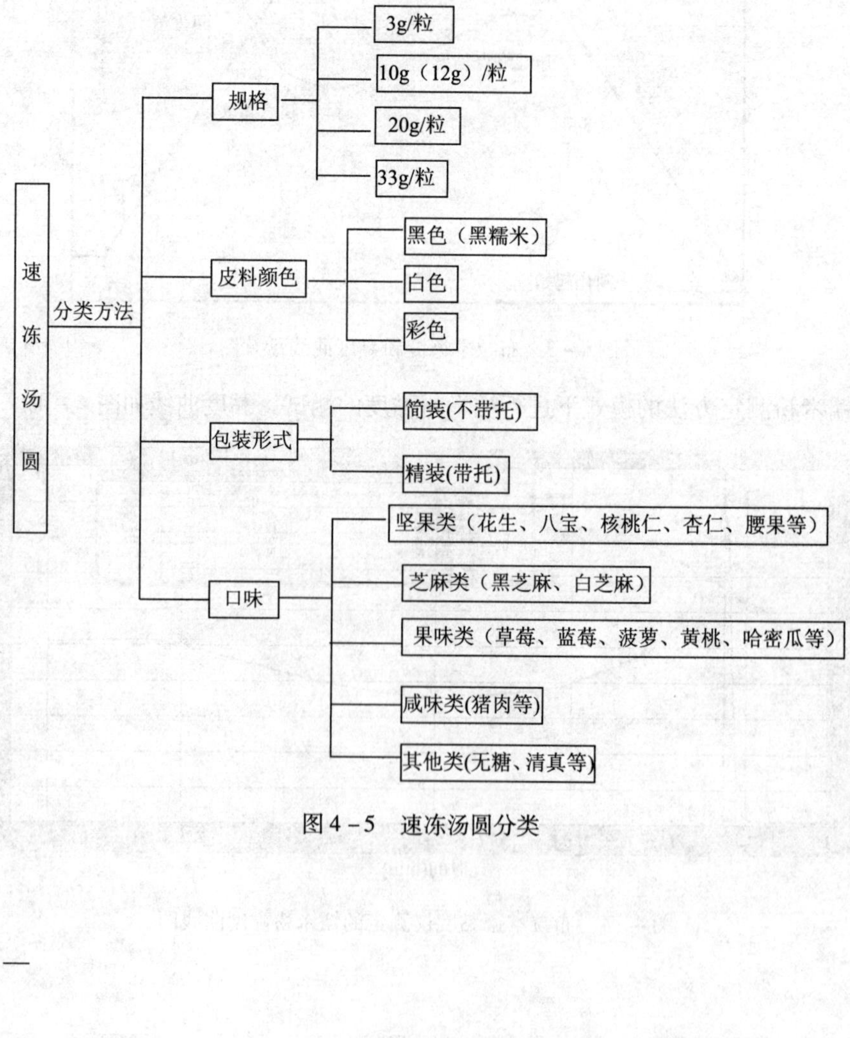

图4－5　速冻汤圆分类

速冻汤圆作为速冻食品最重要的品种之一，近年来得到快速的发展，速冻汤圆的生产企业也逐渐增多。随着速冻汤圆市场的繁荣，消费者对速冻汤圆多样性的要求也越来越高，速冻汤圆口味、规格、包装等越来越丰富，汤圆生产商在注重发展传统汤圆口味和质量的基础上，加大了以消费者需求为导向的新产品开发的力度。

（二）速冻汤圆的生产工艺流程

速冻汤圆生产工艺如下：

馅原料处理→制馅→制芯→降温

皮料处理→搅拌→制皮——→成型→速冻→内包装→金属检测→外包入库

分别以市场上最常见的黑芝麻、花生甜味汤圆，猪肉咸味汤圆为例介绍一下汤圆制作的工艺流程和操作要点。

1. 馅料制备

（1）黑芝麻汤圆馅料制备。

黑芝麻汤圆所用的黑芝麻原料是经过炒制后的熟芝麻，目前速冻汤圆生产企业一般是采购炒制好的黑芝麻直接使用。黑芝麻汤圆馅料要求比较细腻软滑，有一定的流质感，馅料中使用的黑芝麻原料一部分需要经过粉碎处理，另一部分经过胶体磨研磨后以芝麻浆的形式加入。馅料中需要加入一定量的白砂糖等甜味剂调节口感，使用前粒状白砂糖需要用打粉机处理成粉状。食用油粉碎成块状，方便制馅过程搅拌均匀。

处理好的原料按照配方中的比例加入拌馅机中进行搅拌处理，馅料呈现均匀状态后停止搅拌。馅料的状态和环境温度关系密切，环境温度过高时，馅料状态过稀，将不利于下一步的汤圆成型工艺，可以先进行降温处理后使用。

（2）花生汤圆馅料制备。

把炒制好的熟花生用脱皮机脱去外边的红衣后，用粉碎机粉碎一遍备用；粒状白砂糖使用前需要用打粉机处理成粉状，食用油粉碎成块状，方便制馅过程搅拌均匀。

按比例准确称取预处理的各种配料，倒入搅拌机中搅拌约 1 分钟预混，在刀具孔径 φ6mm 的粉碎机粉碎一遍，最后在搅拌机中搅拌 3 ~ 4 分钟，装入馅料车中使用即可。

（3）猪肉汤圆馅料制备。

肥膘、纯瘦肉在绞肉机粉碎一遍；组织蛋白先用水浸泡至无硬芯，袋装放入甩干机中脱水，然后再放入清水中，再装袋放入甩干机中反复浸泡脱水 3 ~ 5 遍，要求甩至用手握紧指缝基本不滴水，放在鼻子前闻时无豆腥味，最后在孔径 3mm 刀具绞肉机中粉碎一遍；将大葱去除根、黄叶、老叶、坏斑、用清水冲洗干净，然后放入斩拌机中切为 3mm 碎块使用。

将处理好的瘦肉、肥膘、大豆组织蛋白、葱和猪肉提取物、酱油、水、小料按照比例称取后，投入搅拌机中搅拌至均匀后再加入剩余的水，继续搅拌至馅料中无明显白色油粒后出锅使用。

为了便于机器成型操作及产品质量稳定，制备的汤圆馅料要符合以下要求：①色泽均匀且一致；②无直径≥5mm 的脂肪颗粒；③无糖类、淀粉类凝结块；④芯粒要求大小均匀，单重符合规定要求。

2. 制芯

机制成型的汤圆不需要进行制芯工艺的操作，一些需要手工包制的汤圆需要制芯，如市场上出现的表面有花纹的八宝汤圆等，需要手工包制，馅料要经过制芯机处理后，制备成重量在一定范围内的球形颗粒状，放入冷冻装置中冻结处理后进行手工包制。

3. 降温

环境温度过高时，馅料状态过稀，将不利于下一步的汤圆成型工艺，需要先进行降温处理后使用。

4. 制皮

汤圆皮料的主要原料是糯米粉，糯米粉主要成分是淀粉类物质，无法像面粉一样形成面筋结构，糯米粉团不具备延展性，在速冻过程中会因为环境的急剧变化而开裂，为了防止速冻过程中汤圆出现冻裂现象，糯米粉在加水搅拌过程中会适当添加一些高黏度的添加剂，提高糯米粉团的延展性。

汤圆制皮工艺过程为：先把糯米粉倒入搅拌机中，均匀加入一定量的速冻油(速冻油放入绞肉机中绞碎处理)，先加入一半的水，启动机器搅拌 2 分钟，然后边搅拌边均匀加入汤圆改良剂，继续搅拌至混合均匀，将剩余的水加入搅拌机中，继续搅拌至糯米粉团表面光滑，面团均匀、不粘锅。

5. 成型

除了部分特殊要求的汤圆品种外，汤圆多是采用机制成型。汤圆成型机一般分为四头，六头，八头机。把芯料和皮料置于两个料斗中开机，汤圆包制、搓圆，装托可全部实现自动化，汤圆成型机可配备不同型号的机头，制备不同大小的汤圆。汤圆制皮，制芯均可实现机器操作，是速冻食品行业中自动化程度较高的产品，汤圆成型机的结构图见图 4－6。

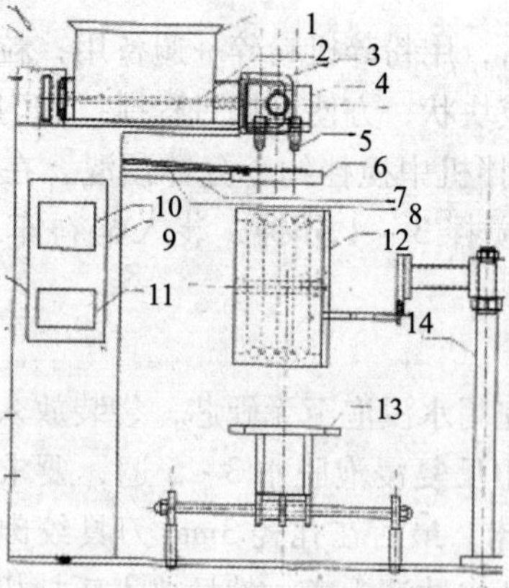

图 4－6 汤圆成型机示意图

1—料斗；2—绞龙；3—盖头；4—分馅头；5—馅面嘴；6—切刀盘；7—刀盘支板；8—连杆；9—操作台；10—大触摸屏；11—小触摸屏；12—搓圆机；13—排列机；14—搓圆机立柱

制备好的糯米粉团和汤圆馅料分别放置在面料斗和馅料斗中，打开成型机操作页面，进行走馅，按照需要生产的汤圆馅含量的要求(3g、5g 等)，调整每个出馅机头的走馅速度，至达到馅料克重要求后，关闭馅料调节指令；打开皮料调节按钮，对面皮重量进行调节。馅料和面皮重量调节至要求的克重后，同时开启皮料和馅料的指令进入生产环节。为了保证汤圆的单重和馅含量符合生产要求，需要生产操作人员及品质控制人员定期对每台机器的产品抽查单重和芯重，机器操作手需根据汤圆的单重和芯重的情况调节馅料和皮料的速度。

6. 速冻

制备装托的汤圆送入冷冻隧道中，在 30 分钟内完成速冻，速冻后汤圆中心温度低于 -18℃。速冻后的汤圆表面无开裂炸纹和渗汁现象。

7. 内包装

2007 年 7 月 1 日开始实施的《速冻面米食品行业标准(SB/T10412—2007)》规定了速冻面米食品的分类、技术要求、检验方法、检验规则、标签与标志、包装、运输、贮存和召回的要求，在生产、储运和销售环节都提出了规范要求。标准条文明确列出了“不经分装的产品，不得销售”的要求，力求减少销售过程中可能出现的“二次污染”，速冻面米企业全面转向包装产品的生产销售。

速冻后需要包装的速冻汤圆，应在温度不高于 15℃ 的环境中快速包装，不宜在高温高湿环境下滞留。产品的包装要求做到不漏气，清晰打印生产日期，保证速冻汤圆产品流通的安全性和可追溯性。近年来汤圆的包装技术发展较快，节省了大量劳动力，为汤圆的安全生产和质量提供有利条件。

图 4-7 为两种主要类型的汤圆自动包装机。枕式包装机主要是用来包装带托盒的汤圆，带托盒的样品置于样品槽内，开动包装机即可，该包装形式需要人工装托，称量；立式包装机是一种全自动的包装机，只需把汤圆产品放置在进样容器内，包装机能够自动完成汤圆的分装、称量、包装等一系列程序，尽管包装形式不同，但两种包装机都是通过热封的原理完成包装的。

(a)卧式包装机

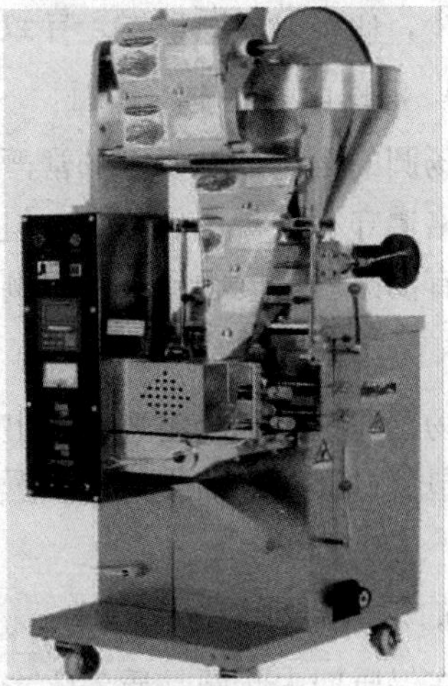

(b)立式包装机

图 4-7　汤圆包装机

8. 金属检测

金属检测工序是食品行业必不可少的安全保障，所有产品需经过金属检测器，防止生产过程中金属物质带入产品中而造成安全事故。

9. 外包入库

经过金属检测后的产品即可装箱入库，速冻产品要求在冷藏库中保存。

速冻汤圆生产过程中使用的周转托，内包装袋，外包装箱要符合冷藏条件的要求。

（三）速冻汤圆存在的问题

1. 速冻汤圆的外形问题

速冻汤圆在生产和煮制过程中易出现塌陷、扁平、偏馅、漏芯、裂纹、形状不规则的问题，生产过程中皮料和馅料的状态不均匀，成型设备的性能不稳定、煮制方法不科学等都会引起上述问题的产生。

2. 汤圆色泽问题

汤圆煮制后会出现色泽泛黄，灰暗，无法呈现象牙白的光泽，主要是由于使用的糯米粉白度不够，或是细度不够引起的。

3. 汤圆的开裂

汤圆生产过程中出现开裂是速冻汤圆主要质量问题之一，汤圆开裂的基本机理为冷冻过程产生的内部膨胀压力（内压）和蒸发失水。因为汤圆由外面的皮和被皮包裹的馅构成，在冻结过程中外面的皮首先冷冻固化，形成坚硬的外层，而含有大量水分的馅仍未冻结，随着温度的降低，馅料中的水分冻结膨胀产生内压造成外层冻结的皮裂开。另一方面，在冷藏运输销售过程中，由于热量的交换，汤圆皮温度不断下降，保水能力不断减小，而水分不断挥发，导致水分散失，最终产生开裂。

4. 汤圆的异物带入问题

汤圆的生产环境要求非常严格，生产场地，设备的清洗消毒，工作人员的生产操作需严格遵守相关规范的要求。但市场上消费者反馈的汤圆中的异物（塑料等）质量问题仍占有汤圆质量问题的极大比例。

5. 包装问题

汤圆在生产和运输过程会出现汤圆包装袋开口、破裂的问题，主要原因一方面是汤圆在包装过程中包装袋封口不严，另一方面是运输搬运过程中遭受重力撞击引起包装袋开裂。

6. 汤圆品质劣变的问题

在保质期内汤圆品质劣化，无法达到食用的安全要求，是引起汤圆质量问题的重要因素。汤圆保质期是指在 -18℃储藏条件下产品质量符合相关检验要求的保存时间。但实际流通过程中温度不可能一直保持不变，汤圆在运输、装卸、倒柜、购买、食用过程中可能会出现反复冻融，造成汤圆皮料失水裂口、解冻粘连等质量问题，冷链不完善是整个速冻行业面临的技术问题。

另外，制作汤圆馅料的主要原料多为油料作物，且制作过程中为改善产品口感及工艺性能，还要另外添加约占总量30%的硬化食用油脂。汤圆馅料中的油脂易受氧、水、光、热、微生物等的作用，会逐渐水解或氧化而变质酸败，使中性脂肪分解为甘油和脂肪酸，或使脂肪酸中的不饱和链断开形成过氧化物，再依次分解为低级脂肪酸、醛类、酮类等物质，产生异臭和异味，有的酸败产物还具有致癌作用。油脂酸败同时使油中所含的维生素破坏，而且在接触其他食物时，还会破坏其他食物的维生素，并且对机体酶系统也有损坏作用。油脂酸败表现为过氧化值、羰基价和酸价的升高，即会发生酸败和氧化。感官指标最敏感的是出现哈喇味。

油脂在低温条件下氧化速率很慢，但流通过程中汤圆存储环境温度的反复波动，会加快油脂类物质的氧化，引起汤圆质量在保质期内的劣变。

（四）影响速冻汤圆质量的因素

1. 速冻汤圆的评价标准

汤圆的评价指标一般包括操作性、外观（速冻后、煮制后）、口感、储存性等几个方面，具体要求见表4－2速冻汤圆的评价标准。

表4－2　速冻汤圆的评价标准

指标	要求
操作性	能够满足机制成型的要求
外观（速冻后）	形状一致性好，表面光滑，无炸纹冻裂现象
外观（煮制后）	呈现白色，表面光滑，无起毛现象，煮制后无混汤，无露馅
皮料口感	糯性好，有弹性，不粘牙
馅料口感	流质感适中，甜度适宜，主味突出
储存稳定性	满足冷藏条件下保质期内理化和微生物指标的要求

注：不同口味的汤圆评价指标稍有差别，此表是评价汤圆的一般性指标。

2. 影响速冻汤圆质量的因素

（1）糯米粉品质的影响。

糯米粉的品质和糯米品种（籼米、粳米）、产地、加工方式、后熟期、存储条件等密切相关，糯米粉厂家多采用不同产地的糯米进行复配磨粉，也导致了糯米粉质量的不同。

速冻汤圆使用的糯米粉在理化指标方面有一定的规定，细度要求为100目筛的通过率大于95%，当糯米粉较粗时，制备的汤圆表面粗糙，色泽泛灰，光泽暗淡，且没有糯米的清香味，煮制时易导致浑汤。糯米粉较细时，制作的汤圆色泽乳白，光亮透明，有原糯米清香；白度要求在90以上，白度低时，制备的汤圆色泽较暗，煮制后外观不好。糯米粉的糊化开始温度和峰值黏度是评价糯米粉性质的主要指标，一般来讲，糊化开始温度越低，峰值黏度越高，糯米粉的加工性能及口感越好，糯米粉的理化指标及影响因素参阅前面章节中的详细叙述。

（2）馅料状态的影响。

汤圆机制成型时是通过把馅料注入延展成柱状的皮料中，定量切割制成的。对汤圆馅料的状态要求较高，馅料要保持均匀，无明显的颗粒，馅料软硬度适宜，易成型，汤圆煮制后馅料要求一定的流动性。汤圆馅料中一般不允许存在水分。馅料多是油基物质，水分物质的存在一方面会造成馅料油水分离，状态不均匀；另一方面，汤圆馅料一般会加入甜味剂调节口感，甜味剂溶解在水中形成糖溶液，根据溶液的依数性特点，凝固点会降低，影响速冻的速度和效果，汤圆存储温度发生波动时易产生溶液外渗现象，影响产品质量。

（3）改良剂的影响。

汤圆改良剂是汤圆生产过程中的添加剂的总称，指的是少量使用能够明显改善汤圆品质的一类物质。主要包括两种，一种是应用到汤圆皮料中的添加剂，增强汤圆皮料的黏弹性，提高操作性、减少汤圆表皮开裂；一种是添加到馅料中的改良剂，使汤圆馅料状态均匀，防止油馅分离现象，保持汤圆馅料一定的流动性。

组成汤圆面皮的主要原料——糯米粉团的延展性较差，经过和面，机器挤压成型，冷冻后组织结构变得松散，容易引起汤圆表皮开裂。为了改善该状况，早期的速冻汤圆生产采用熟皮工艺，但熟皮工艺操作复杂制约了汤圆的规模化生产。随着人们对糯米粉性质研究的深入，对速冻汤圆工艺的优化设计，速冻汤圆改良剂逐渐应用到汤圆的生产中。速冻汤圆皮料中使用的改良剂主要是增稠剂和乳化剂，增稠剂是通过主链间氢键等非共价作用力形成具有一定黏弹性的连续的三维凝胶网状结构，当添加到糯米粉中时，这种网状类似面筋网络结构的功能。生产过程中的使用的增稠剂要求在冷水中溶解性好，黏度大，如羧甲基纤维素钠（CMC－Na）、瓜尔豆胶、黄原胶等。汤圆皮料中加入少量乳化剂可有效改善糯米团中水分的分布，减少游离水，保证在速冻过程中汤圆皮料质构紧密。在实际生产过程中可根据需要添加一种或是几种改良剂复配物。

为了保证汤圆馅料状态均匀，煮制时不出现油馅分离现象，保持汤圆馅料一定的流动性，汤圆馅料在制备过程中一般加入乳化剂等物质。如加入变性淀粉，该物质具有很强的保水能力和低温稳定性，在低含量情况下能够显著改善馅料的状态，调节馅料的稀稠度。

优良的汤圆改良剂应该具有使用简便、应用范围广、能适应不同的配方和加工工艺的特点；并根据具体要求可改善汤圆的柔滑爽口、耐煮、白度和上浮性。保证汤圆在生产加工和冷冻保藏期间不会产生开裂现象，能够在反复冻融情况下保持完整的结构，生产的汤圆制品经过长时间煮沸过程后，也能保持极佳的黏弹爽口特性而不会发生糊粘。

食品添加剂在食品加工中起着举足轻重的作用，但滥用食品添加剂一直是困扰食品行业的重大问题，也是近年来引起重大食品安全质量事故的主因，严格遵守食品添加剂的使用规范，合理使用食品添加剂是保证食品行业健康发展的前提。

（4）加水量的影响。

糯米粉的加水量直接影响着机制成型的操作可行性和汤圆产品的外观，由于糯米粉生产厂商不同，采用的糯米粉加工方式和糯米原料也大不相同，糯米粉的加水量是在一定范围内波动的变量。加水量过多时，糯米粉团黏性大，机制成型时容易形成粘连，易出现堵塞机器的现象，加水量过少时，面团过硬，生产的汤圆表面容易产生毛刺，不光滑，速冻过程中汤圆易产生表面细纹。糯米粉品质不稳定的情况下，可以用糯米粉团的硬度指标来衡量加水量的适宜性。

（5）成型设备的影响。

汤圆成型设备随着使用时间的延长会出现不同程度的磨损，磨损程度增大，汤圆的大小一致性、外观越易变差。

（6）加工方式的影响。

汤圆在成型过程中揉搓力越小，切口封闭成型也越好。在成型过程中，尽量保持汤圆形态的完整和一致性，最好能够成为均匀的球形，减少不必要的应力作用。

（7）速冻工艺的影响。

在速冻冷冻过程中，风的流动和冷冻速率对于汤圆的开裂影响较大。通常情况下，采用速冻和小风量生产的产品开裂率较低。

（8）存储条件的影响。

储藏的温度过高和温度波动过大都会导致汤圆表面形成较长的浅裂缝和冰晶体，影响外观品质。如果过程中皮料封闭不严，温度变动过大都会导致漏芯。

（9）流通领域的影响。

冷链运输和销售过程中由于环境条件差异较大，很难达到冷藏的温度要求，且储藏温度在较大范围内波动，造成汤圆的反复冻融，对汤圆的产品质量影响较大。

三、速冻汤圆质量管理及 HACCP 安全控制体系

（一）速冻汤圆质量管理

速冻食品在生产加工过程中的质量管理要从生产操作人员卫生、工厂设施、加工工艺、速冻工艺等方面抓起。

1. 人员卫生控制

速冻食品企业的环境卫生和个人卫生不仅关系到食品企业的形象，更重要的是它直接影响到速冻食品的质量稳定。因此食品企业对人员的卫生要求特别严格，厂房设计要求有工作人员独立的更衣室，消毒设施。进入生产车间的所有人员需按照规定更换工作服，佩戴口罩和发网。按照程序进行洗手消毒，洗手消毒程序一般包括如下 5 道程序。

预洗：在感应水龙头下，冲洗掉手上沾染的杂质。

主洗：在放置洗手液的盒子中取2~3滴洗手液，揉搓手部1~2分钟至手部完全清洗干净；在感应水龙头下，冲洗掉手上的洗手液泡沫。

消毒：把冲洗干净的双手放入到盛有消毒水的水池中浸泡30秒，保证手部细菌全部杀死。消毒水是一定浓度的次氯酸溶液。

冲洗：把消毒水冲洗干净。

烘干：在烘干器下把双手烘干。

生产车间内部需配备洗手消毒设施，生产过程中操作人员要定期进行手部清洗消毒。

2. 工厂设施及消毒要求

速冻汤圆生产的厂房和车间应能够杜绝病媒的进入及微生物污染，车间内部墙壁、地面、天花板等使用耐清洗、不透水、不易剥落的材质。厂房四周每隔10m安放一个捕鼠器并且各个仓库的门口两侧安放粘鼠器。车间的容器设备不能使用玻璃材质，照明设施应加装塑料胶质灯罩，所有设备表面应使用平滑、坚硬且不吸水的材质。车间应该严格控制人员的出入，入口处应设置消毒设施，并安装感应式的洗手设施。车间消毒主要是表面消毒，特别是与食品接触的表面，例如加工设备、工器具、包装物料、加工人员的工作服、手套，每天检查，有清洁员做相关的纪录并保存。

工具、设备要检测细菌总数、沙门氏菌及金黄色葡萄球菌，经过清洁消毒的设备和工器具与食品接触面细菌总数低于100个/cm^2为宜，对于卫生要求严格的工序，应低于10个/cm^2，沙门氏菌及金黄色葡萄球菌等致病菌不得检出。

3. 工艺控制

速冻汤圆的加工与机械设备的配置要满足、符合加工工艺的要求，确保工序顺畅简单，各个工序区间相互隔离，避免交叉感染，配料要合理；为了减少内压，尽量减少馅料而增加皮的分量；在生产汤圆的过程中，糯米粉团的混合一定要均匀，并且在允许条件下提高加水量；在冻结过程中采取-35℃以下快速冻结法，实现快速降温。

4. 生产物料、半成品的管理

生产物料按照原料验收标准进行质量检验，合格后才能允许进入车间生产环节使用。生产过程中有线上质检人员进行全程跟踪，按照规定的监测频率和管理标准对各个工序进行巡查，并进行记录。对于当班生产的剩余物料，及时放入盛放容器密闭保存并转入低温冷藏条件下贮存，尽量减少物料空气接触面积。

5. 成型工艺

皮料和馅料符合设备的操作要求，成型设备调试至最佳状态，成型设备保持清洁，相关设备和工具，如周转托、传送带等保持干净。

6. 速冻工艺及包装

速冻隧道保持清洁，供冷量和隧道传送速度保持协调，既能够保证规定时间内达到中心温度的要求，又能够最大限度地节约冷量。隧道出来的速冻汤圆及时包装，无法立即包装的产品需暂存到冷库，防止汤圆解冻。汤圆在包装之前，生产人员对出现裂纹，外形不好的汤圆进行挑拣，打成次品处理，保证包装后汤圆的产品质量。

7. 冷藏、冷藏运输、冷藏销售

速冻汤圆是在低于 -30℃以下的速冻装置中生产出来的，经过快速包装后，存放在 -18℃以下的低温冷藏库中进行冻结冷藏。按照我国冷藏库的温度标准，储藏冷冻食品的低温冷藏库温应为 -17 ~ -19℃。但现实环境中，很多食品企业达不到该温度要求，且库温温度波动很大，结果导致大大缩短速冻食品的保质期，因库温频繁波动形成速冻汤圆的反复冻融造成汤圆表面粘连，出现裂纹，致使部分速冻汤圆产品未进入流通领域质量便大大下降。

冷藏运输工具极大地促进了速冻食品的快速发展，速冻食品的主要运输工具是冷藏车。但运输过程中，很多运输设备没有温度自动记录设备，无法确保流通过程中的温度管制，另外制冷系统的不稳定，也进一步导致了流通过程中速冻食品的质量劣变。

速冻食品的快速发展离不开各地连锁超市配备的冷藏食品陈列设备，但速冻食品在冷藏销售过程中也伴随着多种质量问题。如很多食品冷藏倒柜无法满足冷藏的温度要求，为了方便消费者挑选商品，一些商家的冷柜没有柜门，速冻产品堆放过多等问题。总之速冻食品在生产环节和流通环节之所以会出现如此多的质量问题，大都是因为没有严格按照其生产工艺和管理规范去做。为了使消费者吃上真正放心、安全卫生、品质优良的速冻食品，速冻汤圆的生产、运输、销售过程需严格按照相关规定执行。

（二）基于 HACCP 的速冻汤圆安全控制体系

HACCP 是危害分析与关键控制点(Hazard Analysis Critical Control Point)的缩写，是一种以预防为主的质量安全保证体系，被国际权威机构认可为控制由食品引起的疾病最有效的方法。HACCP 由危害分析(Hazard Analysis，HA)和关键控制点(Critical Control Point，CCP)两个部分组成，包括七个基本原则。①进行危害分析(HA)；②确定关键控制点(CCP)；③建立关键控制限值；④建立关键控制点的监控程序；⑤建立纠偏措施，当监控表明某个特定 CCP 偏离时采用；⑥建立验证程序，确定 HACCP 体系运行的有效性；⑦建立有关上述原理及其在应用中的所有程序和记录的文件系统。

HACCP 可以鉴别、评价和控制对食品安全至关重要的危害(生物性、化学性和物理性危害)，侧重于危害评价。HACCP 体系不是一个零风险系统，但可以最大限度地减少产生食品安全危害的风险，同时避免了单纯依靠最终产品检验进行质量控制所产生的问题。

速冻汤圆在生产过程中易被污染，污染主要来自人为带入和环境因素。故在速冻汤圆生产中，要求对操作人员的手、衣、鞋进行严格的消毒处理；车间、工具等都应定期消毒，控制空气中的落下菌，严格依照食品卫生法进行生产操作。而良好作业规范(GMP)与卫生标准操作规范(SSOP)对这些都有相关要求，以确保生产在符合卫生安全条件下进行。

HACCP 在速冻汤圆生产中的应用主要包括两个方面，即对生产过程中各个环节的危害分析(HA)，并确定关键控制点(CCP)；确定关键控制点(CCP)的监控措施和纠偏措施（表4－3）。

表4－3　速冻汤圆生产中危害分析和关键控制点

环节	危害	CCP(是/否)
原料验收	沙门氏菌、大肠杆菌、金黄色葡萄球菌等病原菌的污染，有毒物质的残留、添加剂的过量使用、原料腐败变质、异物(金属、其他杂质)的带入	是
制芯	沙门氏菌等病原菌及二次污染菌的繁殖，油脂物质的氧化酸败、原料异物及加工过程异物带入	否
和面	杂质混入、原料变质	否
成型	二次污染菌的繁殖	否
速冻	至冻结时的残存菌、二次污染菌的繁殖	是
包装	二次污染细菌繁殖	否
产品检测	金属等异物的带入、包装不规范	否
入库冷藏	细菌繁殖、氧化酸败	是

危害分析(HA)是进行 HACCP 管理的基础。速冻汤圆在生产中，由于原辅料较多，易受各种生物性、化学性、物理性危害，且为生制产品，在速冻前未经加热杀菌处理，因此需要充分考虑各步骤所存在的危害，并对其危害程度进行评价。

在进行危害分析(HA)后，需要确定关键控制点。在确定关键控制点时，应防止将那些本属于 GMP 和 SSOP 控制范围内的常规控制点，也划入关键控制点，这样会导致关键控制点过多或关键控制点选择错误。如果通过 GMP 和 SSOP 能消除危害的步骤，则该步骤不应归于关键控制点，而应作为常规控制点。对于 GMP 和 SSOP 难以控制危害的步骤，根据 HACCP 判断树的逻辑推理方法判断其是否为关键控制点，可以通过 CCP 判断来确定。基于上述判断方法，可以确定原料验收、速冻、入库冷藏这三个步骤是速冻汤圆生产的关键控制点。如果这三个步骤未能有效控制，则通过 GMP 和 SSOP 的卫生安全控制是不能消除这三个步骤所存在的危害的。而其他步骤都可以通过 GMP 和 SSOP 的卫生安全控制，有效消除其所存在的危害。

根据 HACCP 危害分析和关键控制点原理，对汤圆生产中使用的主要原料进行详细的关键控制点分析，结果见表4－4。

表4－4 速冻汤圆主要原料的安全控制点

配料名称	危害	1	2	3	CCP	控制方法
糯米粉	化学：磷化物	是	否	是		与供应商签定质量保证协议，明确质量要求；定期抽样送到国家质检部门检验；每批进货供应商提供原料出厂检验报告
	物理：金属、非金属	是	是	否	是	产品过金属检测仪；厂检；进货、使用前检查
	生物：寄生虫	是	是	否		与供应商签定质量保证协议，明确质量要求；原料过筛使用；化验室每批次抽样检验
山楂浆	化学：着色剂	是	是	否	是	与供应商签定质量保证协议，明确质量要求；定期抽样送到国家质检部门检验；每批进货供应商提供原料出厂检验报告
	生物：致病菌污染	是	是	否		
花生油	化学：黄曲霉毒素、过氧化值、苯并芘	是	否	是	是	定期抽样送到国家质检部门检验；每批进货供应商提供原料出厂检验报告
红枣	物理：金属、非金属	是	是	否	否	每次原料使用前进行感官检验；产品过金属检测仪
	生物：寄生虫	是	是	否		原料挑拣使用，清洗
红豆沙 绿豆沙	化学：黄曲霉毒素	是	否	是	是	与供应商签定质量保证协议，明确质量要求；定期抽样送到国家质检部门检验；每批进货供应商提供原料出厂检验报告
	物理：金属、非金属	是	是	否		每次原料使用前进行感官检验；产品过金属检测仪
白糖	物理：金属、非金属杂质	是	是	否		成品过金属检测仪
	生物：寄生虫					产品过筛
棕榈油 速冻油	化学：过氧化值、酸价	是	否	是	是	与供应商签定质量保证协议，明确质量要求，化验室每批抽查检测

续表

配料名称	危害	1	2	3	CCP	控制方法
花生 芝麻 瓜子 腰果 桃仁	化学：黄曲霉毒素	是	否	是	是	与供应商签定质量保证协议，明确质量要求；定期抽样送到国家质检部门检验；每批进货供应商提供原料出厂检验报告
	物理：金属、非金属	是	是	否		使用前经过挑拣可将异物除去；产品过金属检测仪
	生物：寄生虫	是	是	否		原料经过挑拣使用

注：表格中1、2、3代表的含义分别为：1为该种原料是否存在有严重的危害；2为加工过程或顾客是否能够采取措施消除这种危害；3为是否存在交叉污染的可能，这种危害无法控制。

结合速冻汤圆的生产流程和工艺，利用HACCP原理制定汤圆生产中的危害分析工作单，以便于生产过程中监控和防止危害发生，危害分析工作单见表4－5。

表4－5　汤圆生产危害分析工作单

产品描述：速冻汤圆产品　　储藏和销售方式：－18℃以下

关键控制点	监控措施	纠偏措施
原料验收	供应商提供原料合格检验报告，制定严格的验收标准，定期送检第三方，化验室检测，提高原料库的条件	不合格原料退货处理，建立供应商评价和考核体系；定期清洁和维护原料库的设施和环境
速冻	冻结时间：30～45分钟，平均温度－18℃。抽检产品的温度	建立车间品尝制度，每天四次品尝产品，进行感官测定
入库冷藏	冷库温度－20℃以下，产品温度－18℃，自动记录温度	温度调节器

针对原料验收、速冻、入库冷藏这三个步骤是速冻汤圆生产的关键控制点，制定监控措施和纠偏措施，见表4－6。

对速冻汤圆生产过程中的三个关键控制点，即原料验收、速冻、入库冷藏，制定具体的监控措施和纠偏措施。通过监控措施，可以将所存在的危害有效消除或降低到一个可以接受的水平。对于这三个关键控制点，一旦出现偏差，应及时采取纠偏措施，排除危害，使生产保持正常状态，以确保产品卫生安全质量。但关键控制点并不是孤立运行的，需要与GMP、SSOP控制的常规控制点结合，才能真正有效地对速冻汤圆的卫生安全质量进行控制。

表 4-6 速冻汤圆生产过程中关键控制点的监控措施和纠偏措施

加工步骤	确定在本步骤进入的、受控或加强了的潜在危害	危害是否显著	危害依据	预防措施
糯米粉收货（CCP1）	生物：微生物污染 物理：金属 化学：磷化物	是	导致食用者疾病；金属异物对消费者造成伤害；过量残留会对人体造成伤害	过筛；所有产品过金属探测器；同供应商签定质量保证协议，定期抽样送检
和面	生物：微生物污染 物理：设备金属脱落	是	导致食用者疾病，金属异物对消费者造成伤害	SSOP 控制；使用设备应清洗、消毒；设备维修、保养；成品过金属探测器
芯料原料收货（CCP1）	生物：寄生虫 物理：金属、非金属异物 化学：黄曲霉毒素	是	高温蒸煮可消除危害；金属异物对消费者造成伤害；黄曲霉毒素伤害消费者	使用前过筛；收货、使用前检查；过金属检测仪；同供应商签订质保协议；送检
芯料原料粉碎混合搅拌	化学：清洁剂残留 物理：设备上脱落的金属片	是	清洁剂对消费者造成危害，食物中的金属片可导致顾客受伤害	工具、设备用清水彻底清洗，设备的维护和保养
机制成型	生物：微生物污染 物理：设备上脱落的金属片	是	导致食用者疾病，食物中的金属片可导致顾客受到伤害	GMP、SSOP 控制；设备的维护和保养
暂存或使用	化学：过敏源	是	对过敏物不耐受者产生过敏反应	包装袋标识清晰正确；成品包装标识检查
手工团制/成型	生物：微生物污染 物理：无 化学：过敏源	是	导致食用者疾病；对过敏物不耐受者产生过敏反应	GMP、SSOP 控制；控制产品在空间暴露的时间；品种转换时的清洗及包装标识完整
入托盒	物理：硬质异物	是	控制在可接受水平	使用前托盒专人检查
速冻	生物：微生物繁殖	是	控制隧道温度和速率	速冻后产品中心温度小于 -19 ± 1℃
金属探测	物理：金属	是	金属异物对消费者造成伤害	所有产品均通过金属探测器
成品入库	生物：微生物繁殖	是	微生物繁殖可导致消费者疾病	包装后半小时内送入成品库

在速冻汤圆加工企业引入 HACCP 体系，将大大提高速冻汤圆的质量安全，但 HACCP 不是一个零风险体系，必须全员、全过程、全企业参与，切实做好食品卫生安

全工作，才能将速冻汤圆安全危害降到最低，满足广大消费者的卫生安全要求。

第二节　速冻粽子加工及过程控制技术

粽子是指以糯米和(或)其他谷类食品为主要原料，中间裹以(或不裹以)豆类、果仁、菌类、肉禽类、蜜饯、水产品等馅料，用粽叶包扎成型，经水煮至熟而成的制品。根据不同保鲜方式可分为新鲜类粽子(指煮后未经速冻、真空包装等方式处理，在常温下贮存和销售的粽子)；真空包装类粽子(指煮后经真空包装和灭菌工艺处理并以真空包装方式贮存和销售的粽子)；速冻类粽子(指煮后经速冻工艺处理并在 -18℃条件下冷冻和销售的粽子)。本节将重点阐述速冻粽子生产工艺及质量控制。

一、粽子的主要原料

(一) 糯米

近年来速冻粽子因其食用方便性等特点发展迅速，市场上速冻粽子的品种日益丰富。按照口味划分，主要有甜、咸两种。甜味粽子主要有白水粽、赤豆粽、蚕豆粽、枣子粽、玫瑰粽、瓜仁粽、豆沙猪油粽、枣泥猪油粽等；咸味粽子的品种主要有猪肉粽、火腿粽、香肠粽、虾仁粽、肉丁粽等。以猪肉粽较多，也有南国风味的什锦粽、豆蓉粽、冬菇粽等；还有一头甜一头咸、一粽两味的“双拼粽”。为了满足消费者对粽子多样性的需求，速冻粽子制造厂家每年都会推出新口味的产品，进一步促进了速冻粽子的市场的繁荣。

糯米是生产粽子的主要原料，部分地区也称糯米为江米，主要有两个品种：粳糯米、籼糯米。粳糯外观圆短，主要出产于北方，河北、辽宁等地种植较多，南方也有种植。籼糯外观细长，主要出产于南方，江苏、浙江、安徽等地种植较多，颜色均为白色不透明。泰国和越南也是糯米的主要生产地，泰国糯米品质相对较好，一般来说，糯米生产环境的纬度越高，生长期越长，品质相对越好。

稻谷到糯米需要进一步加工，传统方式的糯米加工工艺极其简单，收割后的稻谷经过晾晒去除水分后，通过制米机剥离谷壳分离后制得糯米，经过制米机加工后制备的糯米含有一定比例的碎米和较多的杂质。

随着糯米加工方式的发展和改进，糯米的加工工艺越来越精细化，现代化的糯米制备工艺日趋成熟，为糯米的质量和安全提供了保证，现代化的糯米制备工艺如下。

糯稻谷收割→去杂→烘干→入库存放→去杂→除铁、石子
↓
色选←分级筛←糯米抛光机←谷糙分离←砻谷
↓（色选）计量包装　↓（分级筛）碎米　↓（糯米抛光机）米糠　（谷糙分离）稻谷循环→砻谷　↓（砻谷）稻壳
计量包装→成品入库

糯米制备过程中，影响品质的主要因素如下。

1. 稻谷的存放

稻谷在收割过程发生稻壳开裂进水，出现水黄现象，影响糯米质量，该情况可通过加工精度提高降低影响。因保管不善，稻谷发黄（热捂过），黏度下降，品质下降，产生霉味的质量问题，在糯米加工过程中该现象称为热黄，可以通过改善储藏条件避免该类质量问题的发生。

稻谷需在通风干燥的环境下存放，稻谷存放时间不同，主要指标——峰值黏度差别较大，存放半年后黏度大幅上升，糯性更强。

2. 烘干方式的影响

糯米烘干过程采用蒸汽限温烘干的方式，一方面保证烘干过程中糯米不发生糊化，又能降低碎米的产生率，可以保证糯米的优良品质。另外烘干过程中糯米的失水率影响后期使用时的复水率，失水率越小，复水性能越好。

糯米的吸水率是指单位干米吸水量与单位干米量的比率。

吸水率计算方法为：

$$吸水率 = (吸水后米重 - 干米重) / 干米重 \times 100\%$$

吸水后米重：吸水后米重是泡好的糯米沥水结束后的重量。

3. 并肩杂质

并肩杂质是指颗粒与稻谷相近，比重接近于稻谷的杂质，该类杂质最难去除，比如石英砂、玻璃等。一般去杂的方法如色选机对近视色不能区分，玻璃及有机杂质对光折射反馈量小，不易通过色选机去除，石英砂是白色接近于米色，不易区分。

4. 碎米的影响

影响碎米产生的因素主要有，稻谷的不完整颗粒，收割过程中稻谷的未完全成熟，刚性弱，易碎。加工过程中暴晒及高强度烘干产生龟裂纹，高强度和高精度加工情况下碎米产生的几率增大，糯米的品种也和碎米的含量有较大关系，一般来说籼糯米比粳糯米易产生碎米。碎米的品质较差，要控制在一定含量范围内。

（二）粽叶

粽子的一个特点就是用粽叶包裹，煮制后有粽叶特殊的清香。《本草纲目》中早有记载，粽叶具有清热止血、解毒消肿、治吐血、下血、小便不利、痈肿等功效。粽叶天然生长，年年可采，季季可收，作为速冻粽子包装材料资源丰富。粽叶中含有大量对人体有益的叶绿素和多种氨基酸等成分。近年来研究证明，粽叶中多糖物质具有抗癌效果，有较强的抗氧化性、抗菌、抑菌等作用，是一种天然的功能食品添加剂和保健品新原料。它不仅能用于包粽子，还用于包装其他的食品及餐桌上的装饰和食品的陪衬，还可用于编制器皿、剪成各种形状，因此，被当今营养学家称之为“天然绿色食品”。

包制粽子的粽叶需符合下列要求：

（1）每张粽叶都是完好无损、无破烂、无断叶、无虫眼；

（2）颜色应是保鲜的绿色，不可以有干黄的颜色或其他颜色的大片斑点；

（3）薄嫩不厚老，不得夹有霉烂、坏死的粽叶；

（4）粽叶在保鲜过程中不得使用有毒或对人体有害的物品和化学试剂。

二、速冻粽子的生产工艺流程

速冻行业中汤圆，饺子等产品自动化程度比较高，基本能够实现机制成型。而由于粽子生产工艺的特殊性，至今还无法实现自动化生产，主要是通过人工包制制成。速冻粽子的生产工艺如下：

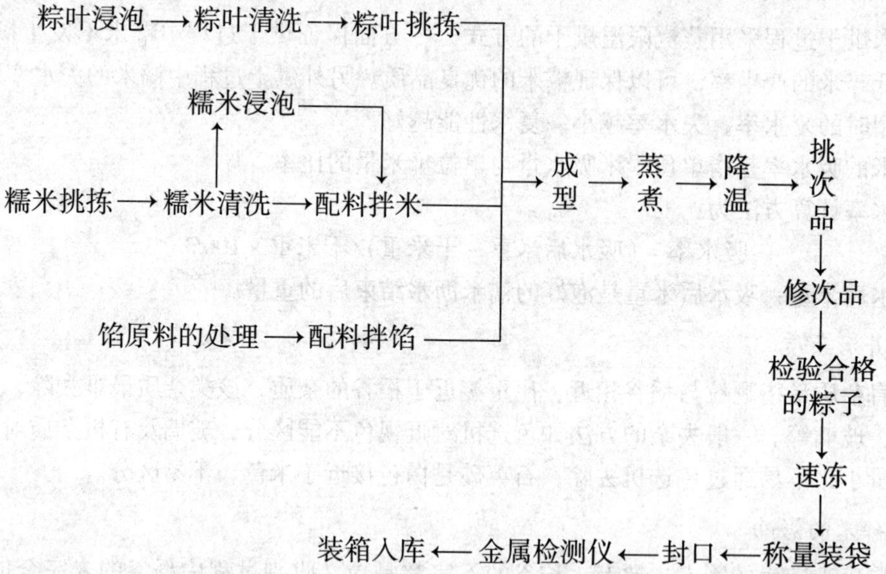

不同口味的粽子制作工艺和流程大致是一致的，主要区别是馅料的处理方式及糯米拌料中使用的调料不同，下面以市场上最常见的蜜枣粽、豆沙粽、牛肉粽、叉烧粽为例介绍一下速冻粽子的制作工艺。

（一）馅料制备

1. 蜜枣馅的制备

蜜枣预处理：品质正常的蜜枣挑拣杂质后，将未去核的去核后，沿枣核方向纵切成小块，块状大小根据粽子的单个重量不同而异。将预处理好的蜜枣块浸泡到清水中 10 分钟后取出沥干水备用。

2. 豆沙粽馅料的制备

豆沙粽子馅制作过程为：

红豆→泡洗→煮熟→去皮取沙→加糖、加油→炒制→豆沙馅调制、备用。

红豆清洗干净后放入夹层锅中加水煮熟，每千克红豆加水 1. 5 ~ 2kg，将煮熟的红豆放入取沙机中，开动机器，湿豆沙沉入桶底，再经过铜筛，入笼挤干水分制成豆沙浆；将一定量的油倒入炒锅后加入制好的豆沙浆和一定量的白砂糖，加热搅拌炒至豆沙中的水分基本蒸发变干后停止加热，炒制过程中豆沙要做到不粘锅、不多油。炒好的豆沙冷却后用制芯机制成一定重量的圆形或椭圆形粽子芯料备用。

3. 牛肉粽馅料制备

将牛肉剔除杂质后进行清洗，切成小块，按比例加入剁碎的红枣和大葱头及盐、蒜、鸡精等调料搅拌均匀后腌制3小时，确保牛肉腌制彻底，即制备成牛肉粽子馅。

4. 叉烧馅的制备

肉的腌制及熟制：生产所需肉原料用清水清洗干净后切成条状，按照比例加入盐、味精、糖等调味料，加入搅拌机中搅拌混匀，腌渍3小时，确保肉腌制彻底；把腌制好的肉条放入锅中，煮熟后捞出切成小块。

叉烧芡制备：取适量水把混合好的粉料搅拌成糊状制成浆。把加入有糖、味精等调料的水加热煮沸后放入制备好的浆，浆完全煮制成熟后停止加热制成叉烧芡。

将冷却后的叉烧芡和煮好的肉块混合在一起搅拌均匀制备成叉烧馅。

（二）糯米和粽叶的预处理

1. 糯米预处理

糯米去除石子、草籽、稻壳等杂质后用清水淘洗后浸泡，浸泡过程中上下搅拌使糯米中的杂质漂浮在水面并除去杂质，糯米浸泡时间根据粽子的品种而定。浸泡结束后放掉浸泡用水，沥干至无线状水流为止。

2. 干粽叶处理

取大小长度一致的干粽叶用自来水浸泡，浸泡后置于沸水中蒸煮一定时间，取出沥水至无线性状水流为止；剁去叶柄、叶尖，保持粽叶的有效长度和宽度，剪切后的粽叶用清水彻底除去表面杂质后才可用于生产。

（三）糯米拌料/调味

浸泡好的糯米按配方比例加入调料后搅拌均匀，备用。

（四）粽子成型

粽子的包制工艺如下：

（1）用右手将叶皮的前端握住，防止松散开，再将右手所握粽叶的前端慢慢向内靠拢，将其窝成漏斗状，用左手握住；

（2）右手向里面装米，先填一半米后放入芯料，再加入剩下的糯米；

（3）把漏斗口上的粽叶内压，将漏斗口封闭，掌心将粽体压实，折出两底角，右手将余下粽叶捋齐后右折假角；

（4）缠线：从假角处缠线，将粽子调头再缠2~3道线后打结(图4-8)。

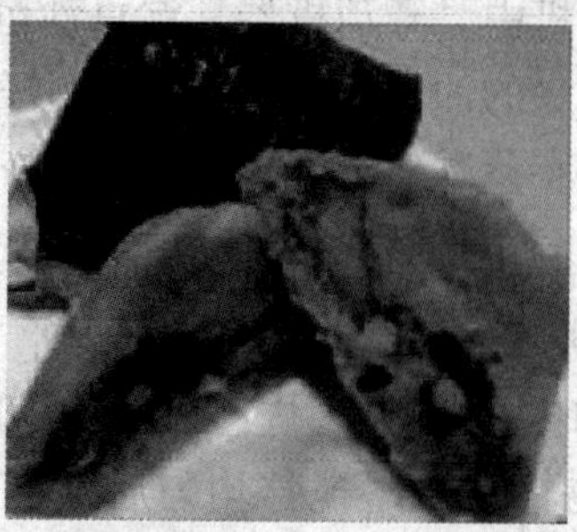

图4-8 粽子及其横切面

（五）蒸煮成熟

包制好的粽子不宜在制作区域滞留太久，需尽快入锅进行熟制，以防止产品受到微生物污染或是生粽子发生品质变化。粽子蒸煮成熟的设备称为压力锅，分为卧式压力锅［图4-9（a）］和立式压力锅［图4-9（b）］。

(a)卧式压力锅

(b)立式压力锅

图4-9 卧式和立式压力锅

蒸煮工艺是粽子生产中的关键工艺，和粽子的品质、口感等密切相关，常见的粽子蒸煮过程如下：

（1）在蒸煮锅中加入沸水，放入装有粽子的蒸笼，接通热源开始蒸煮；

（2）在常压下将水加热至沸点后，在沸点温度下蒸煮一定时间；

（3）密闭蒸煮锅，继续通入热源，使水温超过沸点后汽化，密封锅中的压力上升；

（4）在压力上升到规定的蒸气压时，控制蒸煮锅内压力，继续蒸煮一段时间；

（5）关闭热源，自然冷却到一定温度，打开释汽阀释放蒸汽，使压力降到常压，开启蒸煮锅，取出粽子，完成一个粽子蒸煮循环过程，准备进入下一个蒸煮循环。

粽子的蒸煮工艺过程如图 4－10 所示。

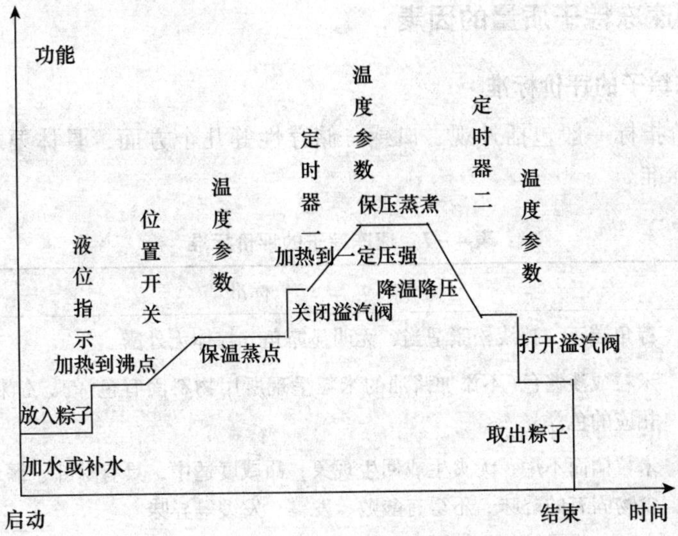

图 4－10 粽子蒸煮工艺流程图

（六）洗粽冷却

粽子蒸煮成熟后，压力锅开始降温、然后开启排水阀、卸压阀，压力降为零后开启压力锅盖。粽子出锅后需要检查粽子的生熟情况，确保出锅后的粽子都是熟制完全的。粽子出锅后用清水清洗净表面的沾浮物及杂质，沥去水分，检查一下粽子的外观是否在蒸煮过程中发生变化，如出现粽线松散、糯米外漏等情况，挑选出外观不合格的产品次品处理，清洗好的粽子入冷冻隧道冻结处理。

（七）速冻

由于粽子是经过加热蒸煮的熟制品，因此对冻结速冻的要求与其他食品有一定的区别，降温速度不能过快，冻结时间要根据产品规格不同进行适当的调整。

（八）金属检测

速冻隧道出来的粽子需经过金属检测器检测，杜绝产品中出现金属物质的现象。

（九）包装及要求

（1）金属检测合格的粽子产品应及时包装，防止因解冻而导致产品品质不良现象的发生。

（2）包装袋封口必须平整，袋子牢固无漏气现象、日期、品名和规格标示清楚。

（3）外包装标示的规格、品种、生产日期需和包装袋上保持一致。

（4）包装箱需封口严密，装箱率合理，既能达到箱体的最大利用又无涨箱现象。

（十）入库

封好箱的成品应及时入库，成品按要求码好或按库管要求摆放。粽子摆放应该符合先入库先出库的原则，避免造成产品积压变质的情况出现。

三、影响速冻粽子质量的因素

（一）速冻粽子的评价标准

粽子的评价指标一般包括外观、口感、储存性等几个方面，具体要求见表4－7速冻粽子的评价标准。

表4－7　速冻粽子的评价标准

评价指标	标准
外观	粽角端正、扎线松紧适当，无明显露角、粽体无外露
色泽	米粒成淡酱色（不添加酱油的米粒呈现所用物料固有色泽）、馅料具有所用物料相应的色泽
状态及口感	米粒糯而不烂，无夹生或回生现象，甜咸度适中，具有粽叶、糯米及其他谷物类食物固有的香味、不得有酸败、发霉、发馊等异味
储藏性	在符合要求的储藏条件下满足保质期内的质量要求

（二）影响速冻粽子质量的主要因素

1. 原料的影响

糯米的产地和质量对粽子的影响很大，糯米生长环境的纬度越高，生长期越长，相对品质要好一些，一般来说粳糯米口感好于籼糯米，口感较好的籼糯产地有安徽凤台、寿县、淮南、凤阳及徐州等地；粳糯米质量较好的是江苏、安徽及东北局部种植的糯米，泰国米质量及口感较好，粽子生产一般使用粳糯米。

2. 糯米浸泡时间的影响

糯米浸泡时间的长短不仅影响粽子的吸水率，还关系着蒸煮过程中粽子的传热，浸泡时间较短时，糯米无法充分吸水膨胀，用粽叶包制后形成有限的空间，在煮制过程中容易造成粽子体积的过大膨胀而造成外观不整等问题；浸泡时间过长时，糯米吸水充分，受到外力挤压时糯米易形成碎粒，且浸泡时间过长，糯米的香味物质挥发较快，煮制后的糯米香味不足，影响粽子的口感。另外，由于馅料性质、粽体大小的不同，要求的糯米浸泡状态和时间都有所不同，需要针对不同品种的糯米制定适合的浸泡和蒸煮时间。

3. 蒸煮工艺的影响

蒸煮过程中，糯米受湿热影响，在酶促和氧化反应等作用下，糯米中的糖和蛋白质发生降解、淀粉溶胀、糊化、淀粉脂复合物分解、米粒质构改变、油脂类物质含量变化、风味物质生成，粽叶中的色素和风味物质析出渗入到糯米中，形成粽子独特的清香味。这些反应的进行都和蒸煮的温度和时间有关，蒸煮温度低的情况下淀粉吸水溶胀慢、糊化程度低、容易导致粽子夹生；蒸煮温度高时，淀粉糊化程度高、粽子质地变软、口感不佳、营养物质损失较大，蒸煮过程中粽体大小，蒸煮锅内粽子的多少都会影响粽子的蒸煮效果，所以蒸煮的时间和温度需要严格按照工艺进行，并根据实际情况作出调整。

4. 洗粽工艺的影响

洗粽目的一方面是洗去蒸煮过程中附在粽体表面的漂浮物，另一方面是对粽子进行降温处理。粽子需降温到某一温度下才能进入冷冻隧道，一般要求温度下降到25℃。粽子温度过高，冻结过程中既增加能量消耗，又无法达到冷冻中心温度的要求。

四、速冻粽子质量管理及 HACCP 安全控制体系

（一）速冻粽子生产过程的质量管理

速冻粽子生产机械化程度较低，成型工艺主要是依靠人工完成，另外，粽子生产用的原料品类繁多，熟制工艺要求严格，粽子质量管理主要从这三个方面进行。

1. 人员卫生控制

人员进出车间的安全措施：发套（头发不外露）→口罩（罩住口鼻）→换工作服→外穿鞋套（不着地跨过长凳）→清理衣服上散落的头发等→洗手（洗手液起泡，洗手外露部分）→冲洗干净烘干→手在感应喷头下淋消毒酒精（75%）→进车间。

生产过程中人员卫生控制：车间生产人员需要定期（每隔1小时）进行手部消毒并冲洗干净，需要设置专人监督员工手部消毒频次。

2. 原料控制

原料验收入库时的品质，在生产车间的预处理的工艺，均和最终成品的质量关系密切。按照实行的原料验收标准进行理化和微生物指标检测，不合格的原料拒收；粽子原料的预处理主要就是浸泡处理，对原料进行浸泡处理时，需注意浸泡的料水比、水温、浸泡时间、每个环节原料的存放时间等。食品类原料营养物质丰富，加水浸泡过程极易引起原料物质发生化学反应和微生物滋生现象，需严格控制环境条件，协调每个环节的所用时间，避免原料处理时受到污染及发生化学反应，导致原料品质劣变。

3. 蒸煮工艺及防止交叉污染

粽子的蒸煮过程是保证粽子质量安全的最主要屏障，蒸煮前各个工序引起的微生物污染，可以通过高温长时间蒸煮而消灭。因此粽子蒸煮时的蒸汽压力、蒸煮时间、蒸煮过程的蒸汽压和温度保持及变化的时间、粽子的加入量等都影响着蒸煮效果，需严格按照相关工艺的要求执行。

由于粽子是经过熟制后进行速冻处理的，生制品（或生半成品）和熟制品极易产生交叉污染，为了有效地控制交叉污染，需要评估和检测各个加工环节和食品加工环境，从而确保生的产品、半成品在整理、储存或加工过程中不会污染熟的、即食的或需进一步加热制熟的半成品。避免交叉污染的措施有：

（1）指定人员应在开工时或交班时进行检查，确保所有计划中加工整理活动的卫生控制，包括生的产品加工区域与煮熟或即食食品的分离，而且此员工在工作期间还应

该定期检查从而确保这些活动的独立性。

（2）如员工在生的加工区域活动，他们在加工煮熟或即食产品前，必须清洗和消毒手部。

（3）当员工由一个区域到另一个区域活动时，应当清洗靴鞋或进行其他的控制措施。

（4）当移动的设备、工器具或运输工器具由生的产品加工区移向熟制的或即食产品的加工区域时，也应被清洁、消毒。

（5）产品贮存区域如冷库应每日检查，以确保煮熟和即食食品与生的产品完全分开，通常可在生产过程中(开工一半时或收工后)进行检查。

（6）卫生监督员应在开工时或交班时以及工作期间定期检查员工的卫生，确保每个员工保持个人清洁卫生，衣着适当，带发罩，不得戴珠宝或可能污染产品的其他装饰品。监测员工操作应该包括：恰当使用手套，严格手部清洗和消毒过程，在食品加工区域不得饮酒、吃饭和吸烟，生的产品的加工员工不能随意去或移动设备到加工熟制或即食产品的区域。

（二）基于 HACCP 的速冻粽子安全控制体系

在速冻粽子生产管理中引入 HACCP 系统，首先是对速冻粽子的生产从原料到产品的全过程的每一个环节进行危害分析，确定关键的控制点，然后针对这些关键控制点，制定有效的控制措施，消除各个危害因素，从而保证产品的使用安全。该方法简便、实用、经济，对于卫生监督和企业自身管理，颇有实际意义。

根据产品生产流程图的各个步骤进行危害评估，包括生物危害、化学危害和物理危害 3 个方面，危害评估的依据是国家和企业标准。

食品危害来源一般包括：①食品原料的危害；②食品从业人员对食品的污染；③加工过程中交叉污染；④工具设备对食品的污染；⑤化学性污染(如添加剂污染)；⑥食品包装材料引起的污染等。

原料是粽子生产过程中控制的关键点，粽子生产使用的主要原辅料危害分析见表 4-8。

表 4-8　粽子生产主要原辅料危害分析表

原料品种	危害类型	潜在危害	是否显著危害	对是否显著危害的判定依据	预防措施	是否关键控制点
糯米	生物	害虫	否	糯米中可能有虫害滋生	选择合格供应商，制定严格的材料验收标准，不合格产品拒收，质量检测报告，化验室检测，感官检测	是
	化学	农药残留	是	生长过程中可能受到污染		
	物理	石子等杂质	是	糯米收割和加工过程中可能混入杂质		

续表

原料品种	危害类型	潜在危害	是否显著危害	对是否显著危害的判定依据	预防措施	是否关键控制点
粽叶	生物	害虫、致病菌污染	是	粽叶上可能有虫害滋生、粽叶采收过程中可能被污染	选择合格供应商，原料检测证明，浸泡及高温杀菌处理，感官检测	否
	物理	泥沙等杂质	是	粽叶中可能掺有沙粒、杂质		
白糖	生物	虫害	否	白糖可能滋生虫害	供应商资质考察，原料检验证明，化验室定期抽检，金属检测	是
	化学	农药残留	是	生长过程中可能受到污染		
	物理	金属物等	是	生产过程可能混入金属等异物		
红豆	生物	虫害	否	红豆中可能有害虫滋生	每批原料进行指标检测，供应商提供合格的原料检验报告，感官检测，检测原料红豆中的杂质种类及含量，不合格产品拒收，原料处理工艺控制	是
	化学	农药、添加剂残留	是	生长和加工过程中可能受到污染		
	物理	石子等杂质	否	采收和加工过程中可能混入杂质		
蜜枣	生物	害虫	否	蜜枣中可能有虫害滋生	选择合格供应商，不合格产品拒收，产品质量检测报告，化验室农残检测，原料处理工艺控制，感官检测	是
	化学	农药残留	是	生长过程中可能受到污染		
	物理	枣核等杂质	否	蜜枣在处理过程中可能没处理干净		
植物油	化学	过氧化物	是	过氧化物超标可导致食品不安全	产品合格证明，化验室检测，不合格产品拒收	是
鲜肉	生物	寄生虫、致病菌污染	是	动物在生长过程中可能受到污染，屠宰和储藏过程感染致病菌	合格的产品检验报告，定期第三方检测，化验室每批产品抽检，高温杀菌工艺	是
	化学	兽药残留	是	动物生长过程中使用兽药	合格的供应商，兽药成分的检测	
	物理	金属等异物	是	屠宰过程中可能带入	金属检测等	

依据HACCP危害分析原理，对速冻粽子生产的全过程进行危害和关键控制点分析，结果见表4－9。

表4－9　速冻粽子生产危害分析表

加工步骤	危害类型	潜在危害	是否显著危害	对是否显著危害的判定依据	预防措施	是否关键控制点
原料验收	生物	寄生虫	是	高温蒸煮后对人体无害	过筛；所有产品过金属探测器；同供应商签定质量保证协议，定期抽样送检	是
	化学	磷化物	是	过量残留会对人体造成伤害		
	物理	金属、石子等杂质	是	金属异物对消费者造成伤害		
原料处理	生物	致病菌污染	是	操作人员、生产环境卫生不合格导致污染	保持操作人员和环境的卫生消毒，产品后期经过高温杀菌	是
	化学	清洁剂残留	否	清洗工具过程中清洁剂残留	彻底清洗	
	物理	金属、塑料等异物	是	原料和加工过程中带入	金属检测等	
配料拌馅/制馅	生物	致病菌污染	是	卫生不合格导致污染	保持操作环境和人员的卫生，粽子经过高温杀菌工艺	是
	化学	清洁剂残留	否	工具、设备清洗时清洁剂残留	清水冲洗，确保彻底	
拌米	生物	致病菌污染	是	卫生不合格导致污染	保持操作环境和人员的卫生，粽子经过高温杀菌工艺	否
	化学	润滑剂残留	否	搅拌机运转时可能导致润滑剂深渗入	使用食品级润滑剂	
成型	生物	致病菌污染	是	操作人员、环境卫生不达标导致致病菌带入	保持操作环境和人员的卫生，粽子经过高温杀菌工艺	是
	化学	清洁剂污染	是	工具、设备清洗时清洁剂残留	清水彻底清洗	

续表

加工步骤	危害类型	潜在危害	是否显著危害	对是否显著危害的判定依据	预防措施	是否关键控制点
蒸煮	生物	致病菌污染	是	蒸煮时温度、蒸汽压力、时间等不符合要求	严格控制蒸煮工艺，定期检修蒸煮设备，确保设备性能正常，蒸煮过程记录	是
速冻	生物	致病菌污染	是	隧道温度，速率不符合要求	严格控制速冻速率，确保中心温度达到要求	是
包装金属检测	物理	金属异物	是	原料、加工过程中金属异物带入	产品经过性能良好的金属检测器	是

原料验收：对糯米、红豆、蜜枣、白糖等，危害有农药残留和金属异物等，农药残留危害的关键限值不得超出国家规定范围之内，金属异物危害的关键限值为不得检出；原料肉的危害主要是兽药残留、金属异物，兽药残留危害的关键值为不得检出；金属异物危害的关键值为不得检出；植物油危害主要是过氧化值和酸价超标，两项指标应该符合国家相关规定。

粽子蒸煮前可能已经受到致病菌的污染，通过高温熟制，可以杀死致病菌，蒸煮后致病菌危害的限值是不得检出。粽子生产所用物料需要通过加工制备，原料的加工过程、使用过程(拌馅、拌米)等工序都需要和机械设备接触，可能会造成金属碎片的脱落，金属检测器作为检测金属的有效工具，使用时应保持校准状态，操作人员每隔 1 小时用金属试片测试一次。

针对粽子生产主要原辅料和生产过程危害分析结果，制定速冻粽子生产的 HACCP 监控程序系统，把控速冻粽子生产的关键控制点，速冻粽子生产的 HACCP 监控程序措施见表 4－10。

表 4－10 速冻粽子生产的 HACCP 监控程序系统

关键控制点	显著危害	各预防措施的关键限值	监控				纠正措施	记录	验证
			对象	方法	频率	人员			
原料采购	农药和兽药残留、过氧化物、金属杂质等	供应商提供合格质检报告，第三方检测报告，化验室检测，感官检测	合格证明	抽样检测、标样对比	每批次	原料质检人员、化验检测人员	通过随机抽样检查，不合格原料拒收	原料采购入库记录，化验数据记录	定期检测记录表
蒸煮	致病菌	加热至产品中心温度达到 85℃	压力表、温度表、计时器	设定、观察、记录	每锅	蒸煮操作和监控人员	发现不符合工艺，延长蒸煮时间	蒸煮过程记录	每批产品经过技术人员审核

续表

关键控制点	显著危害	各预防措施的关键限值	监控				纠正措施	记录	验证
			对象	方法	频率	人员			
金属检测	金属物质	直径≥1.5mm的金属物质不得检出	金属异物	金属检测器检测	每个	金属检测人员	定期验证金属检测器性能，失灵阶段二次检测	金属检测器灵敏性检测记录表	每隔1小时检测金属检测器的灵敏性

粽子生产过程的质量管理和安全控制是一个持续的不断改进的过程，需要速冻粽子生产企业从根本上提高质量和安全操作意识，建立完整的质量监控体系，形成可跟踪，可追溯的生产体系。加强从事粽子生产人员的安全和质量知识培训，提升质量意识，对易出现质量问题的环节严格把控，为速冻粽子产品的质量安全提供保证。

第三节　速冻米饭加工及过程控制技术

我国于20世纪80年代开始引进国外先进的方便米饭加工设备。经过一段时间的吸收与摸索，国内部分大中型企业在方便米饭上已取得一定的成绩。但总体来讲，我国方便米饭行业还存在新设备、新技术、新产品研发力度低、品种少、科技含量不高等现状，从市面现售的方便米饭制品来看，其口感及风味，远未达到消费者的喜爱程度和需求状况，这与当前人们生活节奏加快及“厨房劳动社会化”的新趋势不相适应，应抓住当前的机遇抓紧开发方便米饭。

一、方便米饭概况

方便米饭，其定义为由工业化大规模生产的，且食用前只需做简单烹调或者直接可食用，其风味、口感、外形与普通米饭一致的主食食品。

（一）方便米饭的分类

方便米饭有多种分类方式，可通过加工工艺、包装形式、原料或辅料等不同进行分类。总体来讲分为两类，一种是经过脱水干燥的米饭颗粒，在食用时复水数分钟后即可食用，包括α化米饭、膨化米饭等；另一种是成品米饭，打开包装加热或不加热即可食用，包括速冻米饭、常温米饭、软罐头米饭、罐头米饭等。目前我国市场上销售的方便米饭主要有α化脱水米饭、自热米饭、无菌包装米饭、速冻米饭等类型(图4-11)。

（二）不同方便米饭的特点及生产工艺

各类方便米饭有各自的特点，从食用方便性、食用品质、货架期和成本的角度评价目前中国市场上在售的各类方便米饭，其特点见表4-11。

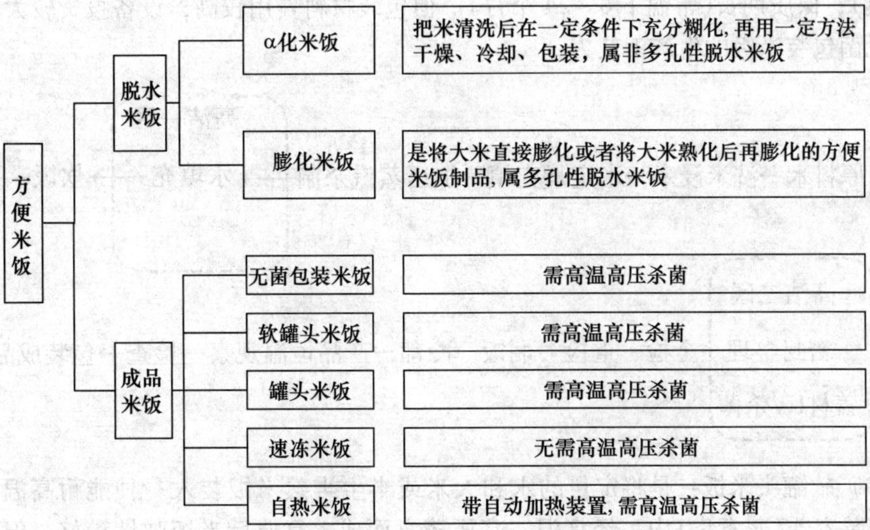

图 4 – 11　方便米饭的分类

表 4 – 11　各种方便米饭特点

种　类	包装贮存	食用方法	口感	保质期	方便程度	特点
干燥米饭（α 化米饭）	普通包装、常温储存	复水	一般	保存时间长，1 年以上	方便	重量轻
无菌包装米饭（常温米饭）	高阻氧性包装、常温储存	水煮加热 微波加热	好	半年	需微波炉或灶具	携带运输方便 包装成本高
蒸煮袋米饭（软罐头米饭）	铝铂包装、常温储存	水煮加热、微波加热 自行加热（带加热器）	一般	1 年	需微波炉或灶具	携带运输方便 包装成本高
罐头米饭	金属罐包装、常温贮存	水煮加热、微波加热	一般	保存时间长，1 年以上	需微波炉或灶具	携带运输不方便包装成本高
速冻米饭	普通包装、低温贮存	水煮加热 微波加热	好	–18℃状况下可保存 1 年	需微波炉或灶具	携带运输不方便需冷链运输

（1）α 化米饭，又称热风干燥米饭、复水米饭、即食米饭。产品水分含量为 5% ~ 10%，常温下贮存 6 个月，开水浸泡 8 ~ 10 分钟即可食用。该产品存在复水性不好、口感硬芯、韧性、黏性不好，香味淡薄，不能保持米饭原有的香味及筋道等问题。

α 化米饭的生产工艺为：

原料清洗→淘洗→浸泡→加抗结剂→搅拌→蒸煮→解块→离散→干燥→成品→冷却→袋装→封口

（2）无菌包装米饭：大米被炊煮成米饭后，于无菌室内进行包装、米饭即成无菌包装米饭。产品膨松味美；无菌化；常温下即可流通，携带方便 ；食用方便（水煮或微波加热)；保质期长(常温下6~24个月)。但包装材料费用较高，设备投资较大。

无菌包装米饭的生产工艺为：

高洁一区

原料米→洗米浸米→米定量充填→加压蒸汽杀菌→水填充→炊饭→

高洁二区

密封整理→金检、重检→焖饭→冷却→产品恒温观察→检查→包装成品

盖材UV杀菌

(3) 软罐头米饭：是将定量的水和大米或半生半熟米饭装入一种能耐高温的特殊塑料包装容器(蒸煮袋)内，经高温、高压蒸煮而成。复原后米饭弹性稍好，但米饭口感及粒性稍差。其生产工艺与无菌包装米饭相似。

(4) 罐头米饭：铁听罐头米饭是方便米饭中最早问世的产品。我国于20世纪60年代前后已有生产厂家对罐头米饭进行研究试销，并作为特需进行小批量生产。常温下可储藏3~5年，于开水中加热或气蒸5~15分钟即可食用，但携带、开启、加热不便，口感稍差。

罐头米饭生产工艺：

原料米→淘洗→浸泡→沥干→加热水蒸饭→拌匀→装罐→排气→杀菌→冷却→成品

(5) 速冻米饭：因不使用任何添加剂，不采用高温杀菌，故能保持米饭原有的风味和营养。在所有方便米饭中，速冻米饭的风味、口感最接近原米饭。但加工、销售过程需冷链环境，快捷、便利性稍差些。

速冻米饭的生产工艺为：

原料米→淘洗→浸泡→蒸米→冷却→速冻→包装→金检→包装检验→重检→成品

各类在售的方便米饭中，无菌包装米饭及软罐头米饭等口感较好，保质期长，食用方便，但包装材料要求较高，且设备投资较大；自热米饭于近几年来在中国市场上得到快速发展，其带自热装置，食用方便，但成本高，质量体积大，仅适用于特定场合；速冻米饭，也称为冷冻米饭，食味品质较好，货架期较长，其最大程度地保持了米饭原有的口感、风味及营养，且不经过高温高压杀菌，最接近于新鲜米饭。

比较各种方便米饭，速冻米饭有其独有的优势。

二、大米的分类及选择

(一) 大米的分类

我国和国际市场通常根据粒形和粒质将大米分为籼米、粳米和糯米三类。其差异见表4-12。

表 4-12　不同大米之间的差异

大米种类	形状	色泽	直链淀粉含量（%）	质地
籼米	长圆形或细长形	透明或半透明	13.0~26.0	黏性差，较硬
粳米	椭圆形或圆形	透明或半透明	11.0~22.0	有黏性，较硬
籼糯米	长椭圆形或细长形	乳白色	≤2	黏性强，软
粳糯米	椭圆形	乳白色	≤2	黏性强，软

籼米由籼型非糯性稻谷制成，米粒一般呈长圆形或细长形。籼米煮饭率高，米质较脆，加工时易破碎。根据籼米的收获季节，分为早籼米和晚籼米，晚籼米质量优于早籼米。我国两湖、两广、江西、四川等省所产米多属籼米。全球大米贸易中，籼米的贸易量最大，东南亚、非洲和拉丁美洲均以消费籼米为主。

粳米由粳性非糯性型稻谷制成，米粒一般呈椭圆形或圆形。长宽之比小于2，颜色蜡白，呈透明或半透明，质地硬，有韧性，煮后黏性、油性大，但出饭率较低。根据粳米的收获季节，分为早粳米和晚粳米两种。晚粳米的质量要优于早粳米。我国华北、东北以及苏南等地主产粳米，粳米的产量较籼米低。日本、朝鲜、意大利等国人民以消费粳米为主。

糯米又称江米，由糯性稻谷制成，乳白色，不透明或半透明，黏性大，分为籼糯米和粳糯米两种。籼糯米由籼型糯性稻谷制成，米粒一般呈长椭圆形或细长形；粳糯米由粳型糯性稻谷制成，米粒一般呈椭圆形。糯米一般不作为主食，多用于制作汤圆、粽子、糕点、八宝饭等。

随着大米品种的不断培育和科学技术的不断发展，除普通大米外，还包括香米、营养强化米、黑米、紫米等，已经或正在逐渐的走入千家万户。除上述分类方式外，根据稻谷加工方式及方法，大米可分为糙米、白米、蒸谷米、碎米等。

（二）大米的选择

大米的食用品质是指大米在熟制过程中和食用时所表现出的各种性能，如色泽、滋味、软硬度等。影响大米的食用品质的因素很多，诸如大米品种、大米新陈度、加工工艺、碎米率、糊化温度、直链淀粉含量、胶凝度等。

大米品种对速冻米饭口感的影响是绝对的。品质优秀的速冻米饭要求优质大米加工成米饭后，米饭适口性好且有弹性。一般情况，根据中国人的口味，多选择粳米。

根据新陈度不同，大米可分为新米、陈米、陈化米。随着储存期的延长，大米易在外界的影响下发生陈化现象，如在微生物侵害作用以及脂质氧化等作用下，大米的黏度下降，口感变差，且制备成的米饭缺乏光泽，营养降低，香味丧失；陈化米因黄曲霉毒素超标，不能直接作为口粮。故为了保证产品的口感及营养，应选用新米。

辨别新米与陈米需要从硬度、颜色、触感、气味等方面来看。新米的硬度要高于陈米，且新米的蛋白质含量和透明度均高于陈米，可以通过牙齿、质构仪等对硬度进行判断；正常的米色泽洁白，晶莹有透明感，而陈米或劣质的米颜色泛黄，有黑斑；正常抛光的米摸起来要比陈米光滑，而陈米捏不起来如散沙，较生硬，将手插入米中，抽出后手面上发现少许白色粉面，轻吹即掉的为新米，轻吹不掉且搓后有油泥的为陈米或掺假米；新米闻起来有一股稻谷的清香，陈米则没有甚至存有异味。有时，米加工处理后气味较难分辨，可用塑料袋包裹半小时，就可闻到明显异味。

根据大米脂肪酸值的变化，已出现大米新陈度快速测定试剂及快速测定仪，3～5分钟即可测定出结果。通过其与检测试剂的反应，观察检测液的色泽，根据新米、次陈米、陈米的情况，分别出现绿、黄、红的颜色变化过程，易于分辨。同时还可以对新陈稻米混合率进行有效的区分。由此可以判断大米的新陈度。

碎米影响到产品的品质，其可导致产品成块。故在采购大米时，要注意碎米率不可过高。且原料大米中的有色米、石子等杂物，在选米时要剔除，保持成品的色泽。

大米中含有70%以上的淀粉，其蒸煮过程实际上为其糊化过程。大米的糊化温度对其品质影响很大。在一定条件下，糊化温度与直链淀粉含量之间存在正相关关系，即直链淀粉含量越高，糊化温度越高，直链淀粉含量越低则糊化温度越低。直链淀粉含量过高，则煮熟后黏性低，吸水性强，硬度高，食用品质差；直链淀粉含量过低，则黏性大。粳米的直链淀粉在18%～19%，煮熟后黏性较大，口感好，食用品质较佳。

大米的糊化温度可以通过碱消值法进行测定，可定性的检测出大米的糊化温度范围。布拉班德黏度仪、RVA、DSC等仪器均可测定大米的糊化温度，且温度较精确。布拉班德黏度仪于汤圆一节中已详细介绍。与布拉班德黏度仪类似，RVA采用典型“加热→保持→冷却”测试循环，对试样施加可改变的温度和剪切力，同时还能连续检测试样的黏度。较布拉班德黏度仪，RVA所需样品量少，时间短，一般需要4g样品，20分钟左右即可完成糊化曲线(参见图4－12)。但结果与布拉班德黏度仪存在偏差，其检测精度没有布拉班德黏度仪精确。DSC即差示扫描量热法，是对高分子聚合物物态转化和热效应分析的常用技术手段。在淀粉研究中，DSC主要用于研究淀粉的糊化特性、糊化程度、淀粉糊回生程度及淀粉颗粒晶体结构相转移温度测定等。

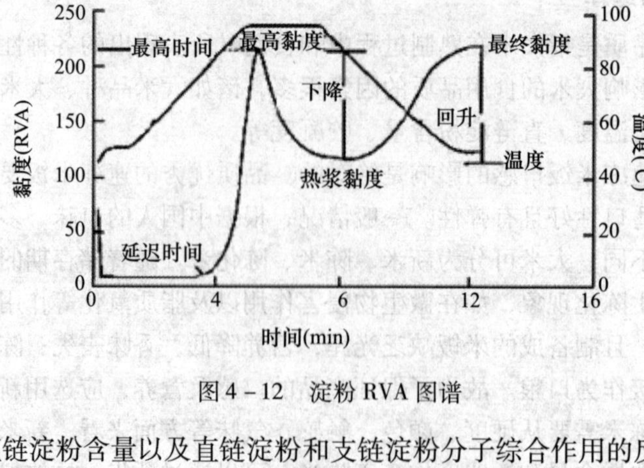

图4－12 淀粉RVA图谱

胶稠度是直链淀粉含量以及直链淀粉和支链淀粉分子综合作用的反映，与淀粉的柔软性、黏滞性有关。胶稠度的测定一般选用 GB/T 17891—1999 中的方法进行测定。

一般选择的大米应该具备软的胶稠度，中等或低的糊化温度。这种大米制作的速冻米饭食味较好。

三、速冻米饭

速冻米饭可以不使用任何添加剂，不采用高温杀菌技术，故能保持米饭原有的风味与营养，其风味、食感接近于新鲜米饭。

我国速冻米饭工业起步较晚，国内具有规模的企业屈指可数，致使产品品种少，产量低。而日本于 20 世纪 70 年代起就已经开始发展冷冻米饭加工业，市场认知度较高。随着我国冷链的不断完善，速冻米饭会逐渐受到消费者的青睐，其发展前景广阔。

（一）速冻米饭的分类

速冻米饭类产品大体分为两种，一种为速冻白米饭；另一种为速冻调理米饭，即经一定的生产工艺，在白米饭的基础上添加调理液或者适量菜肴等配料，与白米饭混合均匀，无需自行添加菜肴，加热后即可食用的产品。后者如速冻炒饭，速冻盖浇饭等。速冻米饭按添加辅料与否可分为速冻白饭、速冻炒饭及速冻盖浇饭等；按冻结形状可分为：单粒冻结米饭和块状冻结米饭。

无论是哪种速冻米饭，选择合适的原材料是非常重要的。速冻米饭对原料大米要求较高，要根据速冻米饭的品种、工艺等选择合适的原料大米。

（二）速冻米饭生产工艺

前面已经介绍，速冻米饭可分为速冻白米饭和速冻调理米饭。根据生产设备的不同，其工艺也不同。但主体工艺一致。其工艺流程见图 4－13。

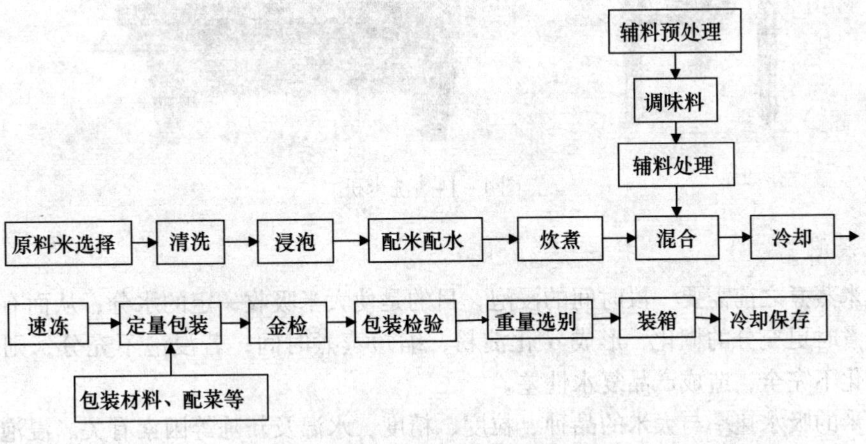

图 4－13　速冻米饭生产工艺流程

1. 辅料处理

根据产品口味等，进行辅料的前处理。包括肉类、蔬菜类的清洗、切分、漂烫、油炸等入味处理，调味品类的熬制等处理。

肉、蔬菜类等主要原料→清洗、切分、氽水、油炸等→入味处理→冷却
调料等辅料→熬制成料汁→冷却

2. 原料米处理

包括原料米的风选、去石、色选等。一般情况下，将需要的大米置于筛米间，使用过筛机对大米进行处理(一遍)，筛选出碎米、杂质等。如果原料大米为质量较好的免淘米，或原料米采购中严格控制米的质量，该过程可忽略。

3. 原料米的清洗

原料米的清洗，即淘米，也叫洗米。传统加工中，洗米是人工作业，不仅劳动强度大，而且效果差。随着机械化程度的不断提高，已出现自动洗米机。自动洗米机生产厂家很多，样式型号不一，但其原理相似。洗米机将水作为洗米动力，水通过主体水阀进行加压，造成洗米机底部形成负压，在自身重力和负压的双重作用下，大米进入 U 形洗米机管内腔进行冲洗，从而达到清洗大米的效果。洗米的过程中，大米的上浮物质可通过自动洗米设备的溢流管排走，通过一段时间的循环，达到洗米的目的。经过淘洗的大米能保证干净卫生。图 4－14 是部分洗米机的图片。

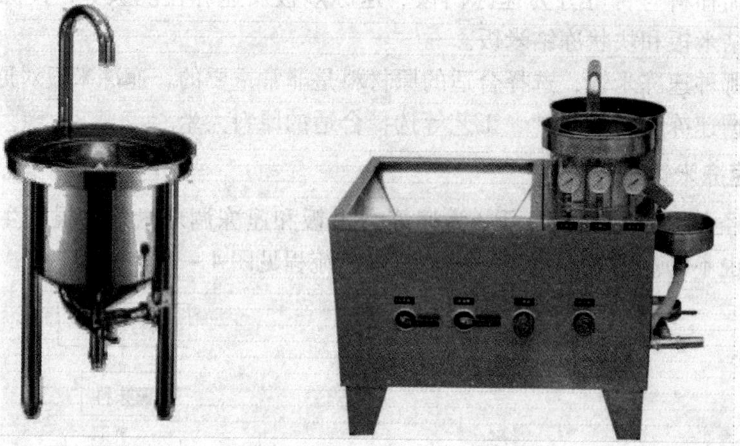

图 4－14　洗米机

4. 浸泡

大米蒸煮之前需要一段时间的浸泡，目的是使大米吸收一定的水分，从而有利于淀粉在蒸煮时更充分的糊化，形成 α 化淀粉，缩短蒸煮时间；若浸泡不充分，则会导致大米糊化不完全，造成产品复水性差。

大米的吸水速率与大米的品种、粒度、精度、水温及新陈等因素有关。浸泡温度和时间直接影响到浸泡效果，从而影响到产品品质。水的温度越高，吸水所需的时间就越短。浸泡时间越短，吸水不充分，浸泡时间过长，吸水过多，米粒易粉碎，造成成品粒型不整。一般情况下，水温在 20℃ 时，浸泡 60 ~ 90 分钟即可。浸泡用水采用软水为好。浸泡时，需控制大米与水的比例，比例过小则制成的米饭容易返生，比例过大，则

米饭状态不佳，容易稀烂，口感欠佳。一般情况下，水∶米在1.2∶1到1.5∶1为宜。

为了提高淀粉的α化，在浸泡的过程中，可以添加适量的添加剂，使大米糊化更彻底，提高产品品质。添加酸、碱、酶均可提高淀粉α化，如柠檬酸或柠檬酸钠，可以降低米饭的硬度，酸可以使米粒胚乳细胞壁变薄甚至分解，促进溶液渗入，提高淀粉糊化度；添加环糊精，可利用其特殊的环状结构，提高米的亲水性，使水分更均匀的渗透到米粒内部，提高糊化度，同时也可防止淀粉返生。

5. 配米配水

米与水的比例很重要，一般水的添加量是米的1.25～1.3倍。其可根据米的蒸煮状态来确定。加水量过大，易造成米饭含水量过大，口感软、烂。加水量过小，则米饭含水量低，口感发硬。故可根据产品的含水量要求来确定合适的加水量。

6. 汽蒸或炊煮

即利用不同的热源或能量，对大米进行加热处理，使大米熟化。不同品种的大米，其蒸煮时的熟透程度与蒸煮时间不同。大米蒸煮时间以及加水量对米饭的品质影响极大。不同品种的米的最佳蒸煮时间和加水量是不同的。

米饭的成熟度影响到米饭的品质和口感，其可以由米粒的淀粉糊化度来反映。一般情况下，蒸煮时间增加，米饭的糊化度增加。但当糊化度达到85%后，由于淀粉大部分已经糊化，即使再延长蒸煮时间，糊化度也不会明显的增加。

在蒸煮的过程中，为了抑制肉毒杆菌的生长，有时添加酸类物质，将米饭pH降低到4.6左右。

可采用蒸柜或者自动蒸煮饭生产线。其中，自动蒸煮饭生产线将洗米、泡米、蒸煮等为一体，不需另配洗米装置，结构紧凑，生产流水化，显著提高产能，降低生产成本；有的自动蒸煮生产线内存在扒松装置，使米饭蓬松亮丽、米粒饱满，美味可口，减少蒸煮饭过程中的污染机会，米饭质量有了更好地提高。

7. 混合

将已烧好的米饭中添加预先处理好的调味料、蔬菜、肉类等，根据工艺配方要求，进行定量混合。混合大体分为两种方式，一种为一锅一混合，另一种为传送带式连续投料混合。

8. 冷却

为了提高冻结效率，减少冷冻负荷及蒸发器的结霜现象，需将米饭进行冷却，使米饭表面的水分挥发。

一般采用冷风冷却。可将米饭（或装有米饭的米饭盒）均一的平铺在传送带上，强冷风从传送带下部向上吹，传送带上部设有抽风机，形成循环冷风。

9. 速冻

大米经蒸煮后，米粒之间出现黏结现象，若直接速冻，会使得黏结现象更加严重，甚至出现结块现象，影响速冻米饭的口感。

速冻米饭生产中，解决其结块现象的方法大体分为两种，一种为扒松法，另一种为单粒化速冻，即IQF。

扒松法，即采用机械装置对蒸煮后的米饭进行扒松，打开结块。该法投资较低，设备简单，缺点是会导致米饭碎粒增多等现象。

IQF为Individual Quick Freezing的缩写，即单体快速冻结技术，是目前世界上最先进的生产工艺技术之一。其目的是为了使大米产品呈单粒状进行冻结。单粒状冻结可以大幅度降低大米结块粘连，降低米饭中的冰晶体积，使米饭中的冰晶体细小，且能使米饭快速通过淀粉最大老化温度带，从而有效地防止米饭老化现象，复原性较好。

目前速冻米饭采用IQF冻结主要有二种方式：第一种是将被冻物品置于回转的圆筒内搅拌，从而进行冻结；第二种是采用流态化冻结装置进行冻结。

流态化简称流化，一般指固体流态化，又称假液化。即利用流动流体的作用，将固体颗粒群悬浮起来，从而使固体颗粒具有某些流体的表现特征，利用这种流体与固体之间的接触方式实现生产过程操作，成为流态化技术。

流态化冻结装置利用了流态化技术，该装置特点是以冷气流为流体，冷气自下而上通过食品颗粒，使食品在流化床面上呈流动状态，从而进行冻结。具体来讲指颗粒状的食品在传送网带上均匀搅拌的过程中，在网带底部自下向上的高速冷气流的带动下，食品层产生悬浮现象，在低温条件下被快速冻结。为了避免食品层冻结成块，可采用二段网带式结构，该结构可确保食品被冷气流包围，并为悬浮状，冻结速度快，实现单体快速冻结。

IQF单粒冻结速冻装置由预冷机、一次冻结室、二次冻结室构成。预冷、一冻、二冻的温度分别为5℃、－25℃、－40℃以下。米饭从进预冷室到二次冻结完成，均处于“沸腾”半悬浮状状态，促使米饭均匀且迅速降温。该装置可使米饭冻结时间短，保证产品的色、香、味均处在最佳状态。见图4－15。

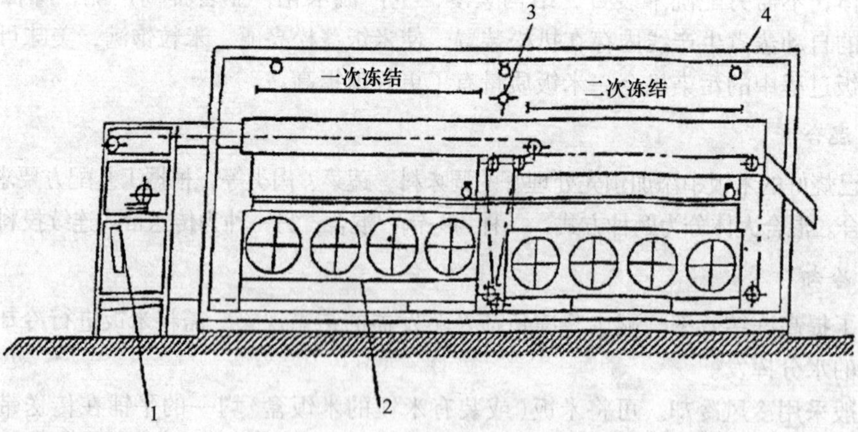

图4－15 IQF冻结装置

1—洗净装置，除水装置，传送带除霜装置；2—鼓风机；3—颗粒化装置；4—库内灯

10. 定量包装

定量包装需在低温环境中进行。将冻结的米饭进行计量、充填、包装。包装后需通

过金检机进行金检，包装检验及重量选别，最后装箱，置于冷库中冷却保存。通过上述检测的为成品，未通过的米饭，集中储存，报废或根据相关规定进行处理。为保证金检设备的灵敏度，每隔30分钟需检验一次金属检测设备。在储藏与流通的过程中，温度必须控制在－18℃以下。

包装材质一般选用耐低温、无毒无害的材质。一般采用三层复合膜（PET/VMPET/PE），中间为喷铝薄膜，能起到隔油、保香、防止米饭脱水，提高产品货架寿命等作用。

四、速冻米饭过程控制

速冻米饭的每一步生产工艺都对产品品质或质量产生影响。故需针对不同的设备和原料进行控制和监测。

（一）原辅料的验收

对大米要按照国家规定及产品要求的各项指标进行严格验收和控制；验收中应检测微生物的污染程度和农残情况；对于大米中还有混入金属杂物等的物理性危害，必须予以清除和控制。

（二）大米浸泡工艺的控制

大米的浸泡温度和时间影响到大米产品的质量，是其工艺控制的关键步骤之一。应根据不同大米的品种及对产品的要求，控制不同的浸泡温度和时间。可对大米进行浸泡试验，确定最佳的浸泡温度和浸泡时间。

（三）配米配水工艺的控制

通过大米浸泡工艺，配米配水直接影响到产品的品质。故应根据产品要求以及原料特性，进行预实验，确定最佳配米配水比例。且用水需满足要求，至少应达到生活饮用水水平。如产品需使用软水，则更应对水的质量进行严格控制。

（四）米饭老化问题的控制

米饭老化即回生现象。原因是因为米饭制品在冷却或者储藏过程中，其淀粉分子间的氢键再度结合，重新排列成有序结晶，即 α 淀粉 β 化。老化的米饭口感下降，且不利于消化吸收。故米饭的老化控制十分重要。

首先，原料选择需控制。一般情况来讲，直链淀粉含量越高，越容易老化；其次，因支链淀粉分子结构较复杂，不易形成氢键，阻止淀粉的 β 化，故可选用支链淀粉含量较高，直链淀粉含量较低的品种。

米饭蒸煮过程中需提高其糊化度，可添加适当物质使其充分糊化，如柠檬酸、醋酸等。

速冻过程中需控制其冻结速度，使其快速通过淀粉老化温度带。如采用IQF方式进行冻结。

（五）微生物问题和虫害的控制

在速冻米饭的生产过程中，应对微生物进行控制。生产之前对米饭生产线进行消毒灭菌，生产过程中，在生产线上留下的残渣和不合格的米饭应及时清理，生产结束后同样需要对设备装置进行清洗，防止米饭堆积产生发霉发酸现象。与半成品、成品等接触的生产设备、容器卫生十分重要，其有滋生老鼠、蚊蝇的可能，应进行定期清洗和消毒，且应有专人负责该方面的卫生管理。另外，在米饭制备过程中，可以适当添加酸类物质，调节其 pH 值，抑制微生物的生长。

（六）人员健康控制及管理

米饭的生产过程中，从米饭的浸泡到最后的包装，每一道工序上都有工人与半成品之间的近距离接触，故生产人员的健康体检以及日常健康状况的检查和健康制度尤为重要。

除此以外，对操作人员工作过程的控制也是必不可少的。操作过程中，工人需要上厕所或参与其他工作，再次进入工作车间时应重新更衣、洗手、消毒。在生产操作过程中，工人的手常会受污染，车间中的流动消毒车应及时对其进行消毒。

（七）添加剂的使用

米饭的制备过程中，会根据产品的要求，添加不同的添加剂和调味料。对于这些添加剂和调料的使用，应严格按照国家有关规定执行，并做好每日的用量记录。

（八）包装材料的选择

包装材料应无毒、无味、无脱色。若在蒸煮过程中米饭已经装入包装托盒中，则该托盒要求在高温条件下不变形，不会产生有毒有害物质。

【大视野】正月是农历的元月，古人称夜为“宵”，所以称正月十五为“元宵节”。正月十五日是一年中第一个月圆之夜，也是一元复始，大地回春的夜晚，人们对此加以庆祝，也是庆贺新春的延续。元宵节又称为“上元节”。按中国民间的传统，在这天上皓月高悬的夜晚，人们要点起彩灯万盏，以示庆贺。出门赏月、燃灯放焰、喜猜灯谜、共吃元宵，合家团聚、同庆佳节，其乐融融。

复习思考题

1. 速冻汤圆的定义是什么？
2. 速冻汤圆馅料的要求是什么？
3. 影响速冻汤圆质量的因素有哪些？
4. HACCP 危害分析和关键控制点的七个原则是什么？
5. 根据 HACCP 分析原理，食品危害类型包括哪三个方面？
6. 速冻粽子的生产流程包括哪些？请详细描述。
7. 如何预防粽子生产过程中的交叉污染？
8. 方便米饭的种类有哪些？各有什么特点？
9. 请说出速冻米饭的生产工艺流程，及各流程的注意点。
10. 什么是 IQF？其优势是什么？

第五章　速冻调制水产品加工技术

学海导航

鱼类不仅营养丰富、味道鲜美，而且为人类提供大量的动物性蛋白质，是深受广大消费者欢迎的副食品。但由于鱼肉组织脆弱，含水分较多，与陆产动物相比，死后变质速度较快，在一般条件下存放，极易造成鱼体的腐败变质，轻则降低营养价值，重则引起食物中毒，损害人体健康。所以，对渔获物进行加工处理，制成鱼糜及其制品，不仅可以保持原有的营养和味道，也便于保存和运输。

第一节　速冻鱼糜及其加工技术

速冻鱼糜是一种新型的水产品加工原料，主要用来加工鱼糜制品、调理冷冻食品。速冻鱼糜加工技术是20世纪50年代至60年代由日本水产研究人员以狭鳕鱼为原料研究开发的新技术。

一、速冻鱼糜加工流程

（一）速冻鱼糜加工流程

原料鱼→保鲜→前处理→清洗→取肉→漂洗→精滤→脱水→斩拌→成型→速冻→包装→冻藏→销售

（二）速冻鱼糜加工流程操作要点

1. 原料处理

选择鲜度好的鱼，用足够的冰来冷却，保鲜；避免室外堆放，及时进行前处理。严格控制货物在码头堆放的时间、温度及卫生条件。通过感官检查原料质量。验收人员仔细检查原料数量、大小等。

2. 前处理

用工具对鱼体去头、去内脏，同时除去附在腹腔内的黑膜，处理好的鱼及时保鲜，防止鱼体鲜度下降。定时清洁工作台面、工具。个人卫生要遵守 GMP 标准，加入足够的碎冰控制保鲜度。操作过程严格监督，控制检查时间和温度。

3. 清洗

将鱼体表面和腹腔内的污物充分洗净，洗涤水用冷水或加冰以降温。鱼体在水中浸泡时间不能过长，洗涤用水含氯浓度为 50μL/L，及时清洗场地，回收杂质。

4. 采肉

用采肉机取肉，速度快、温度低。检查采肉是否干净并及时调整采肉机。

5. 漂洗

鱼皮、浸出物、水溶性蛋白质等使制品颜色变白、弹性好，鱼肉与水的比例为 1∶5～1∶10，慢速搅拌 8～10 分钟，然后静置 5～10 分钟去掉上层杂物和清液；水温保持 5～8℃。第二次漂洗时加入 0.1%～0.3% 的食盐溶液。

6. 精滤

漂洗的碎鱼肉中含有一些细刺、鱼鳞、皮筋等，用精滤机除去这些杂物，提高产品质量。设备冷却用冰水降温，保持鱼浆温度在 10℃以下。

7. 脱水

精滤好的鱼浆进入螺旋式脱水机内进行脱水，调节脱水机，使水分不超过 78%。

8. 斩拌

将脱水鱼糜 120kg 倒入斩拌机内，添加调料，慢速斩拌 1 分钟，然后快速斩拌 3 分钟。

9. 成型

准确称量，及时填充，在成型机上成型，并放入标号标签。要求整齐、平整，卫生清洁。

10. 速冻

鱼糜在最短的时间内冻结。通常使用平板冻结机，环境温度 -35℃，时间为 4 小时以内，使鱼糜的中心温度达到 -18℃。速冻鱼糜的制品温度越低，越有利于长期保藏，所以冷冻鱼糜冷藏温度要在 -25℃以下，并要求温度稳定。

二、速冻鱼糜的品质管理

冷冻鱼糜在储藏过程中的品质变化一般包括保水力的减弱、凝胶性能的低下、筋原纤维的变性等，主要受几方面因素影响，如原料鱼的种类、新鲜度、处理过程、冻结速度、冻结温度、储藏温度以及解冻方法。原料鱼种类和新鲜度的影响在前面原料的选择中已有叙述，这里重点分析冻结速度和温度对鱼肉细胞内外水分形成冰结晶的影响。鱼宰杀后鱼肉在僵直前或僵直初期立即进行冻结是最佳时期。缓慢冻结和急速冻结直接影响肌肉组织中水形成冰晶的生成状态。急速冻结时，冻结速度大于水流动速度，水结晶在细胞内形成而且冰晶体积细微；缓慢冻结时，冻结速度小于水流动速度，水结晶在细胞外形成而且冰晶体积大，成柱状，造成肌肉粗糙。

鱼肉内冻结速度与细胞内外水分流动以及冰晶形成情况见表5－1。

表5－1　鱼肉内冻结速度与细胞内外水分流动以及冰晶形成情况

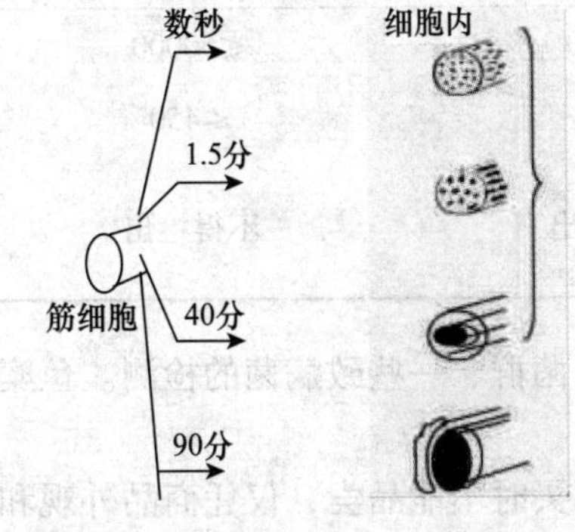

冻结速度（0～5℃通过时间）	水的位置	冰结晶形状	冰晶直径×长度	细胞内水流速度
		针状	1～5μm×5～10μm	冻结速度＞水流动速度
		杆状	5～20μm×20～500μm	冻结速度＞水流动速度
		柱状	50～100μm×1000μm以上	冻结速度＜水流动速度
		柱状	50～200μm×2000μm以上	冻结速度＜水流动速度

研究结果表明冻结终了时的温度越低，肌肉环境水分冰晶化对肌肉破坏程度越轻。冻结温度低可以快速通过冰晶生成带，冻结的鱼糜质量也就越好。另外，储藏时的温度也会影响冷冻鱼糜的质量。因为冻结储藏中筋肉的化学酵素的继续反应，还有筋肉中的脂质会变化生成脂肪酸。由于组织中脂肪分解酵素的活性即使在－30℃的低温下仍然存在，因此为了保证肌肉弹性的良好，储藏的温度尽可能低而且温度波动范围越小，品质下降也就越小。对冰冻碎鱼肉进行试验发现温度在－35～－20℃的温度变化几乎没有影响，－10℃的条件下储藏2个月后品质开始急剧下降，因此冰冻碎鱼糜的保存温度界线应为－20℃。储藏温度的影响与品质有很大关系，例如A级和C级的冷冻鱼糜同时被解冻后再冻结，C级产品的品质下降比较大。另外长时间冷冻的鱼糜和刚生产的鱼糜相比，在－10℃的温度储藏下品质比较容易下降。如果运输途中温度升到10℃以上快解冻前，再放入－25～－15℃的条件下储藏30天，从凝胶性能的变化来看，品质变化则明显加快。

三、冷冻鱼糜的品质保证、测定方法及评价

（一）鱼糜及制品的质量评价指标

鱼糜及制品的质量评价指标通常包括：微生物指标、感官指标和理化指标，具体指标见表5－2。

表 5-2 微生物指标、感官指标和理化指标

微生物指标	感官指标	理化指标
菌落总数(CFU/g)	形态(性状、大小、组织形态)	弹性
大肠菌群(MPN/100g)	色泽	成分组成
致病菌	风味	风味

表 5-3 鱼糜的微生物指标

项目	指标	
	即食类	非即食类
菌落总数($CFU \cdot g^{-1}$)	≤3000	≤50000
大肠菌群($MPN \cdot 100g^{-1}$)	≤30	≤450
致病菌(沙门氏菌、金黄色葡萄球菌、副溶血性弧菌、志贺氏菌)	不得检出	不得检出

在微生物检测中，除了菌落总数外，还要进行大肠菌群、一些致病菌的检测。鱼糜的微生物指标见表 5-3。

消费者首先最易关注的是商品的外观。多数商品购买时不能品尝，仅凭商品外观和食用经验，对产品品质进行粗略的观察和分析判断之后决定购买与否。因此，食品的感官性状往往是决定人们购买欲望的重要因素，其包括产品的形态(形状、大小、组织形态)、色泽以及均匀一致性。不同的鱼糜制品，其感官性状不尽相同。总的说，要求鱼糜制品组织完整且表面色泽度好、切面鲜嫩，如制品发生凝胶劣化或淀粉类吸水性辅料添加过多、制品中水的存在状况发生变化会导致制品失去光泽。

鱼糜及制品的物理检测主要包括其规格、有无杂质、温度、质量、肌肉硬度、弹性等测定。而化学检测主要集中在组成成分分析和原料鱼种的鉴别等。

弹性作为食品的重要物理特性，是鱼糜制品各种物理性质的总称。弹性的好坏是鉴别鱼糜及其制品质量最重要的指标。由于鱼糜制品是再组织化产品，其弹性不仅取决于鱼类肌肉组织的理化性质，同时也受辅料、pH、生产工艺、温度等因素的影响，因而极其复杂且难以控制。

以鱼糜为原料的制品除了含有高蛋白之外，还富有人类适宜的其他营养成分、风味成分，因而其成分的组成分析对于衡量鱼糜制品质量尤为重要。目前，鱼糜制品生产厂家已对水分、糖分、淀粉、蛋白质、粗脂肪、灰分、盐分等进行测定，有些厂家对呈味物质(如核苷酸、谷氨酸)也作分析。在成分组成中任何一种成分对鱼糜制品的特性都有影响，如水分含量虽无标准，但它与制品的柔润性以及淀粉的形态、制品的咀嚼性等有很大关系，因而水分也是冷冻鱼糜品质检查的必查项目之一。

(二) 鱼糜及制品质量评价方法研究现状

冷冻鱼糜在流通上的最大问题是其品质不能仅通过外观判断，这点不同于鲜鱼。本

文就感官评价和仪器测定两个方面对鱼糜及其制品的检测方法进行总结。

1. 感官评价法

表示鱼糜弹性强弱常用的感官方法有两种：第一种是十段评分法；第二种是折叠实验。

（1）十段评分法。

以咀嚼时的硬度和柔韧度为评价指标，将综合弹性以分数表示，见表5-4。

表5-4 十段评分法

评分	10	9	8	7	6	5	4	3	2	1
弹性强度	极强	非常强	强	较强	一般	弱	较弱	非常弱	极弱	一触即溃

（2）折叠实验法。

将鱼糜制品切成厚3mm的薄片，将薄片进行双层折叠或4层折叠，观察其有无龟裂和龟裂程度的大小，并以此为标准划分成以下5个等级，见表5-5。

表5-5 折叠实验法

评分	5	4	3	2	1
等级	AA	A	B	C	D
折叠性状	4折不裂	对折不裂	对折缓缓裂开	对折立即裂开	挤压即崩溃

感官评定还用来表示鱼糜制品综合指标的优劣。周蕊等采用标度评分法对鱼糜进行综合评定。将样品切成5mm厚的薄片，请7位接受过感官训练的食品专业人士组成评定小组，根据表5的评定标准进行感官评定。评定指标为：气味、色泽、组织形态、滋味。每项都以5分记；每项的权重为气味0.1、色泽0.1、组织状态0.5、滋味0.3；评分越高，效果越好。以7位评定员的平均分为各指标的评分。其总分的计算公式为：

$$总评分 = \sum X_i Y_i \quad (i = 1,2,3,\cdots,n)$$

式中：X为评定指标；Y为评定权重。

2. 仪器测定法

（1）色泽的测定方法。

鱼糜及其制品的色泽可用色差计测定。在色差计L^*、a^*、b^*色系统中，分别代表色泽的亮度、红度和黄度，类似的还有Hunter Lab系统，用L表示明度，a、b表示色度。用新鲜鱼制成鱼糜应有的色泽为：白色、黄白色或灰白色，略有透明感。刘鑫等通过用色差计测定鱼肠的L、a、b值，得出结论：添加淀粉会使色泽变浅；而添加β-环糊精能提高鱼糜凝胶白度。

（2）成分的测定方法。

水分、蛋白质、淀粉等是鱼糜及其制品中的主要成分，也是影响鱼糜及其制品品质的重要因素。表5－6中列出了目前鱼糜产品主要成分的常用测定方法。2006年，Uddin等利用表面光纤探头附件通过对鱼糜的近红外透射光谱的采集建立了水分与蛋白的模型，成功地对鱼糜的水分、蛋白质进行了预测。国内，黄艳等将近红外光谱技术（near infrared spectroscopy，NIRS）应用于快速测定白鲢鱼糜中的水分含量，建立了白鲢鱼糜中的水分模型，其验证集相关系数达0.982。

表5－6 鱼糜产品常用测定方法

检测项目	检测方法
水分	干燥法、蒸馏法、减压干燥法、NIRS
蛋白质	凯氏定氮法、双缩脲法、紫外吸收法、福林－酚比色法
脂肪	索氏抽提、酸水解法
灰分	灼烧称重法
淀粉	酸水解法、酶水解法、NIRS

（3）弹性的测定方法。

凝胶性能是再组织化制品弹性指标的主要方面，随着鱼糜凝胶机理的研究，越来越多的人关注于添加辅料对提高鱼糜制品凝胶强度的研究。检测凝胶强度的方法主要是利用质构仪和流变仪进行直接测定。王卫芳等采用RHEO. TEX SD－305型流变仪直接测定破断强度和凹陷深度的方法得出：添加30%的猪瘦肉和6%的猪肥膘是最佳添加量。宋广磊等运用质构剖面分析法，以硬度、弹性、咀嚼性、胶黏性和脆性为指标，分析了不同量的磷酸盐对梅子鱼鱼糜制品质构的影响。结果表明：三聚磷酸钠、焦磷酸钠和六偏磷酸钠对样品的硬度、咀嚼性、胶黏性、脆性都有提高。罗阳等探讨了近红外光谱分析检测鱼丸弹性的可行性。仪器测定的结果常常结合感官测试如咀嚼实验、折叠实验的结果对产品的弹性进行综合评价。

（4）鱼糜种类鉴定。

鱼糜种类的鉴定主要是基于对原料鱼种类的鉴定，由于种类本身的特征是遗传差别在结构性蛋白质组成上的反映，第一种方法可采用电泳分离一些鱼肉蛋白质，所产生的图谱用于种类鉴别；第二种方法为抗体与抗原的特异性反应，是用于区别蛋白质及鉴定种类的方法，即由一种鱼所产生的某种特定蛋白质或某种蛋白质的抗体可在标准免疫分析的基础上用于鉴定该鱼的品种；第三种方法是基于脱氧核糖核酸（DNA）的分析。常见DNA指纹图谱分析技术可用于鉴别鱼种类。黄艳已经尝试利用近红外光谱技术应用于鱼糜原料鱼种的鉴别中，利用3种不同的识别模式对3种不同鱼种的鱼糜（黄花鱼糜、草鱼糜、白鲢糜）进行定性模型的建立：通过对盲审结果的比较，发现线性判断法（LDA）优于原独立建模法（SIMCA）和聚类法（PCA），其中对海鱼鱼糜的鉴别率最高，尤其利用LDA鉴别鱼种的识别率可高达100%。

四、现代鱼糜生产设备

冷冻鱼糜是在普通鱼糜的基础上，对鱼糜进行漂洗、沥水、脱水、精滤，然后添加抗冻剂后装袋速冻，成为一年四季都可使用的中间素材——冷冻鱼糜。冷冻鱼糜与普通鱼糜相比，冷冻鱼糜具有商品特征，可一年四季买卖流通。而普通鱼糜不能较长时间冷冻储藏。只能以小作坊形式自作自给。作为一种食品原料，鱼糜可制成鱼糜制品、模拟制品和作为食品添加原料，用途非常广泛、用量逐年增加；但要制作出美味可口的鱼糜制品，还需要掌握以鱼糜为原料来制作物性优良的凝胶技术原理。鱼糜作为一种不带骨刺的鱼肉，具有非常高的营养价值，而且食用方便。作为主要原料可制成鱼糕、蟹柱棒、鱼丸、鱼卷、鱼饼等产品，作为添加原料可制成鱼皮饺、鱼面、花枝丸等。

日本的冷冻鱼糜生产技术是以研究、开发狭鳕鱼为对象的技术原理和特征。反映在冷冻鱼糜生产线设备的工艺流程方面，以适应于狭鳕鱼类和与狭鳕鱼类相类似的鱼类品种的冷冻鱼糜生产。国内从日本、韩国引进的狭鳕冷冻鱼糜生产线设备的工艺流程见图5－1。

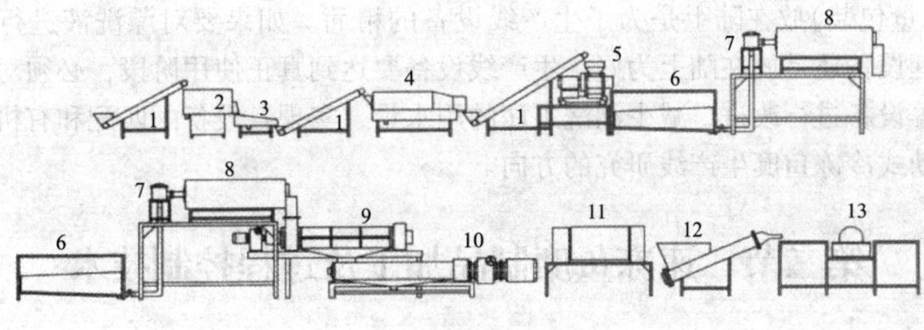

图5－1　狭鳕冷冻鱼糜生产工艺流程

1—皮带输送机；2—立式洗鱼机；3—沥水槽；4—卧式洗鱼机；5—采肉机；6—漂洗槽；7—鱼浆泵；8—喷淋筛；9—精过滤机；10—脱水机；11—搅拌机；12—充填机；13—称量包装台

冷冻鱼糜加工视原料鱼的情况而定，目前国内加工冷冻鱼糜的方式有两种，一种是以原料鱼，如小带鱼、梅子鱼、白姑鱼加工冷冻鱼糜。另一种是狭鳕鱼、罗非鱼、鮰鱼等鱼片加工后剩余的边角料加工冷冻鱼糜。近来海洋渔业资源情况发生变化，原先渔业资源比较丰富的地区，现在原料鱼种或产量发生了变化。以前在渔码头边设置的冷冻鱼糜加工厂，现投入几百万的鱼糜生产线只能停产闲置。另一方面，原料鱼的价格增长较快，鱼糜加工没有效益也是一个因素，鱼糜加工厂损失很大。如在浙江玉环、江苏吕泗的冷冻鱼糜加工厂已停产多年。河北黄骅水产食品有限公司早就把冷冻鱼糜生产线便宜转让。这些都是原料鱼资源情况发生了变化所致。

目前国内冷冻鱼糜原料鱼朝着多样性、边角料、更廉价的鱼种方面发展，如小带鱼、沙丁鱼等加工冷冻鱼糜。国内鱼片加工企业开片后的边角料产量也并不大，地域分布比较广，各自投入一套鱼糜生产线必定是生产线使用效率低下。要解决这个矛盾，发展组装移动式鱼糜生产线是一个比较好的办法。

组装移动式冷冻鱼糜生产线就是要体现出生产线的组合性和移动性，在基本保证能生产出的冷冻鱼糜品质的前提下，尽可能把传统的冷冻鱼糜生产线设备精减些，保留传统生产线中主要关键设备，把生产线组合成最经济最基本的冷冻鱼糜生产线。生产线只要接上电、通上水、送上“三去”的原料鱼，就可加工冷冻鱼糜。基于这样的宗旨，组装移动式冷冻鱼糜生产线设备和工艺流程如图 5 –2。

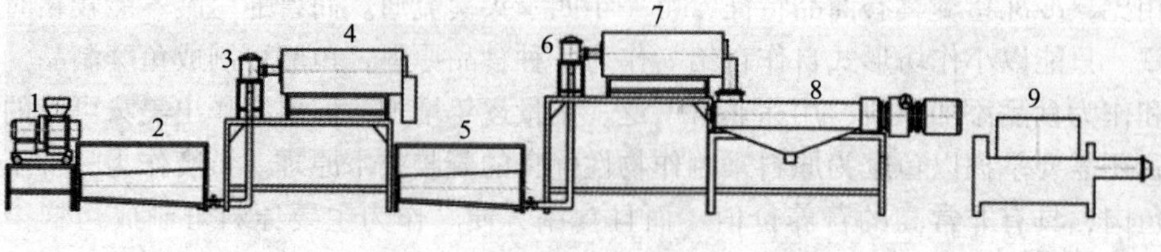

图 5 –2　移动式鱼糜生产工艺流程

1—采肉机；2—漂洗槽；3—鱼浆泵；4—喷淋筛；5—漂洗槽；6—鱼浆泵；7—喷淋筛；8—脱水机；9—精过滤机

以上显示的是组装移动式冷冻鱼糜生产线工艺流程的示意图，实际生产线设备在布置中部分设备可采用上下布置，以减少平面面积，鱼糜精滤后的搅拌机(添加抗冻剂)，充填机(称量包装)放在陆上是为了生产线设备的精简。如果要对漂洗液进行回收、处理，其处理设备还是放在陆上为好。生产线设备要达到真正使用阶段，必须对鱼糜的漂洗、输送等设备进行改进，减少漂洗工序的用水量，实现各设备的匹配和有机组合，这是组装移动式冷冻鱼糜生产线研究的方向。

第二节　速冻鱼糜制品加工及过程控制技术

利用鱼糜为原料加工的鱼糜制品种类繁多，常见的有鱼丸、鱼糕、鱼排、虾饼、鱼卷、鱼香肠、模拟蟹肉、模拟虾仁、模拟干贝、海洋牛肉、燕皮等。此外，利用蔬菜、蛋、奶酪、肉制品、鱼糜等配合使用，开发了许多新产品，如鱼肉香肠、火腿。鱼糜制品生产上的特点是可以通过加入调味料和辅料来调节风味，或者改变形态、口感适应消费者的需求。

一、鱼糜制品

鱼糜即鱼肉糜，鱼糜制品系以鱼糜为原料，是通过对原料鱼进行去皮去脏、采肉、漂洗等加工而制成的，一般添加量在20%~70%，加以 10 多种辅料(主要动物源性辅料蟹汁和卵白)，进行擂溃或斩拌成黏稠的鱼浆，再成型加热，变成具有弹性的凝胶体，经过杀菌、冷冻、包装到成品。鱼糜制品必须在 –20℃以下保存和运输。其产品主要包括鱼丸、鱼糕、模拟蟹足棒、模拟蟹钳等。它是一项古老的加工技艺，在中国烹饪史上相传已久。福州鱼丸、云梦鱼面、山东鱼肉饺子等传统特产是我国鱼糜制品的代表。目前该产品主要出口欧盟、美国和日本等国。

二、鱼糜制品的特点

（1）鱼糜制品风味多样，方便可口。鱼糜在加工中可根据人们的需要进行合理调配，生产出不同风味的制品。多数鱼糜制品出售前已熟化，无论旅游还是家居食用都非常方便。鱼糜作为当代渔业加工的高科技产物，使人类实现了世界渔业的全面利用。鱼糜可以制造出品种繁多的食品，已成为世界广泛利用的原料。

（2）可进行自动化和标准化生产。鱼糜制品生产适合机械化和自动化生产，它处理原料鱼的能力大，能解决渔汛期鱼货集中的矛盾，可节省大量劳力，并使产品质量得到控制。

（3）能就地生产，节约能源。在广大的渔区及近渔港地区生产，原料鱼的获得比较容易且新鲜，从而能加工出高质量的鱼糜制品。另外，鱼类在加工中已除去50%左右的废弃物，所以冷库的利用率和运输效力都可以提高1倍，大大节约能源。四是可提高鱼类的利用价值，增加经济效益。几乎所有的鱼类都可以生产鱼糜，而不受品种和规格限制。在加工鱼糜的同时还可集中回收鱼皮、鱼骨、鱼头和内脏等废弃物，这些废弃物内存有一定的蛋白质和动物生长所需的无机盐、维生素，是生产动物饲料的好原料，可以综合利用。

三、鱼糜制品加工操作要点

（一）原料选择

可用于制作鱼糜的原料品种有100余种。一般选用白色肉鱼类，如白姑鱼、梅童鱼、海鳗、狭鳕、蛇鲻和乌贼等作原料，生产的制品弹性和色泽较好。红色鱼肉制成的产品白度和弹性不及白色鱼肉，但在实际生产中，由于红色鱼类如鲐鱼和沙丁鱼等中上层鱼类的资源很丰富，仍是重要的加工原料，所以还要充分利用，只是在工艺上需要改进，以提高其弹性和改善色泽。目前世界上生产鱼糜的原料主要有沙丁鱼、狭鳕、非洲鳕等。除了利用海水鱼资源作原料外，淡水鱼中的鲢鱼、鳙鱼、青鱼和草鱼亦是制作鱼糜的优质原料。

鱼类鲜度是影响鱼糜凝胶形成的主要因素之一。以狭鳕为例，捕获后18小时内加工鱼糜可得到特级品，冰保鲜35～72小时加工可得到一级鱼糜。原料鲜度越好，鱼糜的凝胶形成能力越强。一般生产的鱼糜制品在弹性上要求能够达到A级，因此原料鱼假如不能在海船上立即加工就必须加冰或冷却海水使其温度保持在0～1℃。

（二）原料处理

目前原料鱼处理基本上采用人工方法。先将原料鱼洗涤，除去表面附着的黏液和细菌（可使细菌减少80%～90%），然后去鳞或皮，去头，去内脏。剖割方法有两种：一是背割（沿背部中线往下剖），二是切腹（从腹部中线剖开）。再用水清洗腹腔内的残余内脏、血污和黑膜。这一工序必须将原料鱼清洗干净，否则内脏或血液中存在的蛋白分解酶会对鱼肉蛋白质进行部分分解，影响鱼糜制品的弹性和质量。清洗一般要重复2～

3次，水温控制在10℃以下，以防止蛋白质变性。国外在海船上加工，鱼体的处理已采用切头机、除鳞机、洗涤机和剖片机等综合机器进行自动化加工，国内一些企业也已开始陆续配备这些设备，大大提高了生产效率。

（三）采肉

鱼肉采取自20世纪60年代后开始使用采肉机，是用机械方法将鱼体皮骨除掉而把鱼肉分离出来。国内使用较多的是滚筒式采肉机。采肉时，鱼肉穿过采肉机滚筒的网孔眼进入滚筒内部，内刺和鱼皮在滚筒表面，从而使鱼肉与骨刺和鱼皮分离。采肉机滚筒上网眼孔选择范围在3~5mm，根据实际生产需要自由选择。用红色肉鱼类如鲐鱼、沙丁鱼做鱼糜时，由于红色肉在鱼体肌肉组织中是由表及里呈梯形分布的，为了控制红色肉的混入量，一般通过降低机械采肉的采肉率来控制。

（四）漂洗

漂洗可以除去鱼肉中水溶性蛋白质、色素、气味和脂肪，提高鱼肉的弹性和白度。它是鱼糜生产的重要工艺技术，对提高鱼糜制品质量及保藏性能起到很大的作用。

1. 漂洗方法

有清水漂洗和稀盐碱水漂洗两种，根据鱼类肌肉性质选择。一般白色肉类直接用清水漂洗；红色肉中的上层鱼类如鲐鱼、远东拟沙丁鱼等用稀盐碱水漂洗，以有效防止蛋白质冷冻变性，增强鱼糜制品的弹性。

（1）清水漂洗。该方法主要用于白色肉鱼类，如狭鳕、海鳗、白姑鱼、带鱼、鲢鱼，介于白色肉与红色肉之间的鱼类也可使用此法。根据需要按比例将水注入漂洗池与鱼肉混合，鱼:水=1:(5~10)，慢速搅拌，使水溶性蛋白等充分溶出后静置，使鱼肉充分沉淀，倾去表面漂洗液。再按上述比例加水漂洗，重复几次。清水漂洗法会使鱼肉肌球蛋白充分吸水，造成脱水困难，所以通常最后1次漂洗采用0.15%食盐水进行，以使肌球蛋白容易脱水。

（2）稀盐碱水漂洗：主要用于多脂红色肉鱼类。先用清水漂洗2~3次，再以鱼:稀盐碱水=1:4~6的比例漂洗5次左右。稀盐碱水由0.1%~0.15%食盐水溶液和0.2%~0.5%碳酸氢钠溶液混合而成。

2. 漂洗技术关键

一般来讲，漂洗用水量和次数与鱼糜质量成正比。用水量和次数视原料鱼的新鲜度及产品质量要求而定，鲜度好的原料漂洗用水量和次数可减少，甚至可不漂洗；生产质量要求不高的鱼糜制品，可减少漂洗用水量和次数。一般对鲜度极好的大型白色鱼肉可不漂洗。漂洗用水一般为自来水，水温要求控制在10℃以下，避免使用富含钙镁等离子的高硬度水及富含铜铁等重金属离子的地下水。

（五）精滤

用滤精机将鱼糜中的细碎鱼皮、碎骨头等杂质除去。红色肉鱼类所用过滤网孔直径为1.5mm，白色肉鱼类网孔直径为0.5~0.8mm。在精滤分级过程中必须经常向冰槽中加冰，使鱼肉温度保持在10℃以下，以防鱼肉蛋白质变性。

（六）脱水

鱼肉经漂洗后含水量较多，必须进行脱水。脱水方法有两种：一种是用螺旋压榨机除去水分，另一种是用离心机离心脱水，少量鱼肉可放在布袋里绞干脱水。温度越高，越容易脱水，脱水速度越快，但蛋白质易变性。从实际生产工艺考虑，温度在10℃左右较理想。

pH 5～6时鱼肉脱水性最好，但在此pH范围内鱼糜凝胶形成能力最差，不宜采用。根据经验，白色肉鱼类在pH 6.9～7.3，多脂红色肉鱼类在pH 6.7脱水效果较好。

（七）擂溃或斩拌

将鱼肉放入擂溃机内擂溃，通过搅拌和研磨作用，使鱼肉肌纤维组织进一步破坏，为盐溶性蛋白的充分溶出创造良好的条件。先将鱼肉擂溃几分钟，加入鱼肉量2%的食盐继续擂溃15～20分钟，使鱼肉中的盐溶性蛋白质充分溶出变成黏性很强的溶胶，再加入调味料和辅料与鱼肉充分拌搅均匀，俗称“拌擂”，最后加入溴化钾、氯化钾、蛋清等弹性增强剂，促进鱼糜胶化。擂溃过程中适当加冰或间歇擂溃降低鱼肉温度。擂溃时间以20～30分钟为宜，时间过长过短都会影响鱼糜质量。

擂溃使用专用设备擂溃机。近年由于斩拌机能缩短盐擂时间，方便加料取料，且制品弹性几乎与使用擂溃机效果相似，所以许多加工企业用斩拌机代替擂溃机生产鱼糜制品。

（八）成型

鱼糜制品的成型，过去依靠手工成型，现在已发展成采用各种成型机加工成型，如天妇罗万能成型机、鱼丸成型机、鱼卷成型机、三色鱼糕成型机及各种模拟制品成型机。成型操作与擂溃操作要连续进行，不能间隔时间太长，或将鱼糜放入摄氏0～4℃保鲜库中暂放，否则擂溃后的鱼糜会失去黏性和塑性不能成型。

（九）凝胶化

鱼糜成型后加热前需在较低温度下放置一段时间，以增加鱼糜制品的弹性和保水性，这一过程称作凝胶化。根据凝胶化的温度可分为四种：高温凝胶化（35～40℃，35～85分钟）；中温凝胶化（15～20℃，16～20小时）；低温凝胶化（5～10℃，18～42小时）；二段凝胶化（先30℃，30～40分钟高温凝胶化，然后7～10℃，18小时低温凝胶化）。凝胶化温度和时间应根据产品需求及消费习惯等因素灵活掌握。

（十）加热

鱼糜制品加热可以使蛋白质变性凝固并起到杀菌作用，能使鱼糜制品的保存期大大延长。

四、几种主要鱼糜制品的一般加工工艺

（一）鱼糜制品的基本生产工艺

鱼糜制品的生产可直接采用新鲜鱼肉进行生产，从原料鱼处理到脱水工艺完全同冷

冻鱼糜生产工艺相同。也可使用冷冻鱼糜经半解冻后，进行加盐擂溃，呈黏稠状肉糊之后，加入各种调味料、淀粉等辅料，经不同的成型机做成一定形状，再经煮、蒸、炸、烤、烘等不同的加热方式可生产出不同的产品。

1. 工艺流程

冷冻鱼糜→解冻→擂溃或斩拌→成型→凝胶化→加热→冷却→包装→储藏

2. 工艺要点

（1）解冻：从冷库取出冷冻鱼糜，根据鱼糜制品加工的工艺要求，为了防止蛋白质的热变性和微生物生长繁殖，一般采用 3～5℃空气或流水解冻法，待鱼糜品温回升到 -3℃易于切割即可，注意勿使其完全解冻，以免影响鱼糜之功能性和切割处理之效率。经解冻和切割处理之后，鱼糜品温大约在 -1～0℃，此时即可进行擂溃或斩拌。此外，加盐冷冻鱼糜因冻结点较低，因此其解冻速度较慢。

（2）擂溃或斩拌：擂溃是鱼糜制品生产的一个重要工艺之一。操作过程可分为空擂、盐擂和调味擂溃三个阶段。

空擂：将鱼肉放入擂溃机内擂溃，通过搅拌和研磨作用，使鱼肉的肌纤维组织进一步被破坏，为盐溶性蛋白的充分溶出创造良好的条件。时间一般为 5 分钟，否则，加盐后，温度下降使鱼肉再冻结而影响擂溃的质量。

盐擂：在空擂后的鱼肉中加入鱼肉量 1%～3% 的食盐继续擂溃的过程。经擂溃使鱼肉中的盐溶性蛋白质充分溶出，鱼肉变成黏性很强的溶胶，时间一般控制在 15～20 分钟。

调味擂溃：在盐擂后，再加入砂糖、淀粉、调味料和防腐剂等辅料并使之与鱼肉充分均匀，一般可使上述添加的辅料先溶于水再加入，其中淀粉的加入主要是为了提高制品的弹性。另外，还需加入蔗糖脂肪酸酯，使部分辅料能与鱼肉充分乳化，而能促进盐擂鱼糜凝胶化的氯化钾、蛋清等弹性增强剂应该在最后加入。

擂溃所用的设备主要是擂溃机。近几年，许多加工企业开始使用斩拌机代替擂溃机用于生产鱼糜制品。由于斩拌机能使未解冻的鱼糜迅速解冻，盐擂时间可缩短 10～15 分钟，辅料的加入和擂溃后的取肉都很方便，而且制品的弹性、色泽等质量指标也不亚于使用擂溃机的效果，所以近几年来斩拌机的使用已越来越普遍。

影响擂溃的重要因素包括擂溃时间、温度、食盐的浓度和各种辅料的添加方式等。

1）擂溃的时间：擂溃的时间与鱼糜的弹性密切有关。从感官评价上看，在擂溃初期，鱼糜的弹性较差，而随着擂溃时间的延长，20～60 分钟，鱼糜的感官评价一直处于最佳状态，但时间进一步延长时，则感官质量呈下降趋势。

从制品弹性质量来看，擂溃不充分，则鱼糜的黏性不足，加热后制品的弹性就差；但是擂溃时间过长，则由于鱼糜温度的升高使蛋白质变性而失去其亲水性能，也会引起弹性下降。所以在实际生产中，常以鱼糜生产较强的黏性为准，根据原料性质及擂溃条件的不同，擂溃时间一般控制在 20～30 分钟为宜。

2）擂溃的温度：擂溃的温度也是影响制品弹性的重要因素之一，必须严格控制。

为了防止擂溃中鱼糜的凝胶化，一般认为操作温度越低越好，实际上都是在0～10℃的温度范围内操作，在此温度范围带内鱼肉肌动球蛋白的热变性很小，否则，温度升高容易造成肌动球蛋白变性而影响制品的弹性。根据经验，时间每增加10分钟，鱼肉温度就会升高1℃，以致最终逐步接近环境温度。为控制温度的升高，一般先将鱼肉冷却，在擂溃过程中再适当加入碎冰(以代水)，这不仅可降低鱼糜温度，而且使产品柔嫩可口。如使用冷冻鱼糜，则可以控制其解冻程度来达到控温目的。此外，在擂溃机擂体周围可放置大量碎冰以防止操作中温度上升。

3）食盐的加入量：在鱼肉中加入适量食盐进行擂溃的主要目的有两个：一是调味，二是使鱼肉中的盐溶性蛋白质充分溶出，以提高制品的弹性。

食盐的加入量一般控制在2%～3%，量太少则不利于盐溶性蛋白质的溶出和弹性的形成。在理论上多加入食盐虽有利于盐溶性蛋白质的溶出，但人的味觉感官在感受能力上不容易接受，同时口感变差，所以食盐的加入量应严格控制在上述范围内。另外，应在空擂后，鱼肉温度在4℃以上时加入为佳，对冷冻鱼糜在擂溃中的加盐尤其要注意，不宜在0℃或0℃以下时加入，否则食盐的加入会使鱼肉的温度降低，甚至再次冻结，从而造成擂溃不均匀而影响制品的质量。

为提高鱼糜制品的质量，一般可使用真空擂溃机和真空斩拌机，以便把鱼糜在擂溃等加工中混入的气泡驱走，使其对质量的影响减少到最低程度。

(3) 成型：经配料、擂溃后的鱼糜，具有很强的黏性和一定的可塑性，可根据各品种的不同要求，加工成各种各样的形状和品种，再经蒸、煮、炸、烤、烘和熏等多种不同的热加工处理，即成为鱼糜制品，如鱼丸成型机、三色鱼糕成型机、鱼卷成型机、天妇罗万能成型机、鱼香肠自动填充结扎机、各种模拟制品的成型机等。

值得注意的是，成型操作要与擂溃操作连接进行，两者之间不能长时间间隔，否则，擂溃后的鱼糜在室温下放置会因凝胶化现象而失去黏性和塑性而无法成型。

(4) 凝胶化：凝胶化的温度和时间的关系不是一成不变的，可以根据具体情况如产品的需求、消费的习惯等因素而灵活掌握。以日本为例，在制作板附鱼糕时，在日本东部地区常常使用中温凝胶化，在日本西部则常常使用高温凝胶化，而在关西地区又很少利用凝胶化。生产烤鱼卷则采用55～65℃温度凝胶化中还有利用微波的，即经过20秒的照射，鱼糜的中心部位温度达到45℃，便能达到增强弹性和缩短时间的目的。

(5) 加热：加热也是鱼糜制品生产中的重要工艺之一。加热方式包括蒸、煮焙、烤、炸五种或采用组合的方法进行加热。加热的设备包括自动蒸煮机、自动烘烤机、鱼丸和鱼糕油炸机、鱼卷加热机、高温高压加热机、远红外线加热机和微波加热设备等。

鱼糜制品加热的目的有两个：一是使蛋白质变形凝固，形成具有弹性的凝胶体；二是杀灭细菌和霉菌。一般来讲，盐擂鱼糜的加热过程对制品的弹性有很大影响。而最终达到的温度对制品的保存性又有影响，从弹性角度考虑一般采用使鱼糜慢慢地通过凝胶化的温度带以促进网状结构的形成，再使其快速通过凝胶劣化温度带而避免构造劣化则能得到弹性很强的制品，两段加热法就是根据这一原理，即将鱼糜选择在一个特定的凝胶化温度带中进行预备加热后再放入85～95℃温度中进行高温快速加热30～40分钟。

这样不仅可快速通过凝胶裂化温度带，而且可使鱼糜制品的中心温度达到 80～85℃，达到加热杀菌之目的。因为温度达到75℃以上时，不仅菌数减少到 10^4 以下，菌相也已发生了很大的变化，而且此时只剩下部分耐热性的芽孢，由于制品内部的缺氧状态，生长繁殖也受到极大限制，故能使鱼糜制品的保存期大大延长。

(6) 冷却：加热完毕的鱼糜制品大部分都需在冷水中急速冷却。以鱼糕为例，加热完成后迅速放入 10～15℃的冷水中急冷，这时鱼糕吸收加热时失去的水分，防止发生皱皮和褐变现象，并能使鱼糕表面柔软和光滑。加工鱼香肠时，加热后将其投入 0～10℃冷水中急速冷却 30 分钟再取出。

急速冷却后制品的中心温度仍然较高，通常还要放在冷却架上让其自然冷却。另外也可通过通风冷却或自动控制制冷机进行冷却。冷却室的空气要进行净化处理并控制适当的温度，最后用紫外线杀菌灯进行产品表面杀菌。

(7) 包装与储藏：对鱼糕和鱼卷以及模拟制品等均需进行包装，一般都采用包装机或真空包装机，包装好的制品再装箱，放入冷库(0±1)℃中储藏待运。以鱼糕为例，优质鱼糕在常温下(15～20℃)可放 3～5 天，在冷库中则可放 20～30 天。

(二) 鱼丸加工工艺

鱼丸(鱼圆)是我国具有代表性的传统鱼糜制品，深受人们喜爱。各地生产的鱼丸各具特色，根据有无包馅，有无淀粉和加热形式不同分为很多品种，其中福州鱼丸、鳗鱼丸、花枝鱼丸等享誉盛名。

1. 工艺流程

冷冻鱼糜→解冻 ↓（至擂溃）　备馅 ↓（至成丸）

原料鱼→去头去内脏→洗涤→采肉→漂洗→脱水→精滤→擂溃→成丸→加热→冷却→包装→冷藏

2. 工艺要点

(1) 原料鱼及前处理。原料鱼的品种和鲜度对鱼丸品质起决定性作用。为确保鱼丸的良好质量，应选用凝胶形成能较高、含脂量较低和白色鱼肉比例较高的鱼种，如海曼、乌贼、白姑鱼、梅童、带鱼等海水鱼，以及草鱼、鲢鱼等淡水鱼，此外一般选用鲜活鱼或具有较高鲜度的冰鲜鱼，而淡水鱼以鲜活作为基本要求。用冻淡水鱼原料时，需搭配掺和一定量的鲜活淡水鱼原料(不低于 60%)进行鱼丸生产。涉及去头、去内脏、洗涤、采肉、漂洗、脱水、精滤或解冻等相关处理工序，具体要求可参照前述的冷冻鱼糜生产工艺。对于鱼丸产品的不同要求，在前处理工序上也有区别，如对质量要求(弹性、色泽等)较高的水发鱼丸采用一次采肉鱼糜，并需漂洗、脱水等工艺操作。而对油炸鱼丸，则可用多次重复的采肉，而且漂洗脱水工艺操作可以省略。此外如采用冷冻鱼糜为原料进行鱼丸生产时，需先将冻鱼糜块作半解冻处理，或最好配置一台冻鱼糜切削机，将冻鱼糜块切成薄片(2～3cm 厚)，该操作既加快了前处理操作，确保了鱼糜的质量，又方便了后续工序，但应注意解冻中的卫生并严防异物混入。

(2) 擂溃或斩拌。此工序是鱼丸生产过程中很关键的工序，直接影响鱼丸的质量。

为了确保鱼丸的质量，擂溃后的温度应控制不超过10℃，所以在擂溃之前一般都要遇冷到3℃以下，对冻鱼糜原料由半解冻达到此要求。擂溃时可添加冷水、冰水甚至碎冰代水来控温，或选用带冰水冷却夹套的擂溃机（又称双锅擂溃机），同样由于擂溃时空气混入较多，加热时膨胀，从而影响制品的外观和弹力，为此可采用真空擂溃机。此外还应注意添加配料的次序，首先加入2%～3%的精盐，0.1%～0.2%的磷酸盐和2%的糖等品质改良剂，然后再按序加入5%～12%的淀粉及其他调味料，期间按规定的20%～40%的水量分次加入，以擂溃至所需的黏稠度。需说明的是油炸鱼丸较水发鱼丸加水量略少一些，使鱼丸略稠以防入油锅后散开。至于擂溃时间必须保证擂溃充分又不过度，鱼糜之黏性达到最大为准，一般整个擂溃时间控制在20～30分钟内。实际生产中，许多企业都以高速斩拌机代替擂溃机，只需10分钟左右，即可达到擂溃同样的效果。

（3）成型。经擂溃配料后的鱼糜盛于洁净的盘中，进行成圆。现代大规模（工业化）生产均采用鱼丸成型机连续生产，生产数量较少的，大都手工成圆，即靠握力将鱼糜从拇指与食指间的虎口处挤出，用汤匙刮起成圆，一般8～16g/丸。

（4）加热。鱼丸的加热有两种方式：水发鱼丸用水煮，油炸鱼丸用油炸。

水煮鱼丸一般用夹层锅，一般应控制在5～10分钟内鱼丸中心温度达到75%左右，此时水温在85%～95%（可杀灭大肠杆菌为最低标准），其间鱼丸逐渐受热膨胀而上浮，再保持2～4分钟，待全部漂起，表明煮熟，随即捞取，沥出水分。另外也可采用分段加热法，先将鱼丸加热至40℃保持20分钟，以形成高强度凝胶化的网状结构，再升温至75℃，这类制品比前者好。油炸制品保藏性较好，且油炸时可消除腥臭味并保持金黄色。油炸开始时豆油或菜籽油油温须保持在180～200℃。油炸1～2分钟，待鱼丸炸至表面坚实，内熟浮起，呈浅黄色即可捞起。如用自动油炸锅则经二次油炸，第一次油温120～150℃（物料中心温度50～60℃），第二次油温150～180℃（物料中心温度75～80℃）。此外，也可先将鱼丸经水中煮熟，沥干水分后油炸而成。这种产品弹性较好，缩短了油炸时间，提高了出成率，且可减少或避免成型后直接油炸所出现的褶皱、不光滑现象，故常被采用，但该油炸制品口味略差。

（5）冷却。鱼丸加热后均应快速冷却降温，可分别采用水冷或风冷等措施快速降温。

（6）包装。包装前的鱼丸应凉透，同时按有关质量标准检验鱼丸质量，剔除不合格品（如不定型、油炸不透、焦糊等次品），然后按规定分装入塑料袋中封口。

（7）冷藏。包装好的鱼丸应在低于5℃以下保存，最好数日内销售完，不然应冷藏或采用罐藏。

（三）鱼糕

1. 工艺流程

原料鱼→去头去内脏→洗涤→采肉→漂洗→脱水→精滤→擂溃→调配→铺板成型→内包装→蒸煮→冷却→外包装→装箱→冷藏

2. 加工工艺要点

（1）原料：鱼糕对弹性及色泽的要求均较高，因此作为鱼糕用的原料应尽量不用红肉，而使用弹性强的鱼种进行配比。对于一般鱼肉（弹性强、色泽白、呈味好的鱼种除外）均需漂洗、脱水。淀粉也应选用色白、新性好的上等淀粉。

（2）擂溃：擂溃对确保鱼糕良好弹性尤为重要。按配方比例称取鱼肉，置于擂溃机内，先进性空擂，然后逐次加盐和适量水，以促进盐溶性蛋白质溶出，并形成一定黏性，再加其他辅料擂溃约 20～30 分钟，即告完成。

（3）调配：擂溃完成后，对于双色鱼糕、三色鱼糕着色调配，如制三色鱼糕，需先将原先配料分成三份，其中一份加 6% 鸡蛋清，2.2% 红米粉和适量胡椒粉，制成红色并具辣味的鱼肉糜；另一份加 8% 鸡蛋黄制成黄色肉鱼糜；第三份为微本色（白色）鱼肉糜，然后将上述配料制成的红、黄、白三种不同颜色的鱼肉糜分别置于三色成形机的三个不同料斗中，供铺板成型用。

（4）铺板成型：小规模生产时往往将调配好的鱼糜用菜刀手工成型，而目前基本上采用机械化成型，如日本的 K3B 三色铺板成型机，每小时可铺 300～900 块，其原理是由送肉螺旋把调配好的鱼糜按鱼糕形状挤出，连续地铺在松木板上（成半圆形状），再等距切断而成。其大小有不同规格，特大型者为 25cm × 11cm（250g），大型者为 21cm × 10cm（200g），中型者为 16cm × 17cm（130g），小型者为 13cm × 5.1cm（100g）。

（5）内包装：白烤鱼糕在成型时常以专用聚丙烯进行初次包装，可有效防止二次污染和霉变发生，并使鱼糕加热后成为真空状态，以延长保存效果。

（6）加热：鱼糕加热方式有蒸煮，焙烤、油炸三种。最普遍的以蒸煮方式加热，目前已采用连续式蒸煮器，一般蒸煮加热温度在 95～100℃，中心温度达 75℃以上。加热时间视制品大小控制在 20～90 分钟。焙烤是将表面涂上葡萄糖的鱼糕以 20～30 秒的时间通过隧道式红外线焙烤机，使表面着色并涂油光泽，然后再烘烤熟制。日本传统的烘烤鱼糕是先经火烤后再蒸煮，而白色烤鱼糕（串烤鱼糕）则仅经烘烤而成，油炸鱼糕则是先蒸煮再油炸而成的。

（7）冷却：将蒸煮后的鱼糕立即放在 10～15℃冷水中急速冷却，目的是使鱼糕吸收加热时失去的水分。包装时还可防止因表面蒸汽散发而发生皱皮和褐变等，由此可以弥补因水分蒸发所减少的质量，并使鱼糕表面柔软光滑，此外，通常还要放在凉架上于空气中自然放冷或冷风吹冷。

（8）外包装：将冷却后的鱼糕进行外包装，尤其未经内包装的，在外包装前应当用紫外线对鱼糕表面进行杀菌，然后再用包装机包装。

（9）冷藏：鱼糕装箱后，放入冷库（0～5℃）中储藏待运。一般在常温下（15～20℃）能保存 3～5 天，冷库中可保存 20～30 天。

（四）鱼卷

鱼卷是日本的一种传统产品，因其最初是将鱼糜卷在竹子上烤制而成，日本称之为“竹轮”，目前已经实现机械化生产，竹子也已被不锈钢管或钢管代替。

1. 工艺流程

原料鱼→去头去内脏→洗涤→采肉→漂洗→脱水→精滤→擂溃→成型→焙烤→冷却→包装→冻结→冷藏

2. 工艺要点

（1）原料及前处理：一般以白色肉居多的鱼种为原料，如狭鳕、海鳗、带鱼、石首科鱼类和淡水鱼等，也可用小杂鱼为原料，原料必须处理，以冰鲜鱼为佳，处理与冷冻鱼糜生产方法相同，也可直接用质量较好的冷冻鱼糜。

（2）成型：将擂溃后的鱼糜用手工在一根棍子上搓捏加工成长圆筒形，然后将一根根鱼卷按序放在烤鱼卷机的架子上，或用自动成型机形成鱼卷，即将 80～100g 调味鱼糜卷在金属铜管上，并由链条输送带输送到烤鱼卷机上。

（3）焙烤：在焙烤前可先在鱼卷表面涂上一层糖液，然后进行焙烤，焙烤机分为两段，前段为干燥部分，目的在于增强成品之弹力，后段为加火的结。鱼卷以滚动方式前进，最初用文火，使鱼卷表面形成一层没有焙烤色的很薄的皮，然后用强火（150～170℃）烤制，使表面呈金黄色或深黄色。热源可用煤气、液化气或电，焙烤时间 4～5 分钟，当烤制完成后，可自动拔出以重复使用，需要时可在焙烤后的制品上涂上食用油。增加外表光泽。

（4）冷却、包装和冻藏：烤熟后的鱼卷经空气或冷却机冷却后，包装、装箱，在 -35～-30℃的冻结间急速冻结后再冻藏。

（五）鱼香肠

1. 工艺流程

原料鱼→去头去内脏→洗涤→采肉→漂洗→脱水→精滤→擂溃→混合→充填/灌肠→结扎→加热→冷却→外包装

2. 操作要点

（1）原料及处理：原料鱼为金枪鱼、明太鱼、鲨鱼和淡水鱼等，也可用低值鱼类。加工时所用畜肉有瘦猪肉、牛肉、马肉、兔肉或羊肉等。原料鱼处理同冷冻鱼糜生产的基本工艺。原料畜肉则应经绞肉机绞碎。

（2）擂溃或斩拌：要求与冷冻鱼糜相同。最好使用真空擂溃机，另外对添加畜肉的香肠，以减少鱼糜中空气的混入量。为改善口感的均匀一致性，应将畜肉充分搅拌后掺入到鱼糜中去，然后再按工艺配方添加淀粉、植物蛋白、调味料、着色料等其他配料。实际生产中这一工序由高速真空斩拌机完成。

（3）充填和结扎：将上述鱼糜充填机压入肠衣内，所用的肠衣内，有天然肠衣（羊肠衣、猪肠衣）、人工肠衣（塑料肠衣、盐酸橡胶—聚偏二氯乙烯 PVDC 肠衣等），人工肠衣通常由成卷的塑料薄膜在充填机上当场成型的同时进行鱼糜的灌注和结扎。香肠每节长则因规格不同而长短有异，现有鱼肉香肠规格有：30 克/根、75 克/根、130 克/根、250 克/根；鱼肉火腿有圆形肠及方形肠两大类，相应的规格分别为 160 克/根、

224 克/根、330 克/根、1530 克/根。

（4）加热：塑料肠衣的鱼肉香肠采用高温短时间杀菌，中心温度为 120℃，时间 4 分钟，以确保杀菌完成的同时制品的色泽、弹性无明显改变，天然肠衣型香肠加热时所用水温一般为 85 ~ 90℃ 水煮时间 35 ~ 60 分钟，也可采用 85℃ 水煮 10 分钟后，再用 90℃ 水煮 50 分钟，这种梯度升温的两段加热方式，可以减少肠子破损率。

（5）冷却：一般采用 20℃ 水冷却。由于受热膨胀和冷却收缩的作用，肠衣产生很多皱纹，为使肠衣光滑美观，常采用 95℃ 左右热水中浸泡 20 ~ 30 秒立即取出自然放冷即可展皱。

（6）外包装：将冷却展皱后的制品以冷风干燥表面，检验合格后贴上标签，然后装入库。对天然肠衣制品则应尽快销售，并注意低温条件，而对塑料肠衣高温杀菌制品则可常温流通（10℃ 以下更佳）。

【大视野】金枪鱼有 8 个品种，其中多数品种体积巨大，最大的体长达 3.5m，重达 600 ~ 700kg，而最小的品种只有 3kg 重。金枪鱼的繁殖能力很强，一条 50kg 重雌鱼，每年可产卵 500 万粒之多。金枪鱼主要分布在印度洋、太平洋中部与大西洋中部，属于热带—亚热带大洋性鱼，由于肌肉中含有大量的肌红蛋白，鱼肉似牛肉，呈紫红色，低脂而高蛋白，营养价值非常高。金枪鱼是游动速度最快的海洋动物之一，瞬时时速可达 160km，平均时速约 60 ~ 80km，只有极为凶残的鲨鱼和大海豚方能与它匹敌。金枪鱼的冷藏温度一般为 -45 ~ -50℃。

复习思考题

1. 简述速冻鱼糜制品的特点。
2. 简述速冻鱼糜制品的一般工艺流程。
3. 简述速冻鱼糜制品的操作要点。

第六章　速冻特色食品加工技术

学海导航

本章主要介绍以小麦粉、糯米粉为主要加工原料，经过调味或包馅处理，再经过成型（熟制）、速冻、包装而成的一类特色速冻食品的加工技术，主要有芝麻球、南瓜饼、铜锣烧、飞饼、畜禽肉丸等。在学习过程中重点了解产品的生产工艺流程及影响产品质量的关键因素。

第一节　芝麻球加工技术

速冻芝麻球是速冻米面制品的一种，它是一种以糯米粉为主要原料，经过调味等，再通过机器或纯手工成型，经速冻而成的一类特色速冻产品。市场上购买的芝麻球是经过油炸的即食小产品。然而我国速冻食品企业中加工的芝麻球多为生制品，也有部分芝麻球是油炸后再进行速冻、包装的。

一、芝麻球的加工工艺流程

未经过油炸的芝麻球的加工工艺流程：

馅料处理→制馅↘
　　　　　　　　成型→速冻→称量→包装→金属检测→装箱入库
皮料处理→和面↗

经过油炸的芝麻球的加工工艺流程：与未油炸的芝麻球加工工艺基本相同，在成型工序后加上油炸和预冷两道工序。

二、操作要点

（一）馅料的原料处理

芝麻球常用的馅料是豆沙，其次还有红薯、紫薯等。下面以豆沙为例，详细介绍其加工要点。

1. 红小豆的处理

（1）挑拣：将检验合格的红小豆平铺在不锈钢操作台上进行挑拣，要求挑拣后的红小豆内无杂质、无石子、无坏豆等，然后将挑拣干净的红小豆装入干净的塑料编织袋内放在垫板上备用。

（2）称量：挑拣干净的红小豆在使用时，应按配方要求准确称量配制，注意扣除容器的重量。

（3）清洗：对准确称量后的红小豆进行清洗，一般用清水清洗3～4遍，要求最后1遍清洗红小豆的水是清澈的。

（4）煮制：将清洗合格的红小豆倒入干净的夹层锅内，然后加入2.5倍左右的清水进行煮制，蒸汽压力约调控在0.2MPa，待水煮沸后可将蒸汽压力控制在0.1～0.15MPa，煮制用时大约1.5小时，待红小豆煮至无硬心时迅速关闭蒸汽阀，避免将豆煮制干锅造成不必要的损失。依据实际情况可以给出适当的调整,如：浸泡过后的红小豆煮制时间可以缩短。

（5）磨制：打开冷却水水管，将煮好的红小豆慢慢加入到符合卫生要求的胶体磨中进行磨制，通过手柄调节胶体磨的粗细度，直至达到工艺要求的粗细度，把磨好的豆沙转入塑胶周转盒中，注意不要太满，以免溢出造成不必要的浪费。

2. 脐橙的处理

（1）将检验合格的脐橙去除花蒂，并清洗干净。

（2）斩拌：取适量脐橙放在斩拌机内，先用低速斩成小块，再用高速将脐橙斩成泥状。

（3）过胶体磨：将斩好的脐橙泥依次适量放入符合卫生要求的胶体磨中进行磨制，要求磨制越细越好。

3. 速冻油的处理

（1）除包装：将检验合格的起酥油除去外包装箱及薄膜（要求速冻油表面所裹的薄膜必须去除干净）。

（2）切块：用不锈钢刀切成小块放置于干净的周转筐中备用。

4. 面粉的处理

（1）除包装：拆线时，从带有合格证的一端将线拆下，并集中存放在指定位置，以免混入产品中。

（2）面粉使用前检查：检查该面粉是否吸潮结块或是否有酸败异味等；如果面粉

有结块，将面粉过筛后继续使用；如果面粉有酸败味儿，则作废处理。

5. 白糖的处理

（1）除包装：拆线时，从带有合格证的一端将线拆下，并集中存放在指定位置，以免混入产品中。

（2）白糖使用前检查：检查白糖是否有结块或有异味等现象，一旦发现有严重结块或有异味现象，禁止直接使用。拆线时，从带有合格证的一端将线拆下，并集中存放在指定位置，以免混入产品中。

6. 脱皮芝麻的处理

脱皮白芝麻使用前颜色为黄白色，脱皮完全，无黑点，无杂质等。

（二）豆沙馅的炒制

（1）将称量好的白砂糖和面粉倒入混料车中，用不锈钢铲把两者充分混合均匀备用。

（2）将称量好的起酥油倒入夹层锅中，打开蒸汽阀门通蒸汽进行加热，同时打开搅拌器，蒸汽压力一般控制在0.15～0.2MPa，将磨制好的豆沙泥倒入夹层锅中翻炒并开始计时（从加入第一盒盘过后胶体磨的豆沙泥开始计时，炒制时间控制在40～45分钟），炒制过程中慢慢地加入白糖与面粉的混合物，要分多次少量进行添加使用。

（3）炒制至豆沙变稠，豆沙在搅动时夹层锅周围的豆沙不粘锅，用铲子挑起后不迅速流下，用水分快速测定仪测得馅的水分含量在40%～45%时即可关闭蒸汽阀停止炒制。

（4）停止炒制后，按配方要求将称量好的脐橙泥加到炒制好的豆沙中，用搅拌器搅拌使之与豆沙完全混合均匀，搅拌时间约10～15分钟。

（5）将炒好的豆沙从夹层锅内倒出，摊放在干净的不锈钢操作台上预冷，待豆沙中心温度降至40℃以下时包装备用。

（三）皮料的原料处理（糯米粉的处理）

（1）糯米粉应逐袋检查其质量，看是否存在肉眼可见的明显杂质，或霉变及结块现象，糯米粉的色泽、气味是否正常。

（2）拆糯米粉时，从带合格证的那端拆起，并将合格证和线绳放在指定处。注意：禁止从另一端拆袋，避免合格证落入面粉，引起产品异物投诉，另外还有检查面袋上是否粘有异物。

（3）拆面袋时将面袋正立放置，带合格证的那一端在上，严禁从面袋底部拆开，并将在面袋内部的合格证完整取出，发现有不完整的要在糯米粉中寻找，直至找出，拆下来的合格证和线绳以及线绳头要妥善存放，投糯米粉时注意检查面袋上是否粘附有异物。

（四）和面

（1）将准确称量好的糯米粉、白砂糖、小料倒入和面锅中，再把返回的次品面团加入，开启搅拌器搅拌 2 分钟左右，要求搅拌均匀。

（2）将准确称量好的清水（加水量一般为干糯米粉的 70% 左右）倒入和面锅中，启动和面机，正转搅拌，进行和面，和面时间夏季控制在 3～5 分钟，冬季控制在 6～8 分钟。

（3）和面水温的控制依据不同季节车间环境温度和面团温度的温差来控制，要求最终面团温度为（25±2）℃。

（4）面团和好后，要求观察面的色泽、检查面的软硬度，另外还要取少量面团，按照芝麻球所要求的单重进行称量，团圆后将其放入 160～170℃色拉油中，油炸 6～7 分钟，炸至金黄色，口感酥脆且炸后芝麻球的周长要求≥13.5cm；经检查合格的面团，方能放入面车中，转入下一道工序使用。

（五）成型

（1）开机前，要检查机器各部位零件是否齐全完好，检查机器设备的卫生状况，若符合要求，才能打开电源检查机器是否能正常运转。

（2）当低速确认机器正常后，将豆沙馅和和好的面团分别加入馅斗和面斗。

（3）低速运转机器，先调整面皮重量，当面皮调节符合工艺要求时，再启动馅料，当馅的大小调整好后，启动搓圆机按钮，这时要将事先准备的脱皮白芝麻放在搓圆机下面，让搓圆符合要求的面团落入装有脱皮白芝麻的不锈钢盒盘内，然后由辅助人员把搓圆后的面团来回翻动几次，使面团均匀的沾满脱皮白芝麻，操作过程中要挑出不合格的芝麻球，将合格的芝麻球放入胶托，此时方可转入下道工序。

（六）速冻

（1）成型后的芝麻球在 30 分钟内要转入速冻装置中进行快速冻结，以免表面水分蒸发干燥后，造成冻裂和增加不必要的干耗。

（2）在芝麻球入速冻装置之前，必须保证速冻装置内温度已经达到－30℃以下，而经过速冻装置冻结的芝麻球中心温度必须达到－18℃以下。

（3）将挑拣合格的芝麻球摆放在不锈钢钢盘内放入速冻装置，钢盘与钢盘之间要留有一定空隙，避免速冻装置在运转时出现卡盘现象。

（4）要不定时进行抽检冻后芝麻球的中心温度，发现偏差立即进行纠正。

（七）称量

（1）由于在冻结过程中芝麻球表面的水分会产生不可避免的干耗，因此冻结完成后，要对产品进行逐托称量，要求每托产品重量和数量均达到工艺要求。

（2）称量时，首先要将冻后不合格的芝麻球（冻裂、露馅、形状不规则、大面积没粘上芝麻等）挑拣出来。

（3）为确保称量的准确性，用检定分度值为 1g 的电子秤称量，注意秤的灵敏度，称量台无其他附着物体干扰，且使用时秤要放平稳。

（4）为确保芝麻球不出现解冻现象，称量合格的芝麻球要快速转入包装工序。

（八）包装

包装视车间具体情况而定，可以采用手工封口机包装，也可以采用自动包装机包装。

1. 手工封口机包装

（1）首先根据包装袋的材质结合封口机的转速把封口机温度调试到最佳状态，调整日期、质检号及识别码等，使封口平整、严密无缺口，日期和质检号等准确清晰。

（2）装袋前先核对包装袋上的品名规格是否与所包装产品相符，装袋时还要检查产品是否符合工艺要求，若发现有次品混入，要立即挑出，并将合格产品再次称量快速装袋。

（3）对称量合格的成袋产品进行快速封口，使封口平整、严密无缺口，日期和质检号等准确清晰；设专人检查封口后的每袋产品，合格的即可转入下一道工序。

2. 自动包装机包装

（1）调试好自动包装机，要求封口温度适当，保证封口质量（封口平整、严密，日期、质检号等要清晰准确）。

（2）将称量挑拣合格后的整托芝麻球放在自动包装机的传送带上，为保证不浪费包装卷材，放置时要连续，不能间断；设专人检查封口后的每袋产品，合格的即可转入下一道工序。

（九）金属检测

（1）根据所包装芝麻球的大小设定金属检测器的灵敏度，用测试板测试金属检测器，定好金属感应标准，Fe 测试板直径≤1.5mm、非铁测试板直径≤2.0mm、不锈钢测试板直径≤2.5mm；

（2）将封口合格的产品逐袋放到金属探测仪的输送带上，要求每一袋产品都必须通过金属探测仪，一旦发现有不能通过的产品，将产品进行分半，再依次通过金属检测仪，对不能通过的再进行分半检测，最终要求找到金属，并分析查找原因；

（3）一般要求每隔半小时用金属检测板测试金属探测仪一次，以免金属检测器突发失灵，造成产品漏检，引发产品质量问题；金属探测仪检测合格的整袋产品要求快速转入下一道工序。

（十）装箱入库

（1）装箱前，首先核对包装箱上的规格、品名、生产日期等是否打印准确清晰，是否与待装箱产品一致。

（2）把通过金属检测器的合格产品，按照数量要求装入纸箱，且保证装箱平整，不得多装或少装，用相应的胶带封口，要求封口平整严密，尽量左右保持对称。

（3）封箱后的产品要整齐码放在垫板上，码高不得超过 12 层，在 30 分钟之内转入低温库（－18℃）冷藏，码放时把不同品种分开存放，码垛离库墙及天花板距离≥15cm。另外若在夏季要适当缩短入库时间。

第二节　速冻南瓜饼的加工技术

速冻南瓜饼是速冻米面制品的一种，它是一种以糯米粉为主要原料，经过调味等，再通过机器加上手工成型，并经过速冻而成的一类生制产品。

一、南瓜饼的加工工艺流程

馅料处理→制馅↘
　　　　　　　　成型→速冻→称量→包装→金属检测→装箱入库
皮料处理→和面↗

二、操作要点

（一）馅料

南瓜饼常用的馅料是豆沙馅，基本同芝麻球用豆沙。

（二）皮料

南瓜饼的原料处理基本同芝麻球。

（三）和面

（1）将按配方比例准确称量好的白砂糖倒入和面锅中，并开启和面锅搅拌20秒左右与处理好的烫面搅拌均匀；然后将按配方比例准确称量好的土豆泥、南瓜浆、糯米粉依次加入和面锅中，再把返回的次品面团加入，然后加入色素水、清水，启动和面锅，正转搅拌，进行和面，和面时间为1~3分钟。

（2）和面完成后，检查面团状态，对面的手感、软硬度、色泽逐一检查，要求面团软硬合适，颜色均匀，经检查合格的面团，方放入面车中，转入下一道工序使用。

（四）成型

（1）开机前，要检查机器各部位零件是否齐全完好，检查机器设备的卫生状况，若符合要求，才能打开电源检查机器是否能正常运转；当低速确认机器正常后，将豆沙馅和和好的面团分别加入馅斗和面斗。

（2）低速运转机器，先调整面皮重量，当面皮调节复合工艺要求时，再启动馅料，当馅的大小调整好后，然后启动搓圆机按钮，这时要将事先准备的白色面包糠放在搓圆机下面，让搓圆符合要求的面团落入装有白色面包糠的不锈钢盒盘内，然后由辅助人员把搓圆后的面团来回翻动几次，使面团均匀的沾满白色面包糠。

（3）将粘满面包糠的面团取出，放入其他不锈钢钢盘中，再由成型员工用南瓜饼模具挤压成型，并将合格的南瓜饼放入不锈钢钢盘上，转入下道工序，（操作过程中要挑出不合格的南瓜饼）。

（4）成型过程中，每隔30分钟要抽查一次南瓜饼的单个重量及其馅含量，若发现不合格的产品要及时调整机器。

（五）速冻

（1）成型后的南瓜饼在 30 分钟内要转入速冻装置中进行快速冻结，以免表面水分蒸发干燥后，造成冻裂和增加不必要的干耗。

（2）在南瓜饼入速冻装置之前，必须保证速冻装置内温度已经达到 -30℃以下，而经过速冻装置冻结的南瓜饼中心温度必须达到 -18℃以下。

（3）将挑拣合格的南瓜饼摆放在不锈钢钢盘内放入速冻装置，钢盘与钢盘之间要留有一定空隙，便于冷循环及避免速冻装置在运转时出现卡盘现象。

（4）要不定时进行抽检冻后南瓜饼的中心温度，发现偏差立即进行纠正。

（六）称量

（1）由于在冻结过程中南瓜饼表面的水分会产生不可避免的干耗，因此冻结完成后，要对产品进行逐托称量，要求每托产品重量和数量均达到工艺要求。

（2）称量时，首先要将冻后不合格的南瓜饼（有明显的大坑、沾馅、明显裂纹、薄厚不均匀、带有明显多余的围边等）挑拣出来。

（3）为确保称量的准确性，用检定分度值为 1g 的电子秤称量，注意秤的灵敏度，称量台无其他附着物体干扰，且使用时秤要放平稳。

（4）为确保南瓜饼不出现解冻现象，称量合格的南瓜饼要快速转入包装工序。

（七）包装

包装视车间具体情况而定，可以采用手工封口机包装，也可以采用自动包装机包装。

1. 手工封口机包装

（1）首先根据包装袋的材质结合封口机的转速把封口机温度调试到最佳状态，调整日期、质检号及识别码等，使封口平整、严密无缺口，日期和质检号等准确清晰；

（2）装袋前先核对包装袋上的品名规格是否与所包装产品相符，装袋时还要检查产品是否符合工艺要求，若发现有次品混入，要立即挑出，并将合格产品再次称量快速装袋；

（3）对称量合格的成袋产品进行快速封口，使封口平整、严密无缺口，日期和质检号等准确清晰；设专人检查封口后的每袋产品，合格的即可转入下一道工序。

2. 自动包装机包装

（1）调试好自动包装机，要求封口温度适当，保证封口质量（封口平整、严密，日期、质检号等要清晰准确）；

（2）将称量挑拣合格后的整托南瓜饼放在自动包装机的传送带上，为保证不浪费包装卷材，放置时要连续，不能间断；设专人检查封口后的每袋产品，合格的即可转入下一道工序。

（八）金属检测

（1）根据所包装南瓜饼的大小设定金属检测器的灵敏度，用测试板测试金属检测器，定好金属感应标准，Fe 测试板直径≤1.5mm、非铁测试板直径≤2.0mm、不锈钢测试板直径≤2.5mm。

（2）将封口合格的产品逐袋放到金属探测仪的输送带上，要求每一袋产品都必须通过金属探测仪，一旦发现有不能通过的产品，将产品进行分半，再依次通过金属检测仪，对不能通过的再进行分半检测，最终要求找到金属，并分析查找原因。

（3）一般要求每隔半小时用金属检测板测试金属探测仪一次，以免金属检测器突发失灵，造成产品漏检，引发产品质量问题；金属探测仪检测合格的整袋产品要求快速转入下一道工序。

（九）装箱入库

（1）装箱前，首先核对包装箱上的规格、品名、生产日期等是否打印准确清晰，是否与待装箱产品一致；

（2）把通过金属检测器的合格产品，按照数量要求装入纸箱，且保证装箱平整，不得多装或少装，用相应的胶带封口，要求封口平整严密，尽量左右保持对称；

（3）封箱后的产品要整齐码放在垫板上，码高不得超过 12 层，在 30 分钟之内转入低温库（-18℃）冷藏，码放时把不同品种分开存放，码垛离库墙及天花板距离≥15cm。另外若在夏季要适当缩短入库时间。

第三节　速冻铜锣烧的加工技术

速冻铜锣烧是速冻米面制品的一种，它是一种以小麦面粉为主要原料，经过调味等，再通过机器成型，并经过速冻而成的一类生制产品。本节主要介绍铜锣烧制作加工的工艺流程及工艺要点。

一、铜锣烧的加工工艺流程

原辅料的处理→打浆→醒浆→烘烤→拌馅→成型→速冻→包装→金属检测→装箱入库

二、操作要点

（一）原辅料的处理

生产铜锣烧时，主要的原料是小麦面粉，其他的辅料有吉士粉、鸡蛋、白糖粉、泡打粉、蜂蜜等。

1. 小麦面粉的处理

（1）除去面粉的包装袋：拆线时，从带有合格证的一端将线拆下，并集中存放在指定位置，以免混入产品中。另外操作时注意不要把外包装上的脏物带入原料中，一旦发现外包装被脏物污染严重，且直接污染到内装原料，要对这些污染到的原料做报废处理。

（2）小麦面粉使用前检查：检查该面粉是否超过保质期，是否吸潮结块或是否有霉变有酸败异味等，若有霉变有酸败味儿，则作废处理；另外用于生产的面粉一律要求过筛处理(60 目筛)，以免面粉中引入杂质等。

2. 白糖粉的处理

（1）除去白糖粉的包装袋：拆线时，从带有合格证的一端将线拆下，并集中存放在指定位置，以免混入产品中；另外操作时注意不要把外包装上的脏物带入原料中，一旦发现外包装被脏物污染严重，且直接污染到内装原料，要对这些污染到的原料做报废处理。

（2）白糖粉使用前检查：检查白糖粉是否超过保质期，是否有结块或有异味等现象，一旦发现有严重结块或有异味现象，禁止直接使用。

（3）糖粉使用前过筛处理，一般使用 2mm 孔的筛子，以免糖粉结块混入。

3. 吉士粉的处理

（1）除去吉士粉的包装袋：拆线时，从带有合格证的一端将线拆下，并集中存放在指定位置，以免混入产品中；另外操作时注意不要把外包装上的脏物带入原料中，一旦发现外包装被脏物污染严重，且直接污染到内装原料，要对这些污染到的原料做报废处理。

（2）吉士粉使用前检查：检查吉士粉是否超过保质期，是否吸潮结块或是否有霉变有酸败异味等，若有霉变有酸败味儿，则作废处理；另外用于生产的吉士粉一律要求过筛处理(60 目筛)，以免吉士粉中引入杂质等。

4. 泡打粉和蜂蜜的处理

（1）检查泡打粉是否在保质期内，若合格，除去外包装，按照配比准确称量，并与配方中一半的水混合均匀。

（2）检查蜂蜜是否超过保质期，若合格，除去外包装，按照配比准确称量，并与配方中一半的水混合均匀。

5. 鸡蛋的处理

（1）清洗：把没有破皮的鲜鸡蛋放入塑料周转盒中清洗，逐个清洗鸡蛋表面的异物，最后要求用清水冲洗干净。

（2）控水：把清洗干净的鸡蛋放入周转筐中，控去鸡蛋表面的水，以周转筐底部无成股的水流下为准，一般控水 10 ~ 15 分钟，生产时视具体一次清洗的量而定。

（3）打蛋：将控水符合要求的鸡蛋去壳，一般先将去壳的鸡蛋(3 ~ 4 个)放入不锈钢碗中，如果无变质的鸡蛋，则将其倒入塑料周转盒中备用。

（二）打浆

（1）将称量准确的鸡蛋液倒入搅拌锅中，中速打蛋，以蛋黄打散为止，然后把称量准确的白糖粉及辅料一起加入搅拌锅，低速搅拌，搅拌过程中，要停机将搅拌锅底未能搅拌到的原料用刮刀刮起，进而继续低速搅拌，直至白糖粉完全溶解。注意：搅拌过程中不能形成大量蛋液气泡，这也是搅拌过程中使用低速的原因。

（2）将称好的面粉和吉士粉加入到搅拌器，先低速搅拌，然后高速搅拌，搅拌过程中要把搅拌锅内未搅拌的原料用刮刀刮起，直至粉料全部打散（无颗粒、无结块），然后加入泡打粉水及蜂蜜水溶液，低速搅拌均匀，最后加上液体乳化油，低速搅拌均匀即可。

（3）检查浆液的状态，要求均匀、有光泽，温度在21℃左右。因此应根据实际情况适当调节水温和蛋温，以达到符合要求的浆液温度。

（三）醒浆

（1）将打好的浆液放入周转盒中，并用保鲜膜覆盖盒口，此工序的目的是排出浆液中大的气泡，夏季放置10～20分钟，冬季可适当延长放置时间，环境温度为室温左右。

（2）注意：醒浆时间不能太长，以免在浆料在此过程中出现发酸现象。

（四）烘烤

（1）开机前，要检查烤炉各部位零件是否齐全完好，检查烤炉的卫生状况，若符合要求，才能打开电源，使烤炉开始升温，升温至240℃；温度达到要求后，用符合卫生条件的干毛巾蘸色拉油涂抹板面，要求涂抹层薄而均匀，不能有大颗粒滴状油存在。

（2）把醒好的浆料倒入铜锣烧贮槽中，通过压浆调试铜锣烧的大小及单重，最后烘烤至表面有光泽并有许多小气孔，烘烤时间大约3分钟。烘烤过程中，要仔细观察铜锣烧的状态，若出现表面不够光滑，则需要用毛巾再次涂抹色拉油，涂抹要求同上。

（3）把烤好的铜锣烧放置在符合卫生要求的不锈钢钢盘上，在常温下预冷至中心温度≤35℃，以备成型使用。

（五）拌馅

（1）开机前，要检查搅拌锅各部位零件是否齐全完好，检查搅拌锅的卫生状况，若符合要求，才能打开电源检查机器是否能正常运转。

（2）按照配比将称好的馅料放入搅拌锅中，一般使用拍形搅拌头，直至豆沙与糖纳红豆混合均匀，注意不能搅拌过度，以免糖纳红豆颗粒破损，最后将拌好的馅转入不锈钢盘或盒盘中，表面用保鲜膜覆盖，置于0～4℃的保鲜库存放备用。

（六）成型

（1）首先对铜锣烧皮称重，控制上下两片皮的总重符合工艺要求，并把不符合要求（出现破皮、颜色发黑、重量不足等）的皮作为次品处理。

（2）将拌好的馅放置在两片铜锣烧皮中间，再次称重，至符合工艺要求。最后把称重合格的铜锣烧放置手掌中心，双手合严挤压铜锣烧的边沿，使两片铜锣烧面皮边沿密封严密紧实。

（3）把成型好的铜锣烧均匀摆放于符合卫生要求的不锈钢钢盘中，30分钟内转入速冻装置进行冻结，以免表面水分蒸发干燥后，造成冻裂和增加不必要的干耗。

（七）速冻

（1）在铜锣烧转入速冻装置之前，必须保证速冻装置内温度已经达到－30℃以下，而经过速冻装置冻结的铜锣烧中心温度必须达到－18℃以下；

（2）将挑拣合格的铜锣烧摆放在不锈钢钢盘内放入速冻装置，钢盘与钢盘之间要留有一定空隙，便于冷循环及避免速冻装置在运转时出现卡盘现象；

（3）要不定时进行抽检冻后铜锣烧的中心温度，发现偏差立即进行纠正。

（八）包装

通常采用手工封口机包装铜锣烧。

（1）首先根据包装袋的材质结合封口机的转速把封口机温度调试到最佳状态，调整日期、质检号及识别码等，使封口平整、严密无缺口，日期和质检号等准确清晰。

（2）装袋前先核对包装袋上的品名规格是否与所包装产品相符，另外装袋时还要检查冻结后的产品是否符合工艺要求（产品严重变形、表面有异物、出现开裂等现象），若发现有此类次品混入，要立即挑出，并将合格产品按照包装规格要求进行快速装袋。

（3）对装袋的产品进行快速称量，确保每袋产品的净含量（不含袋子重）都要符合工艺要求。值得注意的是为确保称量的准确性，用检定分度值为1g的电子秤称量，注意秤的灵敏度，称量台无其他附着物体干扰，且使用时秤要放平稳。

（4）对称量合格的成袋产品进行快速封口，使封口平整、严密无缺口，日期和质检号等准确清晰；设专人检查封口后的每袋产品，合格的即可转入下一道工序。

（九）金属检测

（1）根据所包装铜锣烧的大小设定金属检测器的灵敏度，用测试板测试金属检测器，定好金属感应标准，Fe测试板≤Φ1.5mm，注意设定时要求金属检测器附近没有干扰源，以免引起设备的灵敏度降低。

（2）将封口合格的产品逐袋放到金属探测仪的输送带上，要求每一袋产品都必须通过金属探测仪，一旦发现有不能通过的产品，将产品进行分半，再依次通过金属检测仪，对不能通过的再进行分半检测，最终要求找到金属，并分析查找原因。

（3）一般要求每隔半小时用金属检测板测试金属探测仪一次，以免金属检测器突发失灵，造成产品漏检，引发产品质量问题；金属探测仪检测合格的整袋产品要求快速转入下一道工序。

（十）装箱入库

（1）装箱前，首先核对包装箱上的规格、品名、生产日期等是否打印准确清晰，是否与待装箱产品一致。

（2）把通过金属检测器的合格产品，按照数量要求装入纸箱，且保证装箱平整，不得多装或少装，用相应的胶带封口，要求封口平整严密，尽量左右保持对称。

（3）封箱后的产品要整齐码放在垫板上，码高不得超过12层，在30分钟之内转入低温库（－18℃）冷藏，码放时把不同品种分开存放，码垛离库墙及天花板距离≥15cm。另外若在夏季要适当缩短入库时间。

第四节　速冻飞饼的加工技术

速冻飞饼是速冻米面制品的一种，它是一种以小麦面粉为主要原料，经过调味等，再通过机器成型，并经过速冻而成的一类生制产品。市面上常见的有葱油飞饼、原味飞饼等。本节主要介绍飞饼制作加工的工艺流程及工艺要点。

一、飞饼的加工工艺流程

原辅料的处理→和面→分割静置→裹油压层→成型→速冻→包装→金属检测→装箱入库

二、操作要点

（一）原辅料的处理

生产飞饼时，主要的原料是小麦面粉，其他的辅料有白糖、食盐、飞饼专用油及压层专用油等。

1. 小麦面粉的处理

（1）除去面粉的包装袋：拆线时，从带有合格证的一端将线拆下，并集中存放在指定位置，以免混入产品中。另外，操作时注意不要把外包装上的脏物带入原料中，一旦发现外包装被脏物污染严重，且直接污染到内装原料，要对这些污染到的原料做报废处理。

（2）小麦面粉使用前检查：检查该面粉是否超过保质期，是否吸潮结块或是否有酸败异味等，若有酸败味儿，则作废处理；另外用于生产的面粉一律要求过筛处理，以免面粉中引入杂质等。

2. 白糖的处理

（1）除去白糖的包装袋：拆线时，从带有合格证的一端将线拆下，并集中存放在指定位置，以免混入产品中；另外操作时注意不要把外包装上的脏物带入原料中，一旦发现外包装被脏物污染严重，且直接污染到内装原料，要对这些污染到的原料做报废处理。

（2）白糖使用前检查：检查白糖是否超过保质期，是否有结块或有异味等现象，一旦发现有严重结块或有异味现象，禁止直接使用。

3. 食盐的处理

（1）除去食盐的包装袋：拆线时，从带有合格证的一端将线拆下，并集中存放在指定位置，以免混入产品中；另外操作时注意不要把外包装上的脏物带入原料中，一旦发现外包装被脏物污染严重，且直接污染到内装原料，要对这些污染原料做报废处理。

（2）食盐使用前检查：检查食盐是否超过保质期，是否有结块或有异味等现象，一旦发现有严重潮解或有异味现象，禁止直接使用。

4. 飞饼专用油及压层专用油

（1）将检验合格的飞饼专用油及压层专用油除去外包装箱及薄膜（要求油脂表面所裹的薄膜必须去除干净，另外压层油脂表面所裹的塑料膜极易吸附纸箱上的碎纸屑，因此处理要格外注意坚决杜绝纸屑及薄膜混入产品）。

（2）压层专用油若存放在冷藏库，使用前要提前拉出使其回温，一般要求回温后温度控制在16℃左右。

（二）和面

（1）将称量准确的小麦面粉和白糖等粉状辅料倒入卧式和面锅，并开启和面锅低速搅拌1～2分钟，然后加入水或冰水高速搅拌5分钟，最后加入飞饼专用油搅拌均匀；

（2）要求和好的面团的中心温度为20℃左右，因此在和面时要根据季节不同，适当调整水温，如夏季，适当添加冰片调节水温，以确保最终和好面团的中心温度符合工艺要求；

（3）经检查合格的面团，方能入面车中，转入下一道工序使用。

（三）分割静置

（1）将和好的面团置于不锈钢操作台上进行分割处理，分割时要使用电子秤准确称量，达到面块重量一致；

（2）将分割后的面块揉成表面光滑的面块，然后将它们整齐的摆放在不锈钢操作台上，开始静置，一般静置时间为15～25分钟，静置时为避免面团表皮水分散失，通常要将面团表面加盖塑料薄膜；

（3）静置结束时，面团的中心温度不能出现较大的变动，以免影响产品质量，因此生产环境要设有空调、暖气等设施来维持环境温度在室温条件下，不能太高也不能太低。

（四）裹油压层

（1）开机前，要检查压延机各部位零件是否齐全完好，检查压延机的卫生状况，若符合要求，才能打开电源检查机器是否能正常运转；

（2）对压延机的程序进行设定，调整合适的压延尺寸，然后将静置好的面团置于压延机上进行压延，接着把压层油脂置于压延的面皮上，将面皮对称折叠覆盖压层油脂，充分裹好压层油脂，再进行压延、折叠、再压延，一般要经过五道压延，压延后面带温度为20℃左右。

（五）成型

（1）开机前，要检查飞饼成型机各部位零件是否齐全完好，检查飞饼成型机的卫生状况，若符合要求，才能打开电源检查机器是否能正常运转；

（2）将压延好的面带分半处理后，叠压着置于飞饼成型机上，操作过程中要求操作成型机的机手称量切出飞饼块的单粒重含量，若发现不合格的产品及时进行反馈调整；

（3）成型过程中，要认真观察机器的运转情况，若发现飞饼膜即将用完，及时停机进行更换，以免造成过多的浪费；

（4）成型好的飞饼由专人挑拣，将无残缺、无起皱、无变形、两侧膜完整的合格飞饼平放于不锈钢钢盘中，然后控制在 30 分钟内将产品转入速冻装置进行冻结，以免表面水分蒸发干燥后，造成冻裂和增加不必要的干耗。

（六）速冻

（1）在飞饼转入速冻装置之前，必须保证速冻装置内温度已经达到 -30℃以下，而经过速冻装置冻结的飞饼中心温度必须达到 -18℃以下；

（2）将挑拣合格的飞饼摆放在不锈钢钢盘内放入速冻装置，钢盘与钢盘之间要留有一定空隙，便于冷循环及避免速冻装置在运转时出现卡盘现象；

（3）要不定时进行抽检冻后飞饼的中心温度，发现偏差立即进行纠正。

（七）包装

通常采用手工封口机包装飞饼。

（1）首先根据包装袋的材质结合封口机的转速把封口机温度调试到最佳状态，调整日期、质检号及识别码等，使封口平整、严密无缺口，日期和质检号等准确清晰。

（2）装袋前先核对包装袋上的品名规格是否与所包装产品相符，另外装袋时还要检查冻结后的产品是否符合工艺要求（产品严重变形、表面有异物或存在有表皮膜脱落等现象），若发现有此类次品混入，要立即挑出，并将合格产品按照包装规格要求进行快速装袋。

（3）对装袋的产品进行快速称量，确保每袋产品的净含量（不含袋子重）都要符合工艺要求。值得注意的是为确保称量的准确性，用检定分度值为 1g 的电子秤称量，注意秤的灵敏度，称量台无其他附着物体干扰，且使用时秤要放平稳。

（4）对称量合格的成袋产品进行快速封口，使封口平整、严密无缺口，日期和质检号等准确清晰；设专人检查封口后的每袋产品，合格的即可转入下一道工序。

（八）金属检测

（1）根据所包装飞饼的大小设定金属检测器的灵敏度，用测试板测试金属检测器，定好金属感应标准，Fe 测试板≤Φ1.5mm、非铁测试板≤Φ2.0mm、不锈钢测试板≤Φ2.5mm，注意设定时要求金属检测器附近没有干扰源，以免引起设备的灵敏度降低；

（2）将封口合格的产品逐袋放到金属探测仪的输送带上，要求每一袋产品都必须通过金属探测仪，一旦发现有不能通过的产品，将产品进行分半，再依次通过金属检测仪，对不能通过的再进行分半检测，最终要求找到金属，并分析查找原因；

（3）一般要求每隔半小时用金属检测板测试金属探测仪一次，以免金属检测器突发失灵，造成产品漏检；金属探测仪检测合格的整袋产品要求快速转入下一道工序。

（九）装箱入库

（1）装箱前，首先核对包装箱上的规格、品名、生产日期等是否打印准确清晰，是否与待装箱产品一致；

(2) 把通过金属检测器的合格产品，按照数量要求装入纸箱，且保证装箱平整，不得多装或少装，用相应的胶带封口，要求封口平整严密，尽量左右保持对称；

(3) 封箱后的产品要整齐码放在垫板上，码高不得超过12层，在30分钟之内转入低温库(-18℃)冷藏，码放时把不同品种分开存放，码垛离库墙及天花板距离≥15cm。另外若在夏季要适当缩短入库时间。

第五节　畜禽肉丸的加工技术

肉丸作为我国的传统美食，是一种营养方便的速食制品，随着人们对健康的日益关注和饮食多样化的消费趋势，深受消费者的青睐。现代的速冻食品技术的发展，将肉丸通过速冻装置快速进行冻结，能将肉丸最大限度地保持原有的新鲜度、色泽、风味和营养成分。近些年，生产肉丸的企业急剧增加，各式各样的种类繁多的肉丸层出不穷，有牛肉丸、羊肉丸、猪肉丸、鸡肉丸等，但是它们的加工技术基本上一样。下面就以鸡肉丸为例，深入了解畜禽肉丸的速冻加工技术。

一、鸡肉丸的加工工艺流程

原料肉的选择→原料的处理→制馅(打浆)→成型→熟制(油炸或水煮)→预冷→速冻→包装→金属检测→装箱入库

二、操作要点

(一) 原料肉的选择

选用检验检疫合格的新鲜鸡胸脯肉，要求原料肉肉温在0~10℃，无异物、无异味、色泽正常。并将鸡胸肉去皮、筋腱等结缔组织。另外有些根据口味嗜好，会加入适量新鲜猪肥膘。

(二) 原物料的处理

1. 洋葱的处理

将洋葱去除根、外层干皮及腐烂等不可食部分，然后用清水进行清洗，一般清洗3~4遍，要求最后一遍清洗用水必须是清澈的，清洗后的洋葱经过控水，再用斩拌机将洋葱斩成3mm左右的小颗粒。

2. 肉的处理

将去过皮的鸡胸肉及鲜肥膘分别用绞肉机绞制，要求绞制时采用3mm孔板的篦子，绞制后，分别存放在相应的周转筐内备用。

(三) 制馅(打浆)

将斩拌后的肉料先加入到搅拌机中搅拌2~5分钟，接着添加丸子改良剂、适量的冰水、食盐等调味料进行搅拌，最后再加入淀粉及剩余的冰水，整个制馅过程中馅料温度始终控制在10℃以下。制馅过程一般控制在20～30分钟，可根据生产实际情况而定。最后将制好的馅存放在0～5℃的保鲜库中待用。

注意：制馅时所用到的主料及辅料均要按照配方准确称量，不得出现过大偏差。

（四）成型

馅料加工好后具有一定的可塑性，可以按照预期的形状成型，除了传统用手工成型外，现在大规模生产时多采用专用的丸子机成型，通过丸子机的挤压成形，成型后多为圆球形。成型后的半成品以及待成型的馅料应保持低温，这样可以减慢微生物的滋生。另外丸子成型机及其模具在每批作业完成后，应及时进行清洗，以待下次使用，成型后的半成品应该尽快转入下道工序。

（五）熟制

熟制的方法有加热水煮、蒸制、炸制或煮后再炸。不管是采用哪种方法所要达到的目的不尽相同：使馅料中蛋白质受热凝固变性，形成具有一定弹性的制品；另外通过熟制还可以杀死各种微生物，使制品极大程度上满足食品卫生要求，便于后期的储藏。

根据生产规模的不同，熟制时所采用的设备也有所差异。小规模生产时采用夹层蒸汽锅或蒸煮槽或蒸柜，大规模生产时常采用全自动流水线水煮设备。

蛋白质变性形成弹性的最适温度为70～90℃，高于90℃或低于70℃都会对弹性的形成产生不利的影响，在水煮过程中要使水温快速通过30～70℃这个对弹性形成具有较大负面影响的温度段。如果使用夹层锅或蒸煮槽，当水呈轻微沸腾时的温度在90～95℃，若温度过高则关小气阀或适当添加部分冷水，冷水添加量不能使锅内的水温低温低于90℃。水煮的时间会因肉丸的个体大小和淀粉添加量的不同而有所不同，个体大的和淀粉量多的煮制时间要长些。可以根据以下几点现象来判断肉丸是否彻底熟制：完全浮于水面；表面光滑；弹性良好；中心温度达到80～85℃；肉丸内外色泽一致。

经过煮制后的鸡肉丸迅速捞出，沥干表面的水分，直接转入下一道工序或冷却至20℃左右，然后采用浆粉浆给鸡肉丸表皮裹浆，使其表面平滑，在大豆色拉油或棕榈油中炸制，要求油温在170～175℃，炸制8～10分钟，至鸡肉丸表皮呈金黄色，即可捞出、沥油转入下道工序。

（六）预冷

经过熟制的鸡肉丸，经沥水或沥油处理后立即转入预冷间进行预冷，预冷间温度要求在0～4℃，冷却至肉丸中心温度≤30℃。注意：预冷间的空气需用清洁的冷风机强制冷却，冬季可以采用自然冷却给肉丸降温后再转入预冷间预冷，这样可节约一些能耗。预冷有助于使加热膨胀的网状结构慢慢收缩，网力不被破坏，肉丸内部的水珠或气泡的体积也都会逐步缩小，并分布均匀，在这样的情况下进行速冻，有利于快速通过最大冰晶生成带，使生成的冰晶最小化，有利于稳定已形成的网状结构，保持稳定的弹性，从而确保产品品质。

（七）速冻

（1）将冷却后的肉丸在30分钟内要转入速冻装置中进行快速冻结，以免表面水分蒸发过多引起干耗，造成冻裂和增加不必要的干耗；

（2）在鸡肉丸转入速冻装置之前，必须保证速冻装置内温度已经达到 -30℃以下，而经过速冻装置冻结的鸡肉丸中心温度必须达到 -18℃以下；

（3）将挑拣合格的鸡肉丸摆放在不锈钢钢盘内放入速冻装置，钢盘与钢盘之间要留有一定空隙，便于冷循环及避免速冻装置在运转时出现卡盘现象；

（4）要不定时进行抽检冻后鸡肉丸的中心温度，发现偏差立即进行纠正。

（八）包装

包装视车间具体情况而定，可以采用手工封口机包装，也可以采用自动包装机包装。

1. 手工封口机包装

（1）首先根据包装袋的材质结合封口机的转速把封口机温度调试到最佳状态，调整日期、质检号及识别码等，使封口平整、严密无缺口，日期和质检号等准确清晰。

（2）装袋前先核对包装袋上的品名规格是否与所包装产品相符，另外装袋时还要检查冻结后的产品是否符合工艺要求（有明显的大坑、明显裂纹、薄厚不均匀、带有明显多余的围边等现象），若发现有此类次品混入，要立即挑出，并将合格产品按照包装规格要求进行快速装袋。

（3）对装袋的产品进行快速称量，确保每袋产品的净含量（不含袋子重）都要符合工艺要求。值得注意的是为确保称量的准确性，用检定分度值为 1g 的电子秤称量，注意秤的灵敏度，称量台无其他附着物体干扰，且使用时秤要放平稳。

（4）对称量合格的成袋产品进行快速封口，使封口平整、严密无缺口，日期和质检号等准确清晰；设专人检查封口后的每袋产品，合格的即可转入下一道工序。

2. 自动包装机包装

（1）核对所生产的产品是否与包装卷材相符，并调试好自动包装机，要求封口温度适当，保证封口质量（封口平整、严密，日期、质检号等要清晰准确）。

（2）将速冻后的产品进行装托称量，要求每托产品重量和数量均达到工艺要求；称量时，首先要将冻后不合格的鸡肉丸（有明显的大坑、明显裂纹、薄厚不均匀、带有明显多余的围边等）挑拣出来。

（3）为确保称量的准确性，用检定分度值为 1g 的电子秤称量，注意秤的灵敏度，称量台无其他附着物体干扰，且使用时秤要放平稳。

（4）称量挑拣合格后的整托鸡肉丸放在自动包装机的传送带上，为保证不浪费包装卷材，放置时要连续，不能间断；设专人检查封口后的每袋产品，合格的即可转入下一道工序。

（九）金属检测

（1）根据所包装鸡肉丸的大小设定金属检测器的灵敏度，用测试板测试金属检测器，定好金属感应标准，Fe 测试板≤Φ1.5mm、非铁测试板≤Φ2.0mm、不锈钢测试板≤Φ2.5mm。

（2）将封口合格的产品逐袋放到金属探测仪的输送带上，要求每一袋产品都必须通过金属探测仪，一旦发现有不能通过的产品，将产品进行分半，再依次通过金属检测仪，对不能通过的再进行分半检测，最终要求找到金属，并分析查找原因。

（3）一般要求每隔半小时用金属检测板测试金属探测仪一次，以免金属检测器突发失灵，造成产品漏检，引发产品质量问题。

（4）金属探测仪检测合格的整袋产品要求快速转入下一道工序。

（十）装箱入库

（1）装箱前，首先核对包装箱上的规格、品名、生产日期等是否打印准确清晰，是否与待装箱产品一致；

（2）把通过金属检测器的合格产品，按照数量要求装入纸箱，且保证装箱平整，不得多装或少装，用相应的胶带封口，要求封口平整严密，尽量左右保持对称；

（3）封箱后的产品要整齐码放在垫板上，码高不得超过12层，在30分钟之内转入低温库（－18℃）冷藏，码放时把不同品种分开存放，码垛离库墙及天花板距离≥15cm。另外若在夏季要适当缩短入库时间。

【大视野】三全凌汤圆属于饮品、甜品，由郑州三全食品股份有限公司生产，全国第一颗速冻汤圆就出自三全，三全凌汤圆连年被评为“全国消费者信得过产品”，1997年被国家六部委列入“中国最具竞争力的民族品牌”之一，被称为“华夏一绝”，董事长陈泽民被称为“中华汤圆王”。三全凌汤圆曾获得多项专利，销量连续11年在全国遥遥领先。三全凌汤圆的整体特点，精心选料，细心研制，工艺独特；外形饱满，珠圆玉润；煮不荤汤，食不粘牙，不粘碗筷；皮绵软滑糯，馅细腻柔和，皮薄馅大，薄而不漏，入口流馅，油而不腻，香甜可口。“三全凌汤圆，味美香甜甜”的广告词至今还家喻户晓。

复习思考题

1. 请简单说出本章所学速冻特色食品的加工工艺有什么相似之处。

2. 请说出本章所学速冻特色食品中，哪些是以糯米粉为主要原料加工而成的？哪些是以小麦面粉为主要原料加工而成的。

3. 在加工速冻畜禽肉丸时，通常要将成型后的肉丸尽快熟制，熟制在这里起到什么作用？

4. 在加工速冻畜禽肉丸时，为什么要熟制后的肉丸经过预冷阶段，这样加工有什么好处？

5. 如果你在食用芝麻球时发现内有塑料薄膜，请分析是何原因引起此类质量问题的？

6. 在对原材料处理时，除外包装时应该注意些什么？

7. 在加工铜锣烧中，铜锣烧皮要用烤炉进行烘烤，烘烤时要注意什么问题？

8. 用手工封口机包装食品时，要关注哪些问题？

第七章　速冻果蔬加工技术

学海导航

本章主要介绍了果蔬的分类及特性、典型水果的速冻加工工艺流程及工艺要点、典型蔬菜的速冻加工工艺流程及工艺要点。通过学习，学生不仅要掌握常见果蔬的特性，还应能设计一般果蔬的速冻加工工艺。

第一节　果蔬的分类及特性

果蔬类食品属于活性食品，一般只进行冷却冷藏。但是，在冷却冷藏条件下，储藏期短，常年供应困难，也不适合长距离运输与销售。为克服以上缺点，达到长期储藏以及出口创汇的目的，必须对果蔬类食品进行速冻。新鲜果蔬经过速冻加工处理并进行包装后可长期储藏，并较大程度地保持蔬菜原有的色泽、风味和营养，食用方便，也能起到对蔬菜市场淡旺季的调节作用。

一、果蔬的分类

（一）水果的分类

水果按其果树本身的特征可分为以下几类。

1. 落叶果树类水果

仁果类：苹果、梨、山楂等。

核果类：桃、李、杏、梅、樱桃等。

浆果类：葡萄、草莓、猕猴桃、桑葚、木瓜等。

坚果类：核桃、板栗等。

杂果类：柿、枣等。

2. 常绿果树类水果

柑橘类：柑橘、柚、柠檬等。

其他类：枇杷、杨梅、荔枝、龙眼(干制者又名桂圆)、橄榄、芒果等。

3. 多年生草本类水果

香蕉、菠萝等。

（二）蔬菜的种类

按食用部分的不同，蔬菜可分为以下几类。

根菜类：萝卜、胡萝卜、大头菜、甜菜等。

茎菜类：竹笋、芦笋、莴笋(又名莴苣)、葱头、蒜头、藕、姜、荸荠、芋、马铃薯等。

叶菜类：大白菜、卷心菜(又叫甘蓝)、雪里红、菠菜、芹菜、大葱等。

花菜类：花菜、紫菜薹、金针菜等。

果菜类：青豌豆(青豆或豌豆)、刀豆(四季豆、菜豆)、豇豆、蚕豆、毛豆、甜玉米、番茄、茄子、西瓜、冬瓜、黄瓜、南瓜、苦瓜等。

食用菌类：蘑菇、草菇、香菇、金针菇、平菇、木耳等。

二、果蔬的特性

果蔬在储藏运输过程中，其化学成分会发生一系列的变化，由此引起果蔬在储藏性、食用品质和营养价值等方面的改变。

（一）风味物质的变化

1. 糖

在果蔬储藏过程中，糖分会因生理活动的消耗而逐渐减少。时间越长，果蔬甜味越淡。有些含酸量较高的水果，经储藏后，口味变甜，这是因为含酸量降低比含糖量降低更快，引起糖酸比增大，但实际含糖量并未提高。

2. 有机酸

在果蔬储运中，有机酸由于呼吸作用的消耗而逐渐减少，特别是在氧气不足的条件下，消耗的更多。如苹果等水果储藏后由酸变甜。酸的变化会影响果蔬的酶活动、色素物质变化和抗坏血酸的保存。

3. 单宁

单宁在储运过程中的变化主要是易发生氧化褐变，生成暗红色的根皮鞣红，影响果蔬的外观色泽，降低果蔬的商品品质。果蔬在采收、储运中受到机械伤，或在储藏后期，果蔬衰老时，都会出现不同程度的褐变。因此，在采收前后应尽量避免机械伤，控制衰老，防止褐变，保持品质，延长储藏寿命。

4. 芳香物质

在果蔬储运过程中，随着时间的延长，所含芳香物质由于挥发和酶的分解作用而降低，导致果蔬香气降低。但是，散发的芳香物质积累过多，具有催熟的作用，可引起某些生理病害。所以果蔬应在低温下储藏，减少芳香物质的损失；及时通风换气，脱除果蔬储藏中释放的香气，延缓果蔬的衰老。

（二）色素物质的变化

色素物质在储运过程中随着环境条件的改变发生一些变化，从而影响果蔬外观品质。

蔬菜在储藏中叶绿素逐渐分解，而促进类胡萝卜素、类黄铜色素和花青素的显现，引起蔬菜外观变黄。叶绿素不耐光、不耐热，光照与高温均能促进储藏中蔬菜内叶绿素的分解。光和氧能引起类胡萝卜的分解，使果蔬褪色。在果蔬储运中，应采取避光和隔氧措施。花青素不耐光、热、氧化剂与还原剂的作用，在储藏中，光照能加快其变为褐色。

（三）质地物质的变化

构成果蔬质地的化学成分的变化，则引起储藏中果蔬质地的变化。

1. 水分

水分作为果蔬中最多的化学成分，在果蔬储运过程中的变化主要表现为游离水容易蒸发散失。由于水分的损失，新鲜果蔬中的酶活动会趋向于水解方向，从而为果蔬的呼吸作用及腐败微生物的繁殖提供了基质，以致造成果蔬耐储性降低；失水还会引起果蔬失鲜，变得疲软、萎蔫，食用品质下降。因此，在果蔬储运过程中，为了保持果蔬的鲜嫩品质，必须关注水分的变化，一方面要保持储藏环境较大的湿度，防止果蔬水分的蒸发；另一方面还必须采取一系列控制微生物繁殖的措施。

大部分果蔬如苹果、梨、菠萝、萝卜采后进行涂蜡、涂膜、塑料薄膜包装等措施，保持果蔬水分。在果蔬储藏过程中进行地面洒水、喷雾、挂草帘等提高储藏环境的相对湿度，保持果蔬的含水量，维持果蔬的新鲜状态，延长储藏寿命。

少部分果蔬，如柑橘、葡萄、大马铃薯，可适当降低含水量，降低果皮细胞的膨压，减少腐烂，延长寿命。

2. 果胶物质

在果蔬储运过程中，果胶物质形态变化是导致果蔬硬度变化的主要原因。

果胶物质分解的结果，使果蔬变得软疡状态，耐储性也随之下降。储藏中可溶性果胶含量的变化，是鉴定果蔬能否继续储藏的标志。所以，为保证果蔬的食用品质和适应远运与久藏的要求，采收的果蔬应避免过于成熟，并保持良好的硬度。

霉菌和细菌都能分泌可分解果胶物质的酶，加速果蔬组织的解体，造成腐烂，储运中必须加以注意。

3. 纤维素和半纤维素

刚采摘果蔬的细胞壁中含纤维素，食用时口感细嫩；储藏一段时间后，组织逐渐老化，纤维素则发生木质化和角质化，使蔬菜品质下降，不宜咀嚼。

（四）营养物质的变化

储运中的果蔬由于自身的呼吸消耗、营养物质稳定性等原因的影响，营养物质变化的总趋势是向营养成分减少、质量发生劣变的方向发展。

如果蔬中的淀粉含量在储藏期间会由于淀粉酶的活性加强，淀粉逐渐变为麦芽糖和葡萄糖，致使某些果蔬(香蕉、梨等)的甜味增强，改善食用质量。但果蔬的耐储性也随着淀粉水解的加快而减弱，马铃薯出现甜味，说明其食用质量下降。因此，在果蔬储运过程中，必须创造低温、高湿条件，抑制淀粉酶的活性，控制淀粉的水解。

第二节　典型水果的速冻加工技术

一、水果的速冻加工技术

水果中含有各种维生素和矿物质，特别是维生素 C 和碱性矿物质。速冻保藏一些价格高或有特殊风味的水果，可在淡季调节市场或争取外销，有较高的经济价值。速冻水果可做果酱、果脯的原料和酸奶、派等的配料。速冻水果的质量取决于原料的性质和速冻工艺。水果的速冻加工工艺流程如图 7－1 所示。

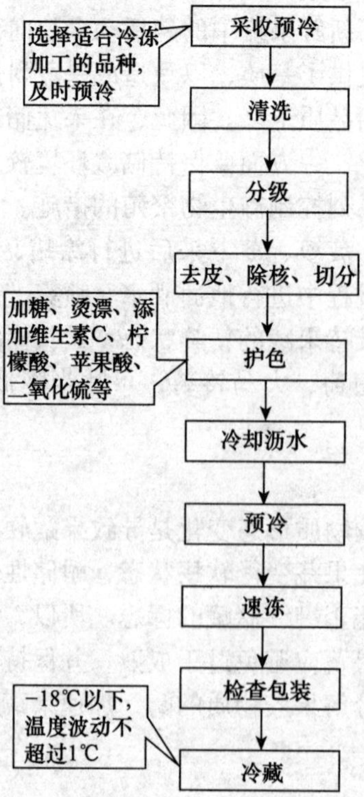

图 7－1　水果速冻加工工艺流程

（一）原料采收

速冻水果原料的状况与速冻产品的质量有密切的关系，优质的原料才能加工出高品质的速冻产品。水果的种类很多，通常适合于速冻的有苹果、桃、杏、梨、草莓、樱桃、荔枝和菠萝等。果实应在最适的采收成熟度(一般在八九成熟或者说鲜食成熟阶段)采收，因为水果速冻后原有的色、香、味得不到提高，采收太早，水果的色、香、味和营养价值都不理想。采收成熟度太高则果实太软不利于加工，易碎、易流汁。目前，中国果实的采收依然多是人工进行，如管理得好可大大减少损伤，减少原料的浪费，但费工且效率低。水果的运输同前面蔬菜运输方法。

（二）预冷

最大限度地保持水果原料的新鲜程度和原有品质，就必须在采收以后的最短时间内，在水果原料产地，用人工方法将其冷却到规定温度，使水果维持其正常的生命活动，把呼吸作用和蒸发作用降低到最低水平。有些冷冻厂为了提高速冻水果产品质量，已把预冷作为水果采收后加工的第一道工序。但还有些速冻厂没有条件或不重视预冷这道工序，冷冻产品质量受到了影响。水果预冷方法同前面蔬菜预冷方法。

（三）清洗

水果在生长成熟期间以及采后的储运中，经常会受到自然环境的污染、杂物的混入、病虫害的侵袭，农药的残留、容器的不清洁等，使水果必须经过清洁、降杂、减少微生物的污染。对草莓等浆果类原料洗涤时，要防止机械损伤及在水中浸泡过久，以免营养流失、色泽和风味受到影响。

（四）分级

为了保证产品的质量和标准，减少损耗，适于包装，原料须进行质量、大小、重量分级，同时剔除不合格部分。

（五）去皮、切分、除核

水果除浆果类不需要去皮，樱桃类小型果实不需去皮，大多数是要去皮的，果实去皮的方法有机械去皮(苹果)、热力去皮(桃)和化学去皮(橘子)等。

1. 机械去皮

多数加工厂用机械去皮，去皮后再按规格要求进行切分并除核(用机械或人工方法)。对除核则采取冲击穿刺的机械装置进行。

2. 热力去皮

一般用高压蒸汽或开水短时间加热，使果实表皮突然受热松软与内部组织脱离，然后迅速冷却去皮。如：杏、桃子等。

3. 化学去皮

在3%~10%的氢氧化钠热溶液(60~90℃)中浸1~5分钟，立即取出，用水冲洗，并摩擦或刷去表皮，用流水冲洗，再将去皮的水果在2%柠檬酸溶液中浸数分钟，以中和残留的碱性，最后用清水冲洗干净。橘子、杏、桃子等适合用此方法。

（六）护色处理

水果去皮切分后与空气接触，颜色容易褐变。为了抑制这一变化，一般采用烫漂或加添加剂或两者结合的方法进行处理，烫漂和加添加剂结合的方法效果较好。具体方法是：水果去皮立即用0.1%~0.2%的维生素C水溶液或0.2%柠檬酸或1%的食盐浸泡，切分后立即烫漂(水中最好加柠檬酸或维生素C)。

1. 烫漂

烫漂方法和检验方法如前面的蔬菜速冻加工技术所讲，一般烫漂温度和时间由果块的大小而定，烫漂温度一般在85~95℃，常以水果块中的过氧化物酶活性刚好全部破坏为度。生产中应先小试，根据不同原料特点和产品的规格要求，确定温度和时间，并在实际生产时定时抽查，确保酶的活性降到最低，以免冻藏和解冻过程出现褐变。

2. 加糖处理

水果加糖后由于渗透压的作用，水果中的水会部分析出，可降低冻结点，可减轻冻结时形成的冰晶破坏水果的组织。同时由于糖水包住了水果，能起到隔绝空气的作用，减少氧化作用，削弱氧化酶的活性，有助于保持水果的色香味和维生素C含量。糖水浓度为10%~50%，用量配比是：水果∶糖水=2∶1。水果中加入糖水后，应先在0℃库房中存放8~10小时，使糖分渗入水果，再将其速冻。冷冻草莓可加砂糖处理，草莓与砂糖的质量比为4∶1~7∶3。

3. 添加维生素C

添加维生素C主要是对在去皮、切分、除核后对褐变特别敏感的水果而言。如将桃的薄片浸渍于糖液中，经速冻后在冻藏期间会颜色变褐，致使产品质量下降。但如果将桃的薄片浸渍在含有0.1%维生素C的糖汁中，然后取出速冻，于-18℃以下冷藏两年也不变色。

4. 二氧化硫处理

采用二氧化硫浸泡水果也能防止褐变。处理方法是水果去皮、切分后，立即投入浓度为50mg/kg的二氧化硫溶液中浸渍2~5分钟，控制褐变较有效。用此方法要注意：处理过的水果组织所含二氧化硫量应限制在20mg/kg以内，二氧化硫含量过高会引起一定程度的果胶水解，同时平均黏度也要下降，结果导致水果变软。此方法在一些国家禁止使用。

5. 柠檬酸和苹果酸处理

柠檬酸和苹果酸是水果中天然存在的两种有机酸，它们具有抑制酶活力的作用。水果中氧化酶的活性，可用降低pH的方法而使其受到抑制。因此，提高水果酸度也可以防止褐变。特别是柠檬酸在果蔬加工中经常用到，柠檬酸能降低产品的pH而控制其氧化。在速冻果品的填充糖液中加入0.5%的柠檬酸就能起到保护色泽的作用。在去皮、切分、除核后将水果浸渍在含有0.2%的柠檬酸溶液中也能起到较好的护色作用。

（七）速冻

冻结速度对水果的品质影响很大。水果的速冻国内外多采用流化床速冻装置进行，用该装置速冻的水果品种有苹果、桃、樱桃、草莓、菠萝丁和荔枝等。在冻结时，根据水果在流化床传送带上悬浮状态的不同又分为全流化、半流化和不流化三种形式。通常流化床内空气温度为－35～－30℃，冷气流速度为4～6m/s。对全流化水果，如樱桃，装料层高30～40mm。冻结时间3～6分钟。对半流化水果，如荔枝，装料层高80～120mm，冻结时间9～20分钟。对不流化水果，如桃，装料层高200mm，冻结时间25～35分钟。

（八）包装、冻藏、解冻

包装、冻藏、解冻方法与注意事项同本节蔬菜的速冻加工技术。一些冷冻果蔬的储藏期见表7－1。

表7－1 几种常见速冻果蔬的储藏期限（月）

果蔬名称	速冻温度			果蔬名称	速冻温度		
	－18℃	－25℃	－30℃		－18℃	－25℃	－30℃
青豌豆	18	>24	>24	加糖草莓	18	24	24
菠菜	18	>24	>24	不加糖草莓	12	>18	>24
胡萝卜	18	>24	>24	加糖樱桃	12	18	24
刀豆	18	>24	>24	加糖杏	12	18	24
甘蓝	15	24	>24	加糖桃	12	18	24
花菜	15	24	>24	加糖李	12	18	24

二、典型的速冻水果加工技术

速冻水果主要有苹果、桃、梨、草莓、蓝莓、樱桃、杏、荔枝、枇杷、番石榴等。

（一）速冻草莓加工技术

1. 工艺流程

工艺流程见图7－2。

2. 工艺要点

（1）原料挑选。除去杂质异物和有硬结的果、畸形果、病虫害果、青头果及过熟导致的红黑色果。选择有适当的硬度，表面光泽、无腐烂、具有本品种草莓应有的香气、滋味，八九成熟，具有该品种固有的红色，红色部分应占果实2/3以上的草莓，大小均匀，重量因品种而不同，农药的残留量符合国家标准。一般选择该品种的中等或中等稍大的果，符合这种规格且均匀的草莓属于A级品，出口较多而且价格较高。如全明星草莓质，其地较硬适合运输和单冻加工；丰香草莓则质地软，香味极浓，适合块冻。

（2）去蒂。通常，草莓去蒂还是借助小尖锥的手工法，很费工时，但草莓不易损坏。同时还可去除杂质异物，对草莓进行再次挑选、分级。

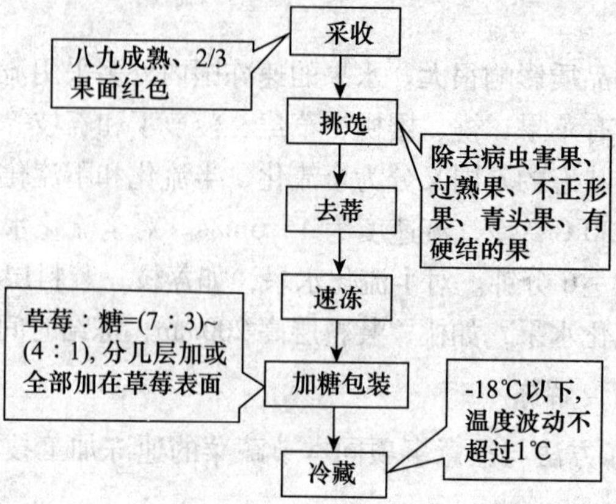

图7-2　速冻草莓加工工艺流程

（3）清洗、分级。一般都用洗果机，毛刷要软硬适度，既要能刷干净草莓表面，又不能损伤它。用水喷淋和浸泡时间不宜过长，最好不要超过20分钟，以免色素和营养成分损失。有些冷冻厂的清洗设备带有过滤网，草莓经过喷淋带时过滤网孔的大小不同而分离出大小不同的草莓。

（4）速冻。

方法一

1）速冻：清洗好的草莓由传送带直接送到流化床装置的多孔不锈钢网状传送带上，分成预冷和急冻两段，冷风温度为－40～－35℃，以6～8m/s的风速，垂直向上，5～10分钟内，使草莓中心温度达到－15℃以下。

2）称重加糖：一般单包装净重为10～20kg，加糖比例不同，一般出口产品，草莓与糖的比例为4∶1，国内销售产品，草莓与糖的比例为7∶3。加糖方法也不同，可分几层撒在草莓上，也可以将糖全部撒在草莓的最表面。

3）包装：通常有三种包装，即纸箱、马口铁桶、塑料桶。前两种要有高密度聚乙烯内包装袋，塑料桶则直接装入草莓。包装上标签文字内容要求包括：产品名称、生产日期、保质期、净含量、生产商名称、地址、电话等。

方法二

1）盘冻：将清洗、分级好的草莓装入盘中，盘冻（－35℃时，果实中心温度可达到－1℃）。

2）加糖装箱：将以上草莓按规定重量装入包装中，称重加糖，糖全部盖在草莓表面。草莓与白砂糖的比例为(7∶3)～(4∶1)。出口产品一般是草莓与白砂糖的比例是4∶1。

3）急冻：装箱后立即－35℃以下急冻至中心温度到－15℃以下。这种整箱包装急冻法也叫块冻。

（5）冷藏：速冻后用胶带将包装封箱、封盖，打印生产日期，贴标签，出口产品则要注意出口的新标签标准。－18℃以下冷冻保藏。

3. 产品质量标准

（1）感官标准。

1）色泽：解冻前后色泽一致，均为正常本品种固有的红色部分占果实的2/3以上，但不允许有青头及过熟导致的红黑色。

2）滋味和气味：解冻后具有本品种草莓应有的滋味和气味，没有异味。

3）组织形态：有适当的硬度，表面光泽、果肉无压坏、无腐烂果、无含有硬结的畸形果。

4）杂质：无杂质异物，无病虫害。

（2）卫生标准：冷冻草莓要符合国家卫生标准。

（二）速冻杏的加工技术

1. 工艺流程

采收→挑选→清洗→去皮→酸浸泡→清洗沥水→切分、去核→护色、冷却→速冻→包装→冷藏

2. 工艺要点

（1）原料挑选：选择有适当的硬度。表面光泽、无腐烂、无虫害、具有杏应有的香气、滋味。八九成熟，具有该品种固有的橙色或橙红色。串枝红品种较适合速冻。

（2）清洗：将果表面清洗干净。

（3）浸泡：将洗干净的杏用配制好的3% NaOH溶液浸泡1~2分钟。溶液中浸泡2分钟。

（4）碱洗：先将用碱泡过的杏用净水冲洗，并将杏皮摩擦去净，再放入事先配制好的0.2%的柠檬酸。

（5）清洗、去核、切分：把杏从柠檬酸中捞出用净水冲洗干净，将杏去核、切分（可切瓣、条、片、丁）。

（6）护色：建议用几种方法做对比，看哪种效果好。烫漂：烫漂水温85~95℃，水中加0.1%的维生素C，时间最好根据检验而定。过氧化氢酶的活性检验及其他护色方法参见本节中介绍的相关方法。

（7）控水、冷却：将经过护色处理的杏立即控水、冷却。

（8）冻结：最好-35℃快速冻结。

（9）包装冷藏：用塑料袋包装、封口、装箱。立即放在-18℃以下的条件下冷藏。

3. 产品质量标准

（1）感官标准：①解冻前后色泽一致，均为正常的橙色或橙红色，不允许有青斑及过熟导致的红褐色。②滋味和气味，解冻后具有杏应有的滋味和气味，没有异味。③组织形态，有适当的硬度，表面有光泽、果块均匀一致、果肉无压坏、无腐烂果。④无杂质异物，无病虫害。

（2）卫生标准：冷冻杏要符合国家卫生标准。

（三）速冻荔枝加工技术

1. 整果荔枝

（1）工艺流程。

原料选择→挑选→清洗→护色→处理→预冷→速冻→包装→冻藏

（2）工艺要点。①原料选择：要求新鲜，无腐烂、无虫蛀、无破损，成熟度九成。在晴天下午采果，采收后及时运回工厂，尽快加工。若当天加工不完，可短期冷藏。②挑选、清洗：剔除病虫、损伤、褐斑、过熟或未熟果，并摘去果柄，注意不要摘掉果皮，用水清洗干净。③护色：处理有多种方法，一般用热水烫漂 7 秒，迅速用冷水冷却，然后在 5% 的柠檬酸溶液中浸泡 2 分钟，捞起沥干溶液。④预冷、速冻：荔枝速冻时容易产生裂果，一般冻结温度越低或冻结速度越快，裂果越多。解决的办法是缩小果温与冻结温度之间的温差，所以冻结前先把荔枝预冷至 0℃，然后再冻结，用 -30℃ 静止冷空气冻结。荔枝最大冰晶生成区的下限温度在 -15℃，荔枝冻结时只有通过 -15℃，结冰率才可达到 80%。荔枝最大冰晶生成带约在 -15～-3℃，远低于一般食品的最大冰晶生成带。因此，荔枝冻结时通过最大冰晶生成带需要较长时间，较难达到速冻要求。冻结速度慢和荔枝果肉柔软多汁是荔枝速冻生产汁液流失多的重要原因。实际生产中可通过风机鼓风提高冻结速度。⑤包装、冻藏：冻结后用聚乙烯袋包装，每袋 250g 或 500g，再用纸箱外包装，然后冻藏。

2. 荔枝肉

（1）工艺流程：

原料选择→挑选→洗果→去壳、去核→清洗→浸渍糖液→包装→速冻→冻藏

（2）操作要点：原料选择、挑选、除果柄等同整果荔枝，轻度自然失水褐变的也可采用。用荔枝专用去核器，对准蒂柄打孔，去蒂柄深度以筒口接触到果核为度，夹出核后，剥去外壳，慎防果肉损伤。然后用清水冲洗干净，沥干水分。把果肉浸渍于含 0.3% 柠檬酸、0.2% 异抗坏血酸、浓度为 40% 糖液 15 分钟，捞起用聚乙烯袋抽真空包装，预冷后冻结，然后冻藏。冻结温度 -30℃，然后在 -20℃ 冻藏。

3. 荔枝速冻生产的褐变问题

荔枝果皮的鲜红色由花色苷构成，花色苷性质不稳定，对光和温度极敏感，很容易变色。另外，荔枝果皮富含酚类物质，其多酚氧化酶活性较强。因此荔枝果皮在加工时护色比较困难，特别是速冻加工，由于果皮细胞组织受到损伤，至解冻时酶的活性增强，加速果皮褐变。冻结速度越慢，果皮损伤越严重，因此果皮越容易变色。目前认为较好的护色方法，实际效果并不理想，其色泽（暗红色）与新鲜荔枝色泽（鲜红色）有一定差距。有关荔枝速冻果皮褐变问题，虽然众多学者进行了研究，但果皮褐变至今还是荔枝速冻生产的难题。综上所述，荔枝速冻最好采用去皮速冻工艺，这样既可避免果皮褐变问题，又可解决速冻与裂果的矛盾，减少汁液流失，提高速冻荔枝的商品价值，同时方便食用或加工其他制品。

（四）速冻菠萝丁加工技术

1. 工艺流程

鲜菠萝验收→喷淋清洗→去皮、目、心→漂洗→消毒→切丁→预冷→沥水→速冻→检查→包装→金属探测→抽检→冷藏→冷链运输→销售

2. 工艺要点

（1）原料预处理：选用新鲜无病虫害、卫生符合 GB18406.2—2001 无公害水果安全要求的菠萝，成熟度要求为果肉已转浅黄色。验收合格的菠萝原料应尽快加工，防止微生物大量繁殖。首先用自来水喷淋洗掉果实表面的泥沙、残留的农药和大部分微生物。接着人工去皮、目和心，用自来水漂洗干净果实表面。消毒用水须符合国家饮用水标准并经砂棒过滤器和紫外线杀菌处理后再添加二氧化氯溶液，有效浓度需达 10～15mg/L。由专人负责监控消毒处理，确保消毒按规定的浓度时间条件进行，以杀灭所有的致病菌和绝大部分非致病性微生物。每班更换一次消毒水。

（2）切丁：消毒过的菠萝经检查确认果皮、果眼剔除干净后，放切丁机中切成丁（规格 10mm×10mm×10mm）。

（3）预冷处理：根据速冻理论，冻结前物料的品温接近冻结点，则物料冻结速度快，产品的质量好，生产能力也大。因此，速冻前经过 5℃左右的冷却水浸泡将料温降低至 10℃左右。

（4）沥水：预冷后的菠萝丁通过不锈钢输送带送往冷冻区的同时进行振动，去掉果肉表面多余的水分，防止冷冻时果丁联结在一起。

（5）速冻：采用流化床式速冻方法，温度 -35～-30℃、流速 4～5m/s 的冷空气从输送带下面往上吹，将果肉吹起似沸腾状进行速冻。速冻过程分为两区段完成，第一区段为表层冻结区，第二区段为深温冻结区。果丁进入冻结室后，首先进行快速冷却，即表层冷却至冰点温度使表层冻结，果丁间、果丁与不锈钢带间成散离状态，彼此间互不粘连，然后进入第二区段深温冻结至中心温度为 -18℃以下，整个冷冻过程约 15 分钟可告完成。

（6）在线检查：冻结的果丁从冷冻室出来后至装前，在运行的输送带上由人工检查、剔除有黑点果皮的果丁和杂质，粘连的果丁则检出放回冷却水解冻分离，重新冷冻。

（7）包装：包装材料经过预冷和紫外线杀菌处理后进入包装间。内包装用聚乙烯薄膜袋，外包装用箱，每箱净重 10kg。

（8）检验：包括金属探测器探测和成品的抽检，因为去皮、切丁和速冻工序可能因工具、设备破损螺钉脱落而在产品中残留金属碎片，所以须用金属探测器对包装后的每一箱进行金属检查，合格者方可入库。成品的抽查包括温度检查和不良率检查，抽样为 3%。温度检查，即用温度计插入包装箱中心测果肉品温，温度应低于 -18℃，否则重新冷冻；不良率检查则是开箱检查，将 3 丁以上（含 3 丁）的连团、带黑点或果皮的果丁检出称重，这部分果丁的量占样品总重的比率称为不良率。

（9）冷藏和运输：冷藏库和冷藏车的内部温度应保持在 -18℃以下，温度波动要求控制在2℃内。

3. 产品质量指标

（1）感官指标。①色泽：冻结状态呈淡黄色，色泽基本一致；解冻后呈浅黄色至黄色，色泽基本一致。②滋味和气味：具有菠萝应有的风味，无异味。③组织形态：大小均匀，规格符合要求。④杂质：无杂质异物，无病虫害。不良率≤12%。

（2）微生物指标：细菌总数≤10^5 个/g；大肠菌群≤300 个/100g；致病菌（包括李斯特菌）不得检出。

（五）速冻桃加工技术

1. 工艺流程

原料→分选→切半→去皮、去核→烫漂→冷却→修整、加糖→包装→冻结→冻藏

2. 操作要点

（1）原料：采用新鲜饱满、香味浓、酸甜适口肉质较硬的硬质桃，要求果实大小均匀，成熟度在八成左右，果肉红色少且不易褐变的黄桃或白桃。剔除病、虫、伤、畸形或未熟果，按果实大小、色泽进行分级。

（2）切分、去皮、去核：用烧碱（NaOH）在不锈钢夹层锅内配成浓度10%的碱液，煮沸，倒入纵切两半的桃片浸没处理30～60秒，处理温度保持90℃左右，迅速捞出桃片，洗去残留的果皮和碱液，在0.2%盐酸液中浸泡，中和碱液防止褐变。漂洗后挖去桃核，注意挖净核窝处的红色果肉。

（3）漂烫、冷却：为防止在速冻加工中酶褐变，将挖出核的桃片在不锈钢锅内用0.1%柠檬酸液漂烫（90℃）2～4分钟至果肉无生心为止；也可以用98～100℃蒸汽热烫2～4分钟。预煮后的桃片立即投入冷却池内以循环冷却水急速冷却，然后再置入冰水中冷却，以冷至常温为止。应注意护色。

（4）修整挑选、加糖：先挑除青色、红褐色及病伤果，挑除不整形的块、烂桃。然后将冷却透的桃片进行修整，修去桃片表面斑点、杂质及残留桃皮和局部褐变。修整时注意用刀方法应顺桃弧形自然修整，使表面平整，切面无毛边、核窝处光滑，果块呈半圆形。选取果块完整，表皮光滑，核窝光滑，色泽正常的半圆形果块，在桃片中加入浓度40%～50%的糖浆，按桃片∶糖浆 =7∶3 的比例。为防止桃片变色可在糖浆中加入0.1%～0.2%的维生素C进行护色。

（5）分类、包装、冻结：将修整后的桃片按大小不同，色泽不同，品质、级别不同分别装盘进行速冻。用聚乙烯塑料袋或马口铁罐包装，送入 -30℃以下的冷冻隧道中冻结至品温 -18℃为宜。

（6）冻藏：在 -18℃的冷库中冻藏，冻藏期间温度波动范围不得超过 ±1℃，期限为18个月。

3. 产品质量标准

（1）感官指标。①色泽：呈黄色或黄白色，色泽较一致。②组织形态：组织鲜嫩，

形态完整，表面平整，切面无毛边，去皮干净表面光滑，核窝处光滑，色泽正常的半圆形果块。③滋味和气味：具有黄桃固有的滋味和气味，无异味。④不允许存在杂质，冻结良好，不得有结冻成块。

（2）卫生要求：应符合食品卫生要求，适合食用标准。

（3）微生物指标：细菌总数≤10 万个/g；大肠菌群为阴性。

（六）速冻芒果加工技术

1. 工艺流程

芒果→清洗→去皮、去核、切块→热烫→冷却→低温浸糖→装袋→封口→速冻→检验→装箱→低温储藏

2. 工艺要点

（1）选果、清洗：选择成熟多汁、有光泽的新鲜芒果，剔除烂果、有虫眼的等残果。用流动清水漂洗，洗去果皮表面的尘土、泥沙及黏附在其表面的微生物等杂质。或采用滚筒式清洗机清洗，利用果与滚筒壁之间的摩擦洗去表面的泥沙等杂质。

（2）去皮、去核、切块：将清洗后的芒果立即进行去皮、去核、切块处理，可采用手工去皮、去核、切块（注意芒果果肉不可直接接触金属表面，应用不锈钢刀切块），然后将切块后的芒果果块由输送带送往预煮机预煮。

（3）热烫、冷却：利用蒸汽对果块直接进行连续热烫处理，热烫温度应控制在100℃以上，时间为 1～2 分钟，通过热烫以保持果块色泽，减少果肉汁液的损失。热烫后的果块要立即进入冷却槽中冷却，以防果块质地变柔。

（4）低温浸糖处理：将经过冷却槽冷却后的芒果果块送入低温糖液中进行低温浸糖处理，糖液的质量浓度一般在 25～35Bx°之间。

（5）装袋、封口：将经过低温浸糖后的果块，按果块与糖液的质量比为 3:1 进行装袋，用真空封口机热封。糖水与果块的质量比控制在 1:3 时，产品解冻后的色泽、香味、滋味及营养成分均接近鲜果。

（6）速冻：将袋装、封口后的芒果果块立即进行速冻处理，冷冻温度为 -40～-35℃，并力求在短时间内完成，以保证果肉中水分冻结成细小冰晶，而不引起其组织的破坏，并保证产品解冻后，保持其原有的营养成分。

（7）检验、装箱：对速冻后的果块检验，合格即可装箱。

（8）低温储藏：装箱后置于 -20～-18℃的低温下冷藏。

3. 产品质量标准

（1）感官指标：①色泽洁白或微黄色，呈透明状。②酸甜可口，富有浓郁的芒果香味，滋味接近鲜芒果。③整齐干净，无渗漏现象，无杂质。

（2）卫生指标：大肠杆菌、致病菌不得检出。

第三节 典型蔬菜的速冻加工技术

一、蔬菜的速冻加工技术

速冻蔬菜的质量取决于原料的性质和速冻工艺。其速冻加工工艺流程见图 7-3。

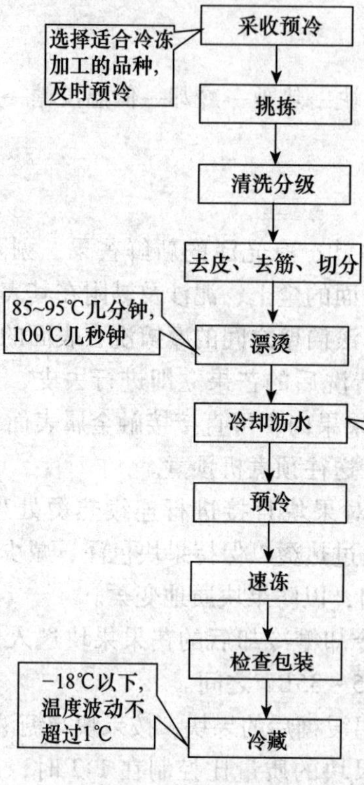

图 7-3 蔬菜速冻加工工艺流程

1. 原料采摘

选择好的原料是保证速冻果蔬产品质量的先决条件，蔬菜的种类、品质和新鲜度直接影响着速冻蔬菜制品质量。

通过冻结、冻藏和解冻的速冻蔬菜将发生品质变化，其变化的大小由于蔬菜种类的不同而有差异。一般来说，含水分和纤维多的蔬菜对冻结速度敏感性强一些，而含水分少含淀粉多的蔬菜对冻结速度敏感性弱一些。适合速冻的蔬菜种类有：豆类(包括青豌豆、蚕豆、豆角、扁豆、毛豆、青刀豆、荷兰豆等)，花菜、菠菜、蘑菇、芋艿、马铃薯、胡萝卜、芦笋、蒜苗、青椒、花椰菜、莲藕、甘薯等。

品质方面一般要求原料成熟度适宜、规格整齐、无机械损伤、无斑疤，外观、肉质、风味好，无病虫害、无微生物和农药残留的污染等。

如果仅有好的品种和品质，但新鲜度低，速冻果蔬产品质量还会受到严重影响。果蔬采收后随着时间延长，新鲜度越来越低，这是由于果蔬收获后仍然是生命体，继续着呼吸作用，伴随着新陈代谢，引起了生物化学变化，消耗了氧分，造成鲜度降低。所以若使其收获后尽可能保持较好的鲜度，应该采取以下措施保持低呼吸作用：①在最短时间内预冷，以减慢呼吸作用和生物化学变化；②在最短的时间内将其运输到加工地点，运输时尽量避免长时间暴露在阳光下，避免剧烈颠簸和挤压。

2. 原料预处理

在冷冻前，近乎所有蔬菜都要进行必要的处理。处理的内容和工序由于蔬菜的种类和制品的形状等不同而异。一般蔬菜的预处理包括预冷、挑除异物、洗涤、去根、去皮、去种子等不可食部分，根据成熟度、形态、大小进行挑选、成形、烫漂、冷却、包装等。在加工过程中原料不能直接与铜或铁的容器直接接触，否则产品易变色变味，因此，加工过程中应使用不锈钢器具和塑料器具。下面重点介绍速冻加工的几道重要工序。

（1）预冷。在蔬菜原料产地，用人工或机械方法将其冷却到规定的温度，使蔬菜维持正常的生命活动，在保证抗病能力的前提下，把呼吸作用和蒸发作用降低到仍能维持正常新陈代谢的最低水平，这一冷却方法称为预冷。目前预冷已成为蔬菜采收后加工的第一道工序。

预冷方法：①空气预冷法（强制通风法），即在高温冷藏库内采用冷气流强制对流的冷却方法，适用于所有蔬菜品种，该方法简单易行但冷却速度慢，通常每次需 12 ~ 14 小时。②水预冷，即通过水冷却装置用水冷却，该方法适用于根茎类、果菜类蔬菜，此法设备简单、操作方便、冷却速度快、成本低，但是蔬菜的可溶性营养成分易流失，并易受冷却水中细菌的污染。③真空冷却，是利用水蒸发的汽化热冷却的方法，使蔬菜所含的水分在较低的温度下蒸发带走蔬菜自身的热量，达到冷却蔬菜的目的。具体的过程是：将水的压力从常压 0. 1MPa 降到 613Pa 时，水的沸点从 100℃降到 0℃，此时水在 0℃迅速地沸腾蒸发。根据计算，每蒸发 1g 水，就能带走约 2514J 热量；蔬菜每失水 1% 就能降温 6. 2℃。因为真空冷却是靠蒸发蔬菜本身的水分而达到较低温度的冷却方法，所以对单位表面积较大的叶菜特别有效，此方法冷却速度比其他方法快，被冷却的蔬菜温度也比较均匀。

（2）烫漂。由于蔬菜中含有各种酶类尽管处于冻结状态仍有一定活性，从而引起蔬菜变色变味、质构和营养变化。当解冻品温上升时酶活性变强，加快了生物化学变化，使产品质量恶化。大多数蔬菜都要进行漂烫工序，只有少数蔬菜在冻结前不进行加热处理，如洋葱、青柿子椒等。

1）烫漂的目的。速冻蔬菜烫漂的最重要的目的是使酶的活性被限制在最小限度，避免速冻、冷藏、解冻过程发生生物化学反应，使蔬菜营养损失、颜色和风味变坏。其次，烫漂能杀死部分微生物，利于蔬菜储藏。再次，排除蔬菜组织中的空气，减少蔬菜储藏过程中的氧化作用。

有几种酶由于在较高温度下仍能保持活性而被认为是蔬菜在冷藏过程中发生化学变化的原因。因此，把生鲜蔬菜在更高的温度下加热，这类的变化就可以避免，例如在 88℃温度下加热数分钟，也可在 100℃下加热约 30 秒。原料有大小，同样的原料，由于根、茎、叶等部位的热传导快慢不同，杀酶的效果也不同。因此，要根据不同情况确定烫漂时间才能保证冻菜质量。

图7-4、图7-5记录了烫漂温度和时间对刀豆的过氧化物酶和抗坏血酸氧化酶活性的影响。可以看出，过氧化物酶比抗坏血酸氧化酶的耐热性要强，也就是说在同样加热的条件下，过氧化物酶活性的降低要慢得多。因此，烫漂效果的检验一般是检查抗热性较强的过氧化物酶的活性。

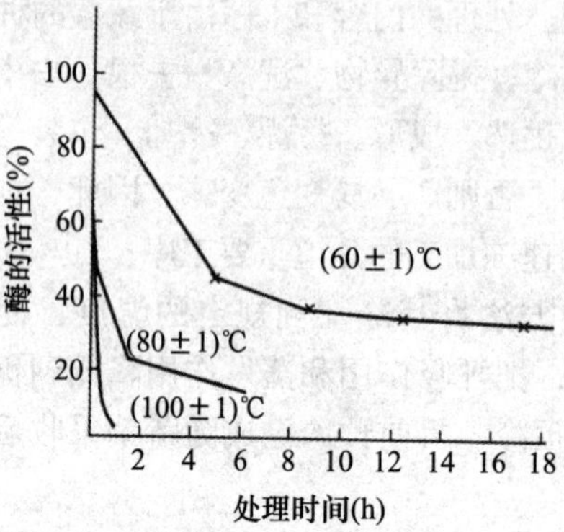

图7-4　温度和时间对刀豆的过氧化物酶活性的影响

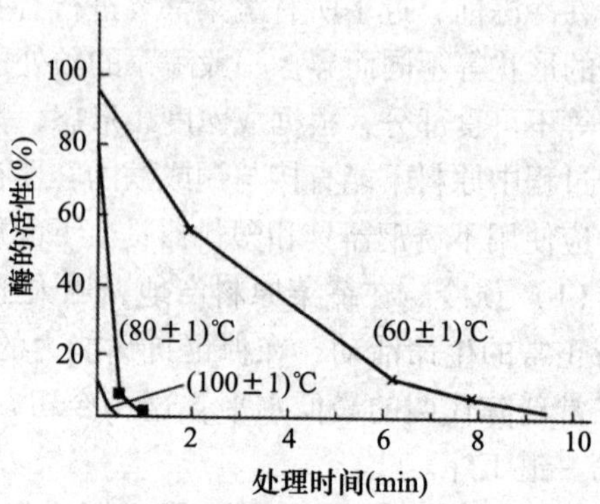

图7-5　温度和时间对刀豆的抗坏血酸氧化酶活性的影响

2）烫漂的方法。烫漂常用方法有热水烫漂和蒸汽烫漂两种。热水烫漂用水应符合生活饮用水的水质标准，水温多为80～100℃，生产中常用水温为93～96℃。烫漂时间因蔬菜种类和烫漂温度而不同。由于水的热容量大，传热速度快，因而热水烫漂时间较同温下蒸汽烫漂时间短，品温升高较均匀一致，适用的品种范围较广，操作简单，设备简单投资少。但热水烫漂存在着用水量大、蔬菜细胞破损严重、水溶性营养成分损失较多、失水率较大等方面的不足，影响到速冻蔬菜的风味、营养和外观品质，手工操作时劳动强度大。

蒸汽烫漂是把蔬菜放入流动的高温水蒸气（或水蒸气与空气混合气）中进行短时间的加热处理，紧接着用低温空气进行快速冷却。蒸汽温度≥100℃，压力在100kPa以上。此热烫和冷却方法对蔬菜细胞组织破坏性小，可减少水溶性营养成分的损失，如表7-2所示。它主要适用于叶菜类、果菜类和切细根菜类。该法存在热量损失较大，烫漂不均匀，水蒸气易在蔬菜表面凝结，需要专门的烫漂设备等缺点。

近几年，烫漂方法正在向快速、节能、操作控制方便的方向发展，主要新方法有微波烫漂、高温瞬时蒸汽烫漂、常温酸烫漂等。不管采用哪种烫漂方法，蔬菜的外观品质没有显著性差异，但在维生素C保持率、能耗和失水率等方面存在差异。

微波烫漂：将预制的新鲜蔬菜放在915MHz或2450MHz的电磁场中，利用微波的热力效应和生物效应，破坏酶的空间结构，使酶失活。此方法使蔬菜内外同时受热，品温上升快。

表 7-2 几种蔬菜在烫漂时成分的损失率 单位:%(质量分数)

品 种	无机盐			蛋白质			维生素 C		
	a	b	c	a	b	c	a	b	c
青豌豆	12	16	5	9	15	4	29	40	16
菜豆(薄片)	21	44	20	8	19	13	34	56	36
菜豆(整的)	9	11	15	0	10	3	7	18	8
胡萝卜(片)	15	24	10	30	30	26	26	39	22
胡萝卜(丁)	29	33	17	23	24	7	24	46	20
胡萝卜(整)	6	16	11	10	10	11	19	44	32
土豆(整)	7	19	10	8	10	10	32	34	39
甘蓝	10	23	17	5	12	11	31	48	11

注：a－热水烫漂 1 分钟；b－热水烫漂 6 分钟；c－蒸汽烫漂 3 分钟。

高温瞬时蒸汽烫漂：采用高温高压水蒸气短时间(5 ~6 秒)加热蔬菜以达到烫漂效果，蔬菜汁液损失减少并改善其质构，热利用率高，节约能源。

常温酸烫漂：主要用于易褐变的蔬菜，如蘑菇，其中含有大量的多酚氧化酶，将蘑菇放在 pH 3.5、0.05mol/L 柠檬酸溶液中浸泡几分钟，使酶的三级结构受到破坏，而且柠檬酸络合多酚氧化酶的中心离子，使酶失活。

烫漂温度和时间应根据蔬菜的种类、大小、成熟度、含酶种类和工艺要求等条件综合考虑确定，常以蔬菜中的过氧化物酶活性刚好全部破坏为度，也可以脂质氧化酶活性刚好全部破坏为标准，在生产中应结合实际情况，从蔬菜品质和节能两方面综合考虑，稍作调整。一般采用热水烫漂时，投料量与热水质量之比为1:20，以保证烫漂的有效温度。几种常见蔬菜在100℃烫漂所需时间见表 7－3。

表 7－3 几种蔬菜的烫漂时间 单位：min

蔬菜种类	烫漂时间	蔬菜种类	烫漂时间
菜豆	2	青菜	2
刀豆	2.5	荷兰豆	1.5
菠菜	2	芋	10 ~12
黄瓜片	1.5	胡萝卜丁	2
蘑菇	3	蒜	1
南瓜片	2.5	蚕豆	2.5

注：条件为 100℃沸水。上海速冻蔬菜厂菜品。

(3) 烫漂的检验。蔬菜烫漂的温度和时间与其效果密切相关。烫漂效果的检验一般是检查抗热性较强的过氧化氢酶的活性，看其在烫漂后仍残留多少，来判断烫漂是否适当。具体方法：用 1.5% 愈创木酚酒精液和 2% H_2O_2 等量混合后，将烫后蔬菜试样切片浸入其中，如果在数分钟不变色，即表示过氧化物酶已被破坏，否则出现褐色。

有些蔬菜的风味、色泽受脂质氧化酶和脂质过氧化物酶的影响很大，因此，有时也可用脂质氧化酶和过氧化物酶的活性作为烫漂程度的指标。而这两种酶分别含有多种同工酶，每一种脂质氧化同工酶或过氧化物同工酶的抗热性不同，检验方法也有多种，如分光法等。

（4）冷却和沥水。

冷却。蔬菜烫漂后应立即快速冷却，使其温度尽快降至5℃以下，以减少营养损失、色泽变坏。减少对热不稳定成分的变化。减少微生物繁殖，另外，原料品温低，进入冻结装置时还可减少冷冻时的干耗，缩短冻结时间。冷却方法有：①冷水浸泡；②用冷水喷淋冷却；③用冰水(或碎冰)冷却；④冷风冷却。浸泡和喷淋法会增加可溶性固形物的损失，还需沥去原料表面的水分；风冷却没有前者的缺点。

沥水。用水冷却的蔬菜，冷却后必须沥水，特别是菠菜之类的叶菜类蔬菜，菜叶间的残留水分在冻结前会流出积聚于包装袋底部，冻结成冰块而影响成品外观。通常使用离心式、振动式沥水机沥水。

3. 速冻

目前，中国速冻生产厂普遍运用的方法有两种，一种是低温冻结间，是静止冻结，这种方式速度慢，冷冻产品质量不好，不宜推广；二是采用专用冻结装置，此方法速度快，产品质量好，适宜于各种速冻蔬菜。蔬菜冻结的速冻装置大体分为送风式(中国多用流化床速冻装置)、接触式和液氮或液态 CO_2 喷淋冻结装置，速冻蔬菜主要采用前两种形式的装置。无论采取哪种速冻方法，冻结速度和冻结品温这两点是获得优良冷冻产品的最重要因素。

在冻结过程中，最大冰晶生成温度带为 -5 ~ -1℃，在此温度范围内，原料的组织损伤最为严重。为使冰晶体损伤减小到最低程度，可采用迅速冻结法，即30分钟内通过最大冰晶生成区，约80%的水分可冻结成冰。使冰晶体颗粒小而均匀地分布在细胞组织内，对组织结构不会造成机械损伤，可最大限度地保持冻结食品的质量和可逆性。

速冻应采用 -35 ~ -30℃以下的低温进行冻结，至果蔬的中心温度降到 -18℃以下。冻结终温(冻结终了从冻结装置中把冻菜取出时的品温)要尽可能地达到冻藏温度或者接近这个温度，这对于冻藏后保持优良品质很重要。一般来说，冻藏室温度在 -20℃以下，因此，冻结终温可以取 -18℃以下。

需要注意的是，蔬菜在预处理时要经受烫漂过程的加热处理，如有条件，在冻结前将冷却后的蔬菜预冷使其冷透，品温接近于0℃，冷冻效果会更好，这一点很重要。如果冻结前原料的品温高，则相当于冻结过程经过最大冰晶生成温度带的时间加长了。前处理后的原料若不能立即进行冻结，应设法将其品温立即降到近于0℃，并放到冷藏室中暂时储藏，以免发生变质。

4. 包装与冻藏

（1）速冻食品包装的作用：能有效控制食品在储藏中的升华现象而引起的表面失水干燥；防止食品长期接触空气氧化变色；保持产品的卫生，防止食品受污染；便于运输销售。

（2）速冻食品包装的要求：内包装要求耐低温、透气性低、不透水、无异味、无毒性等。铝箔、玻璃纸、纸和PVC、PE、PP、PET等塑料材料可作为内包装。包装形式有袋、托盘、杯、盒、桶。可采用普通包装、充氮包装、抽真空包装等，以0.06～0.08mm厚的聚乙烯薄膜袋使用较多，充氮和抽真空包装效果好。外包装多用表面有防潮层的纸箱，标签或纸箱上印有品名、规格、重量、生产日期、储存条件、储藏期限、批号和生产厂家。

（3）包装注意事项：在包装前，所有包装材料须在－10℃以下低温间预冷；人工封袋时应注意排除空气，若不排除空气，在冻藏中将会加大蔬菜干燥和氧化的程度；包装内的蔬菜要摆放整齐紧密，尽量减少空隙，以免水蒸气从冻结蔬菜中向此空间移动，并在包装材料的内侧面凝霜，使透明的塑料膜变得白浊，其中的冻结蔬菜的表面就会变得粗糙而完全失去光泽并变得干燥；包装必须保证在－5℃以下低温环境中进行，温度在－4～－1℃以上时速冻蔬菜会发生重结晶现象，将大大地降低速冻蔬菜的品质；在包装前1小时，包装间应开紫外灯灭菌，所有包装用器具、工作人员的工作服、帽、鞋、手均要定时消毒；工作场地及工作人员必须严格执行食品卫生标准，非操作人员不得随便进入，以防止污染；装箱后整箱进行复磅，用封口条封箱。

（4）冷藏注意事项：包装后立即送入－18℃以下的冷藏库储藏，库温在短时间波动在所难免，一般尽量控制波动幅度不超过1℃，大批产品进出库时，一昼夜升温应控制在4℃以内。码垛时一定要注意高度限制，太高会造成塌垛现象，压坏冷冻产品。

5. 解冻

解冻就是将冷冻食品的温度回升到所指定的温度，使其内部的冰结晶融化成水，水分逐渐被细胞吸收，并保证最完善地恢复到冻结前的状态，获得最大限度的可逆性。解冻是冻结的逆过程，也需要快速。解冻时间尽可能短、解冻终温尽可能低、解冻食品表面和中心部分的温差尽可能小、卫生条件较好才有利于恢复到冻结前的状态。但是不可能完全恢复到冻结前的状态，这主要因为解冻的方法不同和在解冻过程中要发生物理、化学变化，食品由于冰结晶对纤维细胞组织构造的损伤，使它们保持水分的能力减弱及蛋白质物理性质的变化，必然要产生汁液的流失；因为温度升高和冰结晶融化成水，能使微生物和酶的活动能力趋于活化。因此，冷冻果蔬解冻后要立即食用或加工使用，尽量不冷藏或冻藏，避免产品氧化褐变、流汁、营养损失，甚至受微生物影响腐败变质。

目前，冷冻食品的解冻方法有外部加热法和内部加热法两类。

（1）外部加热法：即由温度较高的物质向冷冻食品表面传送热量，热量由表面逐渐向中心传送。常用的该类方法有以下几种：①空气解冻法，通常采用25～40℃空气和蒸汽混合介质解冻；②水（或盐水）解冻法，一般采用15～20℃的水介质浸渍解冻；③水蒸气凝结解冻法；④热金属面接触解冻法。

（2）内部加热法：即在高频或微波场中使冻结晶各部位同时受热。常用的内部加热解冻方法如下：①低频电流（50～60Hz/s）加热解冻。该方法比空气和水解冻的速度快2～3倍，耗电少、费用低。其缺点是内部解冻不均，只适合薄片表面解冻。②高频电流（1～50MHz/s）加热解冻。解冻时间短，食品表面和内部同时加热。③微波加热、超声波、远红外辐射等。解冻速度快，能较好地保持食品的色泽和营养，但成本较高。

通常，解冻时低温缓慢比高温快速解冻流失液少。但蔬菜在热水中快速解冻比自然缓慢解冻流失汁液少。

速冻水果是供鲜食或作深加工原料用，不宜采用加热法解冻，采用低温全解冻方法较好。速冻蔬菜在解冻食用时，可直接烹饪，烹饪的火力要猛，加热要均匀，蒸煮时间要短，常温下不可久放。

二、典型的蔬菜加工技术

（一）速冻荷兰豆加工技术

1. 工艺流程

工艺流程见图7-6。

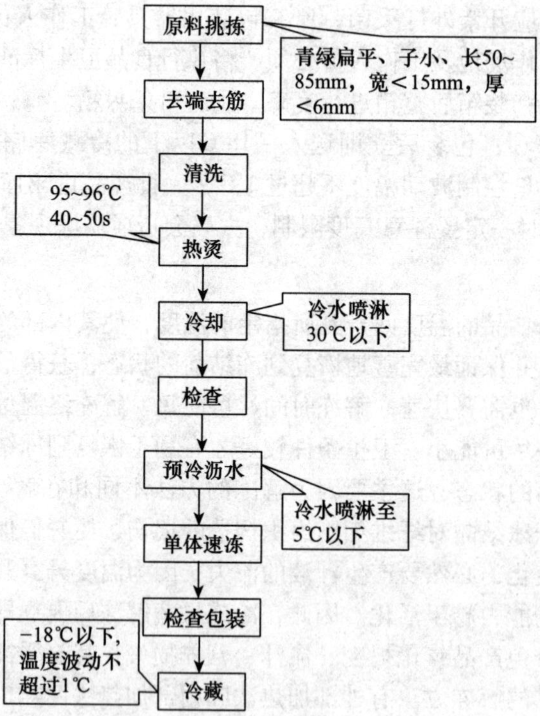

图7-6　速冻荷兰豆加工工艺流程

2. 工艺要点

（1）原料选择：选出色泽青绿，豆荚扁平、子小、较直无明显弯曲，表面光滑无斑，无病虫害，豆荚长度在50~85mm、宽度<15mm、厚度<6mm范围的荷兰豆。人工除去色浅、异色、粗老、有伤、斑点或有虫的豆及杂质。

（2）去端去筋：手工将荷兰豆两侧的豆筋抽去，同时将荷兰豆两端去除。

（3）热烫和冷却：采用热水热烫，热烫温度95~96℃、热烫时间40~50秒。热烫后立即使用符合饮用卫生标准的水喷淋冷却至30℃以下(一级冷却)。为了加快降温速度和节约水源，可以利用后序预冷荷兰豆的较低温度的水再喷淋冷却(二级冷却)。

(4) 检查：人工挑出因热烫产生的变色豆、烂豆及原料选择时漏筛的不合格豆。

(5) 预冷、沥水：使用符合饮用卫生标准的冷水再次喷淋荷兰豆，冷却降温至5℃以下，紧接着用振动沥水和吹风除水方法除去豆荚上多余的水分。

(6) 速冻采用流态化单体速冻方法，使荷兰豆的中心温度较快降到－18℃以下，并且豆荚单体不粘连。

(7) 检查包装：在－5℃以下的洁净环境中拣除结块豆、粘连豆、过弯豆和杂质及前序漏拣的不合格豆，然后称量，用塑料袋装好，热封袋封口，最后装箱。

(8) 冷藏：包装后及时放入－18℃以下的低温冷库中冷藏。冷冻期间尽量减少冷库温度波动，温差最好不超过1℃。

3. 产品质量标准

(1) 感官标准：①色泽。解冻前后色泽一致，均为正常的亮绿色。②滋味和气味。解冻后具有荷兰豆应有的滋味和气味，没有异味。③组织形态。豆荚基本直条、扁平子小、去端去筋、无裂缝，食之脆嫩无纤维感。④杂质。无杂质异物，无病虫害。

(2) 卫生标准：速冻荷兰豆微生物检验要符合国家卫生标准。

(二) 速冻菜豆加工技术

菜豆又称四季豆、芸豆、豆角等，多以嫩荚作为菜用，含多种营养成分，食味鲜美，深受人们欢迎。在国际贸易中，菜豆约占全部食用豆类贸易的20%～25%。菜豆储藏性较差，易脱水老化、腐烂及在表皮出现褐斑(俗称“锈斑”)等，采用速冻保鲜可使菜豆储藏期延长，调节蔬菜的季节供应，扩大出口，获得较好的经济效益。

1. 工艺流程

原料选择及处理→清洗→烫漂→冷却→滤水→速冻→包装→冷藏

2. 工艺要点

(1) 原料选择及处理：选择成熟度适中的新鲜嫩菜豆，去除有病虫斑的残次菜豆，摘掉筋，根据需要切成条、段或丝。

(2) 清洗：清洗前可将原料在含有效氯浓度5～10mg/L的水中适当浸泡，在浓度为15%～20%的盐水中浸泡20～60分钟，达到驱虫、护色的目的，同时要及时清除浮在盐水表面的虫子。然后反复漂洗，以除去菜豆表面盐分和残虫。

(3) 烫漂：清洗后的菜豆投入95～100℃沸水中进行烫漂，时间为2～3分钟。

(4) 冷却、滤水：取出菜豆，立即投进冷水中冷却，冷至中心温度10℃以下(最好冷至0℃)。冷却后沥去表面水分，以保证单体快速冻结，一般采用柔性振动和吹风结合。

(5) 速冻：将冷却后的菜豆均匀放入速冻机内，温度为－30℃以下，待中心温度低于－18℃以下时出货。

(6) 包装、冷藏：速冻后立即装入PE(聚乙烯)薄膜袋封口。冷藏置－18℃以下冷藏库冷藏，尽量避免温度波动。

（三）速冻豌豆加工技术

（1）速冻豌豆粒。

1）工艺流程。

原料验收→剥豆粒→分级→浸盐水→漂洗→拣豆→烫漂→冷却→沥水→冻结→包装→冻藏

2）工艺要点。

原料要求：选用白花品种，要求豆粒鲜嫩、饱满、均匀，呈鲜绿色，色泽一致。加工成熟度应选择乳熟期，过迟或过早都会影响品质。乳熟期的豌豆含糖量最高而淀粉最少，质地柔软，甜味适口，但这样的时间很短。如推迟几天采收，原料质量就要发生变化，所以一定要掌握适宜采收时间，并及时加工。

剥豆粒：人工或机器剥荚，机械剥荚应尽量避免机械损伤。分级去荚后的豆粒按直径大小分成各种规格，按产品标准用筛分级不要混淆。

浸盐水：将豆粒放入2%的盐水中浸泡约30分钟，既可除虫，又可分离老熟豆。先捞取上浮豌豆，下沉的老熟豆作次品处理。浸泡后的豆粒用流水冲洗干净。

拣豆：将浮选漂洗后的豆粒倒在工作台上，剔除失色豆粒如花斑豆、黄白色豆、棕色豆等色泽不正常的豆粒。表面有破裂、有病虫害的豆粒也应剔除，同时也应剔除碎荚、草屑等杂质。

烫漂：沸水烫漂1.5～3分钟，要适当翻动，受热均匀，烫漂时间视豆粒的大小和成熟度而定，品质和熟量，以口尝无豆腥味为宜。

冷却、沥水：冷却后的豆粒立即投入冷水或冰水冷却，慢慢搅拌，加速冷却。冷却后捞出沥干水分。

冻结：采用IQF冻结。

包装、冻藏：冻结后按各种规格包装，纸箱和塑料袋应注明规格，然后冻藏。

3）产品质量标准。

呈鲜绿色不带异色豆；具有本品种应有的滋味及气味，无异味；组织鲜嫩，豆粒饱满，无破碎豆，无硬粒豆，无病虫害。

（2）速冻豌豆荚。

1）工艺流程。

原料验收→去端、除筋→浸盐水→漂洗→烫漂→冷却→沥水→冻结→包装→冻藏

2）工艺要点。

原料要求：选适于嫩荚食用的品种。在豆荚脆嫩，纤维少时采收，过迟或过早都会影响品质。采收后及时运输和加工。

去端、除筋：人工除去两尖端和侧筋。剔除病虫害、机械伤等不合格的原料。

浸盐水：在2%盐水中浸泡15分钟，以驱除小虫。

漂洗：将盐分、小虫、黏附的杂质和微生物漂洗干净。

烫漂：沸水烫漂1分钟至豆荚变鲜绿色、以口尝无豆腥味为宜。

冷却、沥水：冷却后的豆荚立即投入冷水或冰水冷却，冷却后捞出沥干水分。

冻结：采用 IQF 冻结。

包装、冻藏：冻结后包装，然后冻藏。

3）产品质量标准。

呈鲜绿色；具有本品种应有的滋味及气味，无异味；组织鲜嫩，食之无粗纤维感，豆荚完整，无病虫害。

（四）速冻菠菜加工技术

1. 工艺流程

采收→挑选→清洗→整理→烫漂→冷却、沥水→速冻→包冰衣→包装→冷藏

2. 工艺要点

（1）原料采收：菠菜是欧美国家的一个主要速冻蔬菜加工品种，叶嫩无纤维、花茎生长前机械采收。中国目前还是人工采收，菠菜加工出口日本较多。菠菜主要有圆叶和尖叶两类，圆叶菠菜适合速冻，尖叶适合冷藏。

（2）原料挑拣：应选择鲜嫩、无黄叶、无白斑、无抽薹、无病虫害的圆叶菠菜。采收后尽快加工，剔除枯黄叶，剪掉约 0.5cm 的根头，修去根须。

（3）清洗整理：将菠菜逐棵用清水清洗，轻轻地捆成小把一排排地放在筐中。

（4）烫漂冷却：沸水热烫 1 分钟，立即冷却至 10℃以下。

（5）沥水：紧接着用振动沥水和吹风除水方法除去菠菜上多余的水分。

（6）速冻：菠菜不超过 4cm 厚，选用传送带式速冻器，冷风温度为 -40 ~ -35℃，可在 40 分钟内完成冻结。

（7）包冰衣：菠菜在冻藏中容易产生升华失水，影响产品质量。因此冻结后立即包冰衣，冰衣即可防止干耗还可以护色。具体方法：将冻好的菠菜块放在 3 ~ 5℃的冷水中浸渍 3 ~ 5 秒，迅速捞出，即可包上一层冰衣。

（8）包装：将包好冰衣的菠菜块装入聚乙烯袋中，封口，装入纸箱中。

（9）冷藏：将以上装好的菠菜立即放在 -18℃以下的低温冷库中冷藏。

3. 产品质量标准

（1）感官标准：①色泽。解冻前后色泽一致，均为正常的绿色。②滋味和气味。解冻后具有菠菜应有的滋味和气味，没有异味。③组织形态。菠菜叶完整不碎烂。④杂质。无杂质异物，无病虫害。

（2）卫生标准：要符合国家标准，农药的残留量符合国家规定。

（五）速冻青椒加工技术

1. 工艺流程

原料→挑选→清洗→杀菌→漂选→切头、尾→切丝→浸泡→沥水→复挑选→称重→装袋→装盘→冷冻→封口包装→储藏

2. 工艺要点

（1）原料要求。青椒果肉鲜嫩肥厚，质地脆嫩，皮呈鲜绿色，有光泽，无机械损

伤、病虫害、异色斑点、老化等。

（2）清洗。用流动清水将青椒表面清洗干净。

（3）杀菌。将清洗后的青椒投入0.005%～0.01%的次氯酸钠溶液中杀菌，时间为60秒，每次投入的青椒与次氯酸钠溶液的质量比为1:7。

（4）切丝。用切丝机将青椒切成宽5mm的丝。

（5）浸泡。由于青椒速冻后食用时会产生异味，因而在速冻前要进行处理。浸泡液要提前配制，配制方法：①将品质改良剂A配成浓度为50%的水溶液。②在不锈钢水池中加水150L，边搅拌边加入品质改良剂A(50%)溶液600g，再加入试剂B 3kg，待完全溶解后加入余下的150L水。③静置3分钟后再充分搅拌，待用。300L的浸泡液可处理125kg的青椒丝，浸泡时间为30分钟，每隔10分钟搅拌一次，然后取出青椒丝。

品质改良剂A的配方：偏磷酸钠15%；明矾20%；柠檬酸10%；维生素C 3%；富马酸10%；乳酸钙10%；乳糖32%。试剂B的配方为：碳酸钠50%；异抗坏血酸钠50%。

（6）称量、装袋。称取质量为500g的青椒丝，装入塑料袋中，增量为2%，要求内容物距袋边3cm以下。然后袋口折叠放入铝盘中轻轻拍平。

（7）冷冻。装盘后放在冻结间进行冻结，冻结间温度在－35℃以下，使冻品中心温度在－18℃以下。

（8）异物探测。青椒丝通过金属探测仪，确保产品中不存在金属异物。

3. 产品质量标准

（1）感官指标：①呈青椒本身的鲜绿色，色泽一致；②具有青椒特有的气味，味甜，无异味；③新鲜，食之无纤维感，形态完整，果肉肥厚，无腐烂、蒂梗、虫斑、籽等。

（2）规格：长度3.5～7cm，宽度(5±1)mm的丝状。

（3）袋尺寸：20.5cm×15.5cm×8.0cm

（4）卫生：符合食品卫生的要求。

（5）细菌指标：细菌总数小于3×10^6个/g，大肠菌群呈阴性。

（六）速冻甘薯茎尖的加工工艺

甘薯茎尖(100～150mm段)及嫩叶、叶柄，作蔬菜用营养价值很高。据有关化验分析：茎尖粗蛋白含量为干重的12.1%～25.1%，与猪牛肉相当。茎叶和茎尖的蛋白质为2.7%、钙为74mg/kg、铁为4mg/kg、胡萝卜素为5580IU/100g、烟酸为6～10mg/kg，维生素B_1为3mg/kg，维生素B_6为2.1mg/kg，维生素C为41.07mg/kg，尤其胡萝卜素含量比胡萝卜高出3.8倍，是多种蔬菜不可比拟的。科学研究表明，甘薯茎尖具有补虚益气、健脾强肾、益肺生津、补肝明目、抗癌、延缓衰老等作用。在我国，由于甘薯茎尖的保鲜及运输问题迟迟未解决，所以，尽管产量大，但一直没有被充分利用起来。速冻甘薯茎尖是速冻蔬菜的新品种，它是将新鲜甘薯茎尖通过清洗、漂烫、速冻等加工处理后，和其他速冻蔬菜一样，较大程度地保持了新鲜甘薯茎尖原有的色泽、风味和维生素，可作长期储藏，且食用方便，是一种不可多得的天然绿色保健食品。

1. 工艺流程

原料→采摘→清洗→漂烫→冷却→速冻→包装→冷藏

2. 工艺要点

（1）原料采摘：选取甘薯秧蔓顶端100～150mm段的嫩茎尖，剔除老叶、黄叶、虫叶、蜘蛛叶，要求无虫眼，无霉叶，叶色亮绿、鲜嫩。采摘时要求不浸水捆扎，专用塑料篮散装，及时运输加工，以免发生变质。

（2）清洗：将采回的嫩尖放于流动水下冲洗，将上面的尘土、泥沙冲掉。因速冻甘薯茎尖食用时不再洗涤，解冻后直接烹饪，所以必须清洗干净。

（3）漂烫：为了保持嫩尖的颜色鲜绿，采用$NaHCO_3$。溶液护色。把含0.01% $NaHCO_3$的热水烧至100℃，将甘薯茎尖用塑料吊篮迅速放入其中，要求漂烫5～10秒，达到半熟程度，立即送预冷间。漂烫时间把握适度，漂烫时间过长以及不及时冷却，都会使速冻茎尖在储藏中变色、变味、质量下降，并使储藏期缩短；漂烫时间过短起不到杀菌和灭酶的效果。

（4）冷却：将送入预冷间的嫩尖迅速置于流动的冷却水中进行冷却冲洗，使其内部充分冷却，温度下降至10℃左右，然后沥干水分。

（5）速冻：采用平面网带式速冻机，迅速冻结甘薯茎尖，冻结器平均温度－32℃，冻品进货平均温度约15℃，出货温度－18℃。控制好茎尖最大冰晶区生成的冻结速度、时间，以免甘薯茎尖产生大冰晶。叶组织细胞大幅度破坏，造成解冻后营养成分的流失，失去应有的鲜味和形态。

（6）包装冷藏：一面速冻，一面定量包装，一般规格为0.5kg、1kg、2kg，采用食品用塑料袋，然后放入20kg计量防水外包装纸箱，打包捆扎，要求储藏温度－18℃以下。

3. 产品质量标准

（1）感官指标。

形体要完整，长短一致，无腐烂现象，色泽呈草绿色。

（2）卫生指标。

重金属含量符合国家卫生标准：Pb≤1.0mg/kg，As≤0.5mg/kg，Cu≤1.0mg/kg，Hg≤0.01mg/kg。

（七）速冻茎椰菜加工技术

茎椰菜又名青花菜，供食用的部分主要是带有小花蕾的嫩茎，其色青绿，味清甜，肉质脆嫩，口感好，营养价值比白色花椰菜高，在国内外市场深受消费者的欢迎。

1. 工艺流程

原料挑选→切碎→修整→护色→驱虫→漂洗→热烫→冷却→包装→金属检测→装箱→冻藏→成品

2. 工艺要点

（1）原料选择。原料新鲜度是决定茎椰菜色、香、味的首要因素，原料越新鲜产品的色、香、味就越好，营养物质保存得就越多，产品的质量也就越佳，因此原料从采收到加工的时间越短，产品质量就越好，在加工过程中要做到快速加工，不积压，不堆垛。

原料成熟度要适中，要做到适时收获，即花蕾球已充分发育良好，花簇紧密整齐，尚未松散和吐花之前为最佳。收获太早则花蕾尚未充分发育成熟，产量低；收获太晚则蕾球松散，花蕾开放，露出黄色的小花瓣，花球面高低不平；原料呈青绿色，无发黄、无虫蛀、无黑斑霉烂和污染现象；每只蕾球不小于400g。

（2）预处理。为便于产品包装和销售，根据市场的消费习惯，必须将蕾球按蕾簇的生长顺序切割成带嫩茎的小朵形花蕾簇，花蕾面径的宽度约3cm左右，蕾茎长度为4～5cm，同时要修除花蕾簇面部的异色小斑点，削净茎部皮层的粗老纤维质和黑色病斑点，要保持茎面光滑美观。

（3）原料的护色和驱虫。为防止削面的氧化褐变，经切削带茎的小朵花蕾簇应立即浸入至2%～3%的食盐水溶液内浸泡30分钟左右，驱除潜伏在花蕾簇内的小昆虫。

（4）清洗与沥水。经盐液浸泡后的原料应立即移入流动的清水池中反复漂洗，清除盐水残留液及原料本身携带的尘土、泥沙和杂质，使原料达到清洁卫生的要求。将洗净后的原料移入振动筛网或离心甩干机内除去表面水分，然后进行热烫。

（5）热烫与冷却。热烫即预煮和烫漂，就是把原料投入至沸水或蒸汽中烫几分钟或几秒钟后取出，迅速冷却。主要作用是破坏蔬菜中氧化酶的活性，抑制和阻止蔬菜在冻结、冷藏过程中氧化酶的活性，抑制和阻止蔬菜在冻结、冷藏过程中由于酶类引起的变色和产生异味。因此，热烫温度和时间的选择是保持蔬菜色、香、味的重要环节。热烫设备最好选用螺旋式连续热烫机，即热烫机和冷却槽衔接在一起构成的热烫冷却流水线。

沥水后原料由原料口进入机内沸水中进行热烫处理，水温保持在96～98℃，热烫时间为1.5～2.0分钟。机温度可以自动控制，温差变化小，时间可自动调节，投料均匀，热烫效果好。热烫后的原料随即置入冷却槽迅速冷却降温。对生产能力小的厂家，热烫设备可采用夹层锅或不锈钢板焊制成的长方形热烫槽，槽的大小可根据生产能力设计，一般可容纳150kg的清水，水与原料的质量比为10:1，槽中通入蒸汽进行加热，待水沸，将装在篮筐中的原料约15kg浸入至沸水中，水温需保持在96～98℃，时间为1.5～2.0分钟，并轻轻翻转原料数次，使原料受热均匀。热烫用水的水质必须符合国家饮用水的标准，要经常更换新水，以保持水质清洁卫生，同时要控制好热烫水的pH在7～8，保持水质呈弱碱性，必要时可加入适量的碳酸氢钠水溶液加以调配，这样能使叶绿素水解产生的叶绿素与钠结合形成稳定的钠盐，保持蔬菜的绿色，否则在原料的连续漂烫过程中溶于热水的有机酸会使热烫水的酸性增强，而绿色蔬菜在酸性环境中，叶绿素中的镁离子会被氢离子取代，使叶绿素受到破坏，变成脱镁叶绿素，从而使绿色蔬菜失去鲜艳的绿色光泽以致退色变黄。热烫后蔬菜本身的温度还很高，若不及时冷却，蔬菜会过度软化，从而使产品的品质下降。冷却介质的温度要低，而且速度要快，这是保持茎椰菜脆度和色泽的根本保证。冷却方法是将烫漂过的原料先用冷水喷淋降温后再移入5℃以下的冷却水池中继续冷透。如采用符合卫生标准的碎冰水进行冷却降温，则效果更佳。

(6) 原料的速冻。对原料必须采用快速冻结法，快速冻结是保证绿色蔬菜原有色、香、味的重要条件。只有采用快速冻结法，才能使蔬菜内90%的自由水在细胞内和细胞间隙处同时形成微小、均匀的冰晶体，才能使冻品达到最大的可逆性，最大限度地保持蔬菜原有的色、香、味。

流态式冻结机是单体快速冻结的一种理想设备。在速冻前将速冻机先用高压水枪冲洗消毒，随后开机，将冻结间先预冷至-25℃以下，再将处理过的原料由提升输送带送入振动筛床，沥尽水分并把原料振散后送入冻结间冻结，冻结温度应控制在-25～-20℃，冻结时间为8～10分钟，使原料的中心温度达到-18℃以下。冻结完毕，冻品由冻结间出料口的滑槽连续不断地排出机外，落到皮带输送机上送入-5℃的包装车间立即装袋、称重，并通过金属检测器后封口，然后装箱入库冷藏。

(7) 包装与冻藏。为防止冻品在包装过程中温度波动，影响冻品品质，包装车间的温度必须保持在-5℃以下，包装纸箱必须先预冷后使用。包装工人的动作要熟练，操作要迅速，非包装工人不得任意出入包装车间，要做到冻品边出、边装袋、边称重，并迅速通过金属检测器检查后立即封口装箱。内包装通常使用0.06～0.08mm厚的聚乙烯薄膜袋，每袋装500g；外包装为双瓦楞纸箱，必须具有良好的防潮性能和承受耐压能力，每箱装20袋，总质量为10kg。装箱完毕后刷明标记送入冷库冻藏，切不可久留在包装车间。

(8) 冻藏。冻品必须存放在冻菜专用的冷藏库内，冷藏温度为-25～-20℃，温度波动范围为±1℃，相对湿度为95%～100%，波动范围在5%以内。冷藏温度要基本稳定，冷藏温度和冻结温度要基本保持一致。在冷藏期间不仅要注意冻品存放时间的长短，更要注意冷库温度的波动，以确保冻品质量。

(八) 速冻苦瓜加工技术

苦瓜为葫芦科一年生蔓性草本植物果实，其性味苦寒，具有清热解毒、清心明目、滋养强壮、降低血糖等功效，有抑菌和抗病毒的作用，同时富含蛋白质、维生素、多种氨基酸及矿物质，是一种深受人们喜爱的食药两用的食品。但其季节性强，鲜食期短，不能满足市场需求。速冻苦瓜经原料预处理后，在-30℃的速冻设备中速冻，于-18℃的低温条件下储藏，可全年供应。

1. 工艺流程

原料验收→预冷→分级→漂洗→剖切、去瓤→预煮→冷却→护色→沥水晾干→摆盘→速冻→包装→冷藏

2. 操作要点

(1) 原料验收：肉质厚，成熟度适中，外皮呈绿色，无机械伤，无病斑，无虫害的新鲜优质苦瓜。

(2) 预冷：将苦瓜放在预冷间，在5～10℃的温度下冷却，除去田间热和呼吸热，若原料来不及验收，可在验收前进行预冷。

（3）分级：根据色泽大小分级，分为乳白、淡绿两级，每级大小长短一致。

（4）漂洗：用流动水漂洗苦瓜，除去杂质、泥沙。

（5）剖切、去瓤：用刀把苦瓜纵切对剖，切两端，去瓤，去籽，根据需求切分，如切片、切块、切段。

（6）预煮：将苦瓜放在 90～95℃沸水中 3～4 分钟，以钝化组织中酶的活性，杀死部分微生物、排除组织中部分气体和部分水分，防止热烫过度和不足。

（7）冷却：预煮后立即分段冷却，避免物料长时间受热，使某些可溶性物质发生变化，保证产品的品质和质量。首先在流动水槽中，用自来水进行第一次冷却，然后在水冷却器中，用 5～10℃的冷水进行第二次冷却，使其温度下降到 10～15℃。

（8）护色、清洗、沥水晾干：将苦瓜浸泡于护绿液中 1 小时（真空条件下效果更好）使护绿液中铜离子、钙离子和锌离子渗入组织中。将苦瓜捞出，用清水冲洗干净，沥水、晾干，10～15 分钟后，平放入盘中，注意不要堆积。

（9）速冻：采用隧道式单体速冻机速冻，冻结温度为 -30℃，冻结时间为 10～15 分钟。

（10）称量包装、储藏：称 0.25kg、0.50kg 的小包装，包装间的温度为 5～10℃。

速冻包装好的产品立即放在 -18℃的冷藏库中储藏，库温波动 ±1℃，避免重结晶和水分蒸发。注意堆放整齐，有外包装的每五层加一个底盘，无外包装的分层堆放，以防止下部的速冻苦瓜黏结。

3. 产品质量标准

（1）感官指标：①色泽。解冻前后均具有苦瓜品种的正常颜色，即乳白、淡绿。②滋味及气味。解冻后具有苦瓜应有的滋味和气味，无异味。③组织形态。大小长短均匀，单体无黏结，苦瓜表面和袋内无冰霜。④不允许存在杂质。

（2）理化指标。中心温度≤ -18℃；食品添加剂：按 GB2760 执行；农药残留量：符合我国绿色食品要求和输入国卫生许可标准。

（3）微生物指标：细菌总数≤10 万个/g；大肠菌群≤100/100g；致病菌不得检出。

（九）速冻胡萝卜加工技术

胡萝卜经原料预处理后，在 -30℃的速冻设备中速冻，于 -18℃的低温条件下储藏，可长期保持原有的生物活性成分、风味、品质不变，延长上市时间，调节市场供应，并且有利于远运外销，提高经济效益。

1. 工艺流程

原料验收→清洗→整理→去皮→切分→挑选→烫漂→冷却→沥水→速冻→包装→冷藏→解冻

2. 工艺要点

（1）原料验收：胡萝卜要求选用肉红色，表面光滑无沟痕，形状挺直，肉质柔嫩，髓部小，大小均匀一致，无病虫害，无损伤，无腐烂变质，无斑疤，根形正常，充分成熟。

（2）清洗、整理：清除胡萝卜表面黏附的泥土、沙粒和大量的微生物，及表面残附的农药，同时要对清洗用水及时更换，保持其清洁程度。切除胡萝卜的头部和表面的须根。

（3）去皮、切分：采用手工或机械去皮，削净表面及不能食用的部分。

一般根据国际市场销售习惯或客户要求而定，可切分成不同形状或要求。切片规格厚度一般在0.3cm左右，直径约3cm（圆形）；切丁成0.8～1.0cm小方块或橘瓣块；切丝规格为厚0.2cm，长3～4cm的细丝。

（4）挑选：可用筛选法。将切成丁、片、丝的原料进行分级，相同规则大小的原料筛选在一起，根据实际需要分为不同的级别，以便对不同级别的原料分批速冻。

（5）烫漂：将切分的胡萝卜放入筐内，在pH 6.5～7.0沸水中热烫1.5～2分钟，以钝化组织中的酶活性，杀死部分微生物，排除组织中部分气体和部分水分。要防止热烫过度和不足，热烫时要不断搅拌，根据需要可添加1%氯化钠或氯化钙，可防止产品氧化变色。

（6）冷却、沥水：热烫后立即分段冷却，以减少余热效应对原料品质和营养的破坏。首先在流动水槽中，用自来水进行第一次冷却，然后在冷却槽中，用0～5℃的冷水第二次冷却，使物料温度最后达到1～5℃。采用中速离心机或振荡机沥去表面多余的水分，离心机转速为2000r/min，沥水时间为10～15分钟。

（7）速冻：将散体原料装入冻结盘或直接铺放在传送带上，采用液态氮快速冷冻，冻结温度为-35～-25℃，冻结原料厚度为5.0～7.5cm，冻结时间为10～30分钟。

（8）包装：为防止冻结后的产品在冷藏中发生脱水干耗萎蔫和因与空气的接触而氧化变色，因此，对冻结原料应立即采取包装。一般用0.06～0.08mm聚乙烯薄膜袋，每袋包装容量500g较为适宜，外包装采用双瓦楞纸箱，每箱10kg。为防止在解冻和冷藏干耗时短缺分量，每袋应酌情增重2%～3%。包装间的温度为0～5℃冷藏。

（9）冷藏：包装好的产品立即放在-18～-21℃，相对湿度95%～100%，库温波动±1℃的冷库中储藏，避免重结晶和水分蒸发，一般安全储藏期12～15个月，并可随时鲜销。

（10）解冻：解冻的方法较多，可放在冰箱、室温、冷水、温水或热水中解冻，解冻的过程愈短愈好，在微波炉中解冻更好。解冻后的原料在烹调时不宜过分加热，烹调时间要短。

3. 产品质量标准

（1）感官指标：①色泽。呈淡红或橘红色。②滋味及气味。具有胡萝卜应有的滋味和气味，无异味。③组织形态。胡萝卜粒大小均匀，碎粒和不规则粒不得超过3%。④不允许存在杂质。

（2）理化指标：黄曲霉毒素B（μg/kg）≤5；铅（mg/kg）≤1；砷（mg/kg）≤0.5；食品添加剂按GB2760执行。

（3）微生物指标：细菌总数（efu/g）≤300000；致病菌不得检出；霉菌总数（efu/g）≤1500。

（4）注意事项：速冻胡萝卜必须热烫处理，并且热烫要熟，不得夹生和热烫过度，否则其质量和风味不佳。对原料沥水要彻底，这样能避免表面多余的水分在冻结后发生相互粘连或黏结在冻结设备上。原料在速冻时，在冻结盘或输送带上的摆放厚度不能太厚，这样才能在短时间内达到迅速而均匀冻结的目的。速冻的胡萝卜在食用之前解冻，并在解冻之后立即食用，不宜在室温下长时间搁置待用。

（十）速冻竹笋加工技术

1. 工艺流程

原料选择→清洗→剥壳→除笋衣和粗纤维→切片（丝）→漂烫→冷水喷淋冷却→冷水浸泡冷却→冷冻水浸泡冷却→沥水→速冻→检查→包装→金属探查→抽检→冷藏→冷链运输→冷柜销售

2. 工艺要点

（1）原料选择：选用新鲜无病虫害，符合国家卫生标准 GB18406. 1，无公害的麻（甜）竹笋。

（2）原料预处理：将原料清洗干净，然后用剥壳机剥去笋壳，人工除去笋衣，切除笋基部纤维化部分，按规格（笋片 4cm × 1. 5cm × 0. 4cm、笋丝 4cm × 0. 4cm × 0. 4cm）切片或切丝，并立即用流动水冲洗以防笋肉褐变和发酵。

（3）漂烫：目的是钝化竹笋组织中酶的活性并杀菌，防止笋肉纤维化、氧化变色和微生物污染，用 96 ~ 98℃热水漂烫 2 分钟。由于此工序关系到产品微生物卫生标准，应严格控制工艺条件。

（4）预冷处理、沥水：冻结前物料的品温越接近冻结点，则物料冻结越快，产品的质量越好。因此，速冻前经过冷水喷淋、冷水浸泡和冷冻水浸泡三个阶段，逐渐将料温降至 10℃左右。为了控制微生物的生长繁殖，在浸泡笋丝的冷水和冷冻水中添加含氯消毒液，以保证有效氯浓度为 4 ~ 5mg/L；每 4 小时更换 1 次冷却水以确保其清洁卫生。冷水和冷冻水应处于流动状态以提高冷却效果。

预冷后的笋丝通过不锈钢输送带送往冷冻区的同时进行振动和吹风，去除笋丝表面的水分，防止冷冻时笋丝粘连在一起。

（5）速冻：采用流化床式速冻方法，温度 - 35 ~ - 30℃，流速 4m/s 的冷空气从输送带下面向上吹，将笋丝吹起似沸腾状进行速冻。笋丝速冻过程分为两区段完成，第一区段为表层冻结区，第二区段为深温冻结区。笋丝进入冻结室后，首先进行快速冷却，即表层冷却至冰点温度使表层冻结，笋丝间或笋丝与不锈钢传送带间成散离状态，互不粘连，然后进入第二区段深温冻结至中心温度为 - 18℃以下，整个冷冻过程约 10 分钟完成。

（6）在线检查：冻结的笋丝出冷冻室至包装前，在运行的输送带上由人工检查并剔除带黑点的笋丝与杂质，粘连的笋丝则拣出放回冷水浸泡工段解冻分离，重新冷冻。

（7）包装：包装材料经过预冷和紫外线杀菌处理后进入包装间。内包装用聚乙烯薄膜袋，外包装用纸箱，每箱净重 10kg。

（8）检验：包括金属探测器探查和成品抽查。因为剥壳、切丝和速冻工序可能因设备破损或螺钉脱落而在产品中残留金属碎片，产生危害，所以须用金属探测器对包装后的每一箱产品进行金属检查方可入库。成品的抽查包括温度检查和不良率检查，抽样率为产品总量的3%（箱）。温度检查，即用温度计插入包装箱中心测定产品温度，温度应低于－18℃，否则重新冷冻；不良率检查是将抽到的全部样品箱中的竹笋倒出称重，即得到样品总重量，然后将3片以上（含3片）的联结团、带黑点的或长度小于3cm的笋片或笋丝检出称重，这部分笋片或笋丝的重量占样品总重的比率称为不良率。

（9）冷藏：冷藏库的库内温度应保持在－18℃以下，温度波动要求控制在2℃以内。

（10）运输与销售：长途运输应保持品温在－18℃以下，短途运输允许温度升至－15℃，但交货后应尽快降至－18℃。销售冷柜应保持－15℃，允许短时升温但不得高于－12℃。

3. 产品质量标准

（1）结冻状态感官指标：①白色或淡黄色，色泽基本一致。②笋丝粗细均匀，长短基本一致。③不得检出异物。不良率≤12%。

（2）解冻状态感官指标：①淡黄色，色泽基本一致。②具竹笋特有的风味，无异味。③质地脆嫩，无粗纤维。

（3）微生物指标：细菌总数≤5×10^5个/g；大肠菌群≤1000个/g；大肠埃希杆菌≤10个/g；酵母菌≤1000个/g；霉菌≤500个/g；致病菌不得检出。

（十一）速冻金针菇

1. 工艺流程

原料挑选→护色→漂洗→热烫→冷却→沥干→速冻＋分级→复选＋镀冰衣→包装→检验→冷藏

2. 工艺要点

（1）原料挑选。金针菇原料要求：新鲜、色白或淡黄，菌盖直径1cm以内，半球形，边缘内卷，开伞度三分，菌柄长130～140mm。直径2～4mm，无畸形，允许轻微薄菇，但菌褶不发黑、不发红，无斑点、无鳞片。菇柄切削平整，不带泥根，无空心，无变色。春秋季是金针菇适宜生长的季节，分期接种，分期采收，一般每季可采收2～3批，产量主要集中在前两批，从出菇到收获完毕约35天。采摘后的金针菇后熟作用强，极易变色，应在避风处迅速削去菇根。注意要轻拿轻放，尽量做到快装快运并严防机械伤。在采收后2～4小时运往工厂立即加工，能保证金针菇的优良品质。所有工具除须保持清洁外，严禁使用铁、铜等金属容器，以免金针菇发黑变色。

（2）金针菇的护色。将刚采摘的金针菇置于空气中，一段时间后在菇盖表面即出现褐色的采菇指印及机械伤痕。引起这种变色的主要原因是酶促褐变。控制酶促褐变主要从控制酶和氧两方面入手，主要方法有以下3种。

亚硫酸盐溶液法：常用的有亚硫酸钠（Na_2SO_3）、焦亚硫酸钠（$Na_2S_2O_3$）等。亚硫酸盐为果蔬半制品保藏剂，它对多酚氧化酶有很强的抑制能力，当 SO_2 质量分数达 10mg/kg 时，酶的活性几乎被完全抑制，SO_2 的残留量不得超过 20μg/g。具体方法：将采摘的金针菇浸入 300mg/kg 的 Na_2SO_3 溶液或 500mg/kg 的 Na_2SO_3 溶液中浸泡 2 分钟后，立即将菇体浸泡在 13℃以下的清水中运往工厂。或在 Na_2SO_3，$Na_2S_2O_3$ 溶液中浸泡 2 分钟后捞出沥干，再装入塑料薄膜袋，扎好袋口并放入木桶或竹篓运往工厂，到厂后立即放入温度为 13℃以下的清水池中浸泡 30 分钟，脱去金针菇体上残留的护色液。这一方法能使金针菇色泽在 24 小时以内基本不变，这样加工的金针菇产品才能符合质量标准。

半胱氨酸溶液法：将采摘后的金针菇浸入 0.4mol/L 的半胱氨酸溶液，30 分钟后取出，经此法护色的金针菇经 4～6 小时后菇色仍为白色，基本上保持了金针菇的本色，具有良好的护色效果。半胱氨酸护色处理后的成品，菇色不如焦亚硫酸钠处理的白，略偏暗，但真实感强，汤汁清晰，呈淡黄色，口味好，基本上保持了金针菇的风味。半胱氨酸对多酚氧化酶具有复合作用，同时可作为还原剂抑制非酶褐变，表现为降低褐变速度，延迟褐变。同时金针菇经半胱氨酸处理后，补充了采后金针菇的部分营养要求，可延迟衰老进程，降低开伞和薄皮菇的比例。而且半胱氨酸作为人体必需氨基酸的一种，对人体无害，不存在残留问题，用于食品生产安全可靠，因此半胱氨酸用于金针菇护色切实可行。

薄膜气调包装：将刚采摘的金针菇立即放入 0.09～0.12mm 的聚乙烯袋，每袋可放 20kg，将袋口扎紧。由于金针菇与外界空气基本隔断，因此亦可抑制酶促褐变反应。另一方面，由于薄膜袋较薄，尚有一定的透气性，可使袋内维持低氧和较高的 CO_2 浓度，金针菇在一段时间内仍能维持最低限度的呼吸作用，而不至于有害。但时间必须严格控制在 4～6 小时，此时测定薄膜袋内的气体成分为：O_2 2%～3%，CO_2 20%。若超过这一时间，由于袋内缺氧，金针菇无法维持最低限度的呼吸作用而可能导致金黄色葡萄球菌滋生。

（3）热烫：金针菇热烫的目的，主要是破坏多酚氧化酶的活力，抑制酶促褐变，同时赶走金针菇组织内的空气，使组织收缩，保证固形物的要求，还可增加弹性，减少脆性，便于包装。当利用亚硫酸盐护色时，利用热烫还可起脱硫的作用。为了减轻非酶褐变，常在热烫液中添加适量柠檬酸，以增加热烫液的还原性，改进菇色。

热烫方法有热水和蒸汽两种，用蒸汽的方法因可溶性成分损失少而风味浓郁。热烫用热水温度在 96～98℃，水与金针菇的质量比应大于 3∶2。在正常情况下，金针菇热烫后由白色转为淡黄色，这是非酶褐变的原因，随着热烫时间的延长，颜色更深，同时失重越多。一般在热烫水中加入 0.1% 的柠檬酸溶液调整酸度来抑制反应，热烫的时间根据菌盖大小控制在 4～6 分钟。但热烫时间不宜太长，以免组织太老，失水大，失去弹性。为了防止菇色变暗，热烫溶液酸度应经常调整并注意定期更换热烫水。

（4）冷却、沥干：热烫后迅速将金针菇送入冷却水池中冷透，不使其过度受热影响品质。冷却水含余氯 0.4～0.7mg/kg。

金针菇速冻前还要进行沥干，否则金针菇表面含水分过多，会冻结成团，不利于包装，影响外观。而且，过多的水分还会增加冷冻负荷。沥干可用振动筛、甩干机（离心机）或流化床预冷装置进行。

（5）速冻：冻结蔬菜的最大伤害是组织的破坏。这主要是由于冰晶体形成后体积膨胀，而蔬菜中的固体成分收缩，造成局部压力致使蔬菜的细胞壁破裂而破坏其组织结构；以及细胞脱水使蛋白质和胶体结构产生不可逆变性，解冻时生成的水分不能与蛋白质结合恢复原状，只能任其汁液流失，这些流失液中不仅是水，还包括溶于水的蛋白质、维生素、有机酸、色素、糖类、无机盐类等营养物质。为使冰晶体对蔬菜品质的影响减少到最低程度，可采用快速冻结，使冻蔬菜内的冰晶体颗粒小而均匀地分布在细胞组织内，这样就可以减少冰晶的重新组合及冰晶体对细胞产生的局部压力和脱水损害。

金针菇的速冻宜采用流化床速冻装置。将冷却、沥干的金针菇均匀地放入流化床传送带上，由于金针菇在流化床中仅能形成半流化状态，因此传送带的金针菇层厚度为800～1200mm，流化床装置内空气温度要求－35～－30℃，冷气流流速4～6m/s，速冻时间12～18分钟，至金针菇中心温度为－18℃。

（6）分级：速冻后的金针菇应进行分级，分级可采用滚筒式分级机或机械振筒式分级机。按菌盖形态大小和菌柄长度可分为甲、乙、丙三级。

甲级：菌盖未开展，直径在13mm以下，菌柄长140～150mm，通体洁白，鲜度好；乙级：菌盖未开展，直径在15mm以下，菌柄长度小于130mm，基部黄色至淡茶色，鲜度好；丙级：菌盖开展，直径在25mm以内，菌柄长度小于110mm。菌柄下部茶色至褐色，鲜度好；丙级：菌盖开展，直径在25mm以内，菌柄长度小于110mm。菌柄下部茶色至褐色，鲜度好。

（7）复选：剔除不合乎速冻金针菇标准要求的，如畸形、斑点、锈溃、空心、脱柄、开伞、变色菇、薄菇。

（8）镀冰衣：为了保证速冻金针菇的品质，防止产品在冷藏过程中干耗及氧化变色，金针菇在分级、复选后须镀冰衣。镀冰衣有一定的技术性，既要使产品包上一层薄冰，又不能使产品解冻或结块。具体做法是把5kg金针菇倒进有孔塑料筐或不锈钢丝篮中，再浸入1～3℃的清洁水中2～3秒，拿出后左右振动，摇匀沥干，并再操作一次。冷却水要求清洁干净，含余氯0.4～0.7mg/kg。

（9）包装与冷藏：包装必须保证在－5℃以下的低温环境中进行，温度在－4～－1℃以上时速冻金针菇会发生重结晶现象，极大地降低速冻金针菇的品质。包装间在包装前1小时必须开紫外线灯灭菌，所有包装用器具，以及工作人员的手和工作服、帽、鞋要定时消毒。内包装可用耐低温、透气性低、不透水、无异味、无毒性、厚度为0.09～0.12mm的聚乙烯薄膜袋。外包装用纸箱，每箱净重10kg，纸箱表面必须涂油，防潮性良好，内衬清洁蜡纸，外用胶带纸封口。所有包装材料在包装前须在－10℃以下的低温间预冷。

（十二）速冻玉米加工技术

1. 工艺流程

玉米果穗→人工去皮→洗净并剔除杂质→蒸煮→急剧冷却→沥干水分→速冻→包装→冷藏

2. 操作要点

（1）采收糯玉米果穗：一般在糯玉米授粉后22～27天时采收为宜，此时玉米籽粒基本达到最大，胚乳呈糊状，粒顶将要发硬，用手掐可掐出少许浆状水。为减少营养成分的损失，一般要求采收后立即加工处理，不能在常温下过夜。

（2）人工去皮：去除病虫害和秀尖部分，剪去花丝残余，去穗柄，要求保留靠籽粒的一层嫩皮，也可根据需要将玉米穗切整齐。

（3）清洗：用清水将玉米冲洗干净并去除杂质。

（4）蒸煮：根据收获玉米的老嫩，在105℃温度下，嫩穗蒸10分钟，老穗蒸15分钟，以熟透为宜。

（5）急剧冷却：用温度4～8℃的净水，使糯玉米的中心温度急剧冷却到25℃以下，目的是防止果穗籽粒脱水。之后沥干玉米上的水分。

（6）速冻：采用速冻可减少玉米营养成分的损失。方法是用速冻机在－30℃进行速冻，速冻愈快，质量愈好。速冻的方法有两种，一是干法速冻，即将处理好的玉米棒直接速冻；一是湿法速冻，即将玉米棒放入含有6.5%的糖和2%的盐的溶液中浸泡后再速冻。湿法速冻比干法速冻的产品味道好，色泽鲜。

（7）包装冷藏：速冻好的玉米用塑料袋包装后送入－18℃的冷藏库冷藏。

【大视野】南翔小笼包是上海郊区南翔镇的传统名小吃，已有100多年的历史。南翔小笼包的馅心是用夹心腿肉做成肉酱，不加葱、蒜，仅撒少许姜末和肉皮冻、盐、酱油、糖和水调制而成。小笼包的皮是用不发酵的精面粉做成的。蒸熟后的小笼包，小巧玲珑，形似宝塔，呈半透明状，晶莹透黄，一咬一包汤，满口生津，滋味鲜美。如果吃时佐以姜丝、上海南翔小笼包醋，配上一碗蛋丝汤，其味更佳。南翔小笼包素以皮薄、馅多、卤重、味鲜而闻名，是深受国内外顾客欢迎的风味小吃之一。1981年6月南翔小笼包由嘉定速冻食品有限公司生产，投入国际市场，1984年上半年向日本、加拿大等国家和中国香港和澳门地区销售。

复习思考题

1. 简述果蔬的分类及特性。
2. 简述水果速冻加工的一般工艺流程。
3. 简述蔬菜速冻加工的一般工艺流程。
4. 简述速冻草莓的工艺要点。
5. 简述速冻豌豆粒的工艺要点。
6. 简述果蔬储运过程中风味物质发生的变化。
7. 简述速冻竹笋的质量标准。
8. 请制定速冻玉米的质量标准。

第八章　速冻装置

学海导航

本章主要介绍速冻食品生产的冻结装置,主要有以空气为冷却介质的空气速冻装置、以金属为介质的间接接触速冻装置、以液体为介质的直接接触速冻装置等几种类型。重点内容为空气冻结装置中的隧道式速冻装置和螺旋式速冻装置,因为这两种类型的速冻装置应用最广泛,在我国速冻食品生产企业中占80%以上。

第一节　空气速冻装置

速冻装置是用来完成食品速冻加工的机器与设备的总称。从结构上看大致包括制冷系统、传动系统、输送系统、控制系统等。用于食品快速冻结的装置有很多种,目前常用的有以空气为冷却介质的隧道式、螺旋式等速冻装置,有以金属为冷却介质的平板式、钢带式等间接接触速冻装置,还有以液氮、液态氟利昂为冷却介质的喷淋或浸渍式直接接触速冻装置,表 8－1 给出了目前速冻食品生产中常用的速冻装置的类型。

在速冻过程中,冷空气以自然对流或强制对流的方式与食品换热。由于空气的导热性差,与食品间的换热系数小,故所需的冻结时间较长。但是,空气资源丰富,无任何毒副作用,其热力性质早已为人们熟知,所以,用空气作介质进行冻结仍是目前应用最广泛的一种食品速冻方法。

表 8-1　速冻装置的类型

空气速冻装置	间接接触速冻装置	直接接触速冻装置
隧道式速冻装置	平板式速冻装置	载冷剂接触速冻装置
传送带式速冻隧道	卧式平板式速冻装置	低温液体速冻装置
吊篮式连续速冻隧道	立式平板式速冻装置	液氮速冻装置
推盘式连续速冻隧道	回转式速冻装置	液态 CO_2 速冻装置
螺旋式速冻装置	钢带式速冻装置	R_{12} 速冻装置
流态化速冻装置		
斜槽式流态化速冻装置		
一段带式流态化速冻装置		
两段带式流态化速冻装置		
往复振动式流态化速冻装置		
搁架式速冻装置		

一、隧道式速冻装置

隧道式速冻装置的特点是：冷空气在隧道中循环，食品通过隧道时被冻结。根据食品通过隧道的方式，可分为传送带式、吊篮式、推盘式速冻隧道等几种。

（一）传送带式速冻隧道

简单地讲，传送带式速冻装置由蒸发器、风机、传送带及包围在它们外面的隔热壳体构成。该装置有多种型式，如单网带式、双网带式。图 8-1 所示是郑州亨利制冷设备有限公司生产的直线式单网带速冻装置，图 8-2 为直线式双网带速冻装置。

图 8-1　FLA2515A 型直线式单网带速冻装置

传送带式速冻隧道可用于冻结汤圆、水饺、粽子、包子、馒头等米面食品，也可以冻结块状鱼(整鱼或鱼片)、剔骨肉、肉制品、果酱、水果、蔬菜等。特别适合于包装产品，而且最好用冻结盘操作，冻结盘内也可以放散装食品。

该装置的特点是投资费用较低，通用性强；自动化程度较高。

图 8－2　FLB2608 型直线式双网带速冻装置

（二）吊篮式连续冻结隧道

该速冻装置的结构如图 8－3 所示。家禽经宰杀并晾干后，用塑料袋包装，装入吊篮中，然后吊篮上链，由进料口被传送链输送到速冻间内。在速冻间内首先用冷风吹约 10 分钟，使家禽表面快速冷却，达到色泽定型的效果。然后吊篮被传输到喷淋间内，用－24℃左右的乙醇溶液（浓度约 40%～50%）喷淋 5～6 分钟，家禽表面层快速冻结。

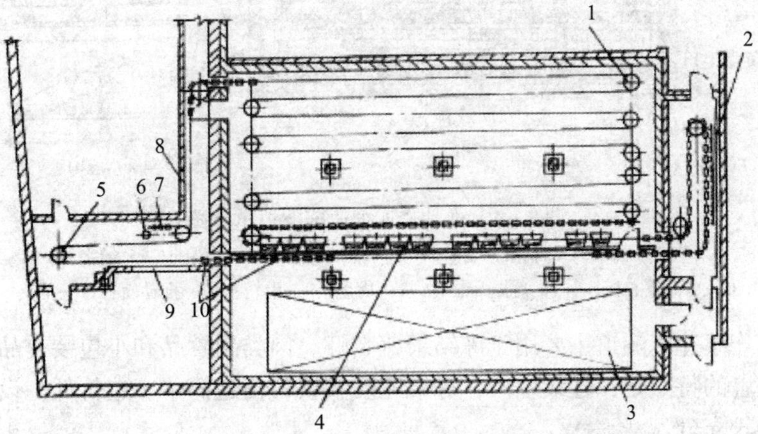

图 8－3　吊篮式连续速冻隧道

1—横向轮；2—乙醇喷淋系统；3—蒸发器；4—轴流风机；5—张紧轮；6—驱动电机；7—减速装置；8—卸料口；9—进料口；10—链盘

离开喷淋间后，吊篮进入速冻间，在连续运行过程中，从不同的角度受到风吹，使家禽各处温度均匀下降。

最后吊篮随传送带到达卸料口，冻结过程结束。

吊篮式连续速冻隧道目前主要用于冻结家禽等食品。

吊篮式连续速冻隧道的特点是：机械化程度高，减轻了劳动强度，提高了生产效率；冻结速度快，冻品各部位降温均匀，色泽好，质量高。

吊篮式连续速冻装置的主要缺点是结构不紧凑，占地面积较大，风机耗能高，经济指标差。

（三）推盘式连续速冻隧道

这种速冻装置主要由隔热隧道室、冷风机、液压传动机构、货盘推进和提升设备构成。如图 8－4（a）所示。

食品装入货盘后，在货盘入口由液压推盘机构推入隧道，每次同时进盘两只，货盘到达第一层轨道的末端后，被提升装置升到第二层轨道，如此往复经过三层，在此过程中，食品被冷风机强烈吹风冷却，不断地降温冻结，最后经出口推出，每次出盘也是两只。

货盘推进设备的推头装置如图 8－4（b）所示。货盘底部焊有两条扁钢，承放在两道扁铁组成的滑轨上，每对滑轨有两个推动装置。在液压系统的作用下，推头顶住盘底的扁钢，将货盘向前推进。当推头后退复位时，被货盘后端的扁钢压下，滑过后，由于偏心作用，推头自动抬起、复位并进入推进状态。通过推头的反复动作，货盘便向前移动。另外，还有两个提升装置，将货盘分层提升。

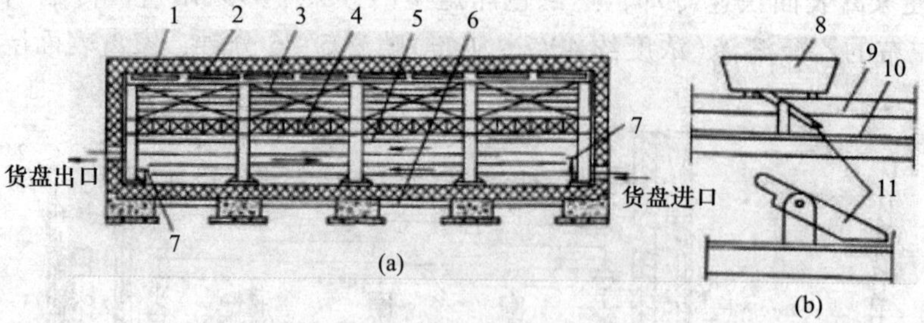

图 8－4　推盘式连续速冻隧道示意图

1—绝热层；2—冲霜淋水管；3—翅片蒸发排管；4—鼓风机；5—给水箱；
6—水泥空心板；7—货盘提升装置；8—货盘；9—滑轨；10—推动轨；11—推头

推盘式连续速冻隧道主要用于冻结果蔬、虾、肉类副食品和小包装食品等。

这种装置的特点是：连续生产，冻结速度较快；构造简单、造价低；设备紧凑，隧道空间利用较充分。

隧道式速冻装置虽然有许多型式，但基本结构都是相似的，主要区别在于食品的传送方式。但无论其传送方式如何变化，最终应能够保证两点：一是尽量加快食品降温速度，并保证冻结的均匀性；二是使装置实现自动化、连续化操作，减小劳动强度。

在隧道式速冻装置中，增大风速，可缩短冻结时间，加快食品冻结速度。但当风速达到一定值时，继续增大风速，冻结速度的变化却非常小。另外，风速增高还会增大干耗，所以，风速的选择应适当。上述讲到的吊篮式速冻隧道，增设了乙醇喷淋装置，可大大加快食品降温速度。在经济性等因素合理的条件下，类似的低温液体喷淋方法是隧道速冻装置的一大特色，不失为提高冻结速度的一种较好办法。

食品冻结不均匀，是由于其表面的气流不均匀造成的，在食品通过隧道的过程中，如果冷风总是从食品的一侧通过，食品两侧的温度就不均匀。气流在改变流向或通道断面变化时很难保证均匀分布，为了组织好气流，可采用导风板、强制通风室等措施。

间歇式速冻装置生产效率低，以人工操作为主，劳动条件差，所以隧道式速冻装置应设计为自动化、连续化操作，这样，热交换均匀，冻结时间短、效率高，并可大大节省劳动力。

二、螺旋式速冻装置

为了克服传送带式隧道速冻装置占地面积大的缺点，可将传送带做成多层，由此出现了螺旋式速冻装置。这种装置是20世纪70年代初发展起来的。图8－5是郑州亨利制冷设备有限公司生产的单螺旋速冻装置，图8－6为单螺旋速冻装置结构示意图。

图8－5　SLSSG2510J型单螺旋式速冻装置

螺旋式速冻装置由转筒、蒸发器、风机、传送带及一些附属设备等组成。其主体部分为一转筒，传送带由不锈钢扣环组成，按宽度方向成对的接合，在横、竖方向上都具有挠性。当运行时，拉伸带子的一端就压缩另一边，从而形成一个围绕着转筒的曲面。借助摩擦力及传动机构的动力，传送带随着转筒一起运动，由于传送带上的张力很小，故驱动功率不大，传送带的寿命也很长。传送带的螺旋升角约2°，由于转筒的直径较

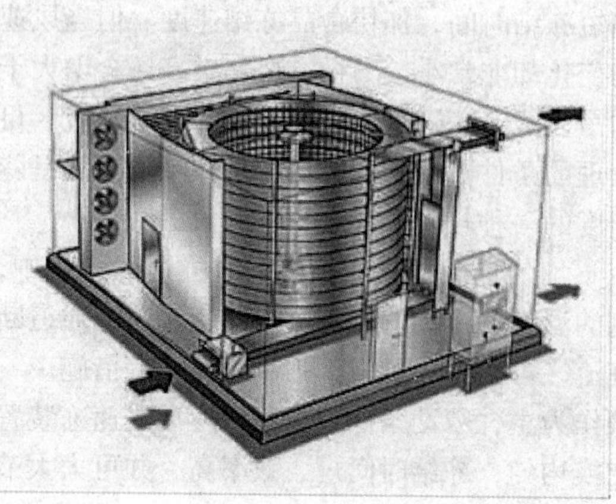

图8-6 单螺旋式速冻装置结构示意图

大，所以传送带近于水平，食品不会下滑。传送带缠绕的圈数由冻结时间和产量确定。

被冻结的食品可直接放在传送带上，也可采用冻结盘，食品随传送带进入速冻装置后，由下盘旋而上，冷风则由上向下吹，与食品逆向对流换热，提高了冻结速度，与空气横向流动相比，冻结时间可缩短30%左右。食品在传送过程中逐渐冻结，冻好的食品从出料口排出。

螺旋式速冻装置适用于冻结单体不大的食品，如饺子、烧麦、对虾，经加工整理的果蔬，还可用于冻结各种熟制品，如鱼饼、鱼丸。

螺旋式速冻装置有以下优点：

（1）紧凑性好。由于采用螺旋式传送，整个速冻装置的占地面积较小，其占地面积仅为一般水平输送带面积的25%。

（2）在整个冻结过程中，产品与传送带相对位置保持不变。冻结易碎食品所保持的完整程度较其他型式的速冻装置好，这一特点也允许同时冻结原本不能混合的产品。

（3）可以通过调整传送带的速度改变食品的冻结时间。

（4）进料、冻结等在一条生产线上连续作业，自动化程度高。

（5）冻结速度快，干耗小，冻结质量高。

该装置的缺点：在小批量、间歇式生产时，耗电量大，成本较高。

三、流态化速冻装置

食品流态化速冻装置，按其机械传送方式可分为：斜槽式流态化速冻装置、振动流态化速冻装置、带式流态化速冻装置。其中振动流态化速冻装置包括往复振动和直线振动流态化速冻装置二种，带式流态化速冻装置又可分为一段带式和两段带式流态化速冻装置。如果按流态化形式可分为全流态化和半流态化速冻装置。

（一）斜槽式流态化速冻装置

斜槽式流态化速冻装置也称盘式流态化速冻装置，如图8-7所示。这种冻结装置没有传送带，其主体部分为一块固定的多孔底板（称为槽或盘），槽的进口稍高于出口，以便食品可借助风力自动向前移动。冻结的食品由滑槽连续排出。

在斜槽式流态化速冻装置中，产品层的厚度可达到120~150mm，虽然厚度增加可使冻结量提高，但风机的能量消耗也将过多。产品层的厚度、冻结时间和冻结产量，均可通过改变进料速度和排出堰的高度来调节。

该装置的蒸发温度在-40℃以下，垂直向上的风速为6~8m/s，冻品间风速为1.5~5m/s，冻结时间一般为5~10分钟。

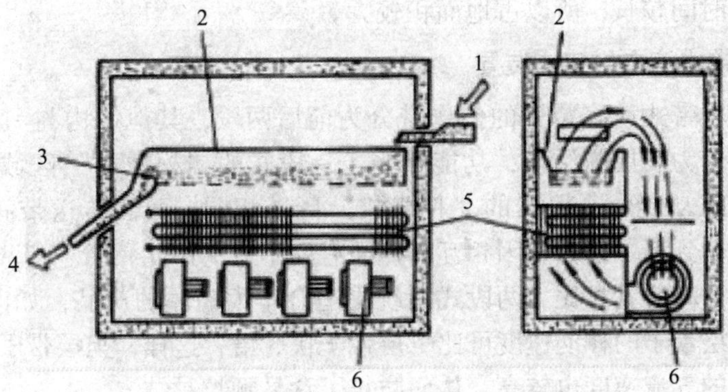

图 8-7　斜槽式流态化速冻装置

1—进料口；2—斜槽；3—排出堰；4—出料口；5—蒸发器；6—风机

斜槽式流态化速冻装置的主要特点是构造简单、成本低；冻结速度快，冻品降温均匀，质量好。

（二）一段带式流态化速冻装置

装置示意图如图 8-8 所示。与斜槽式速冻装置不同，在该装置中，产品是靠传送带输送，而不是借助气动通过冻结空间的。

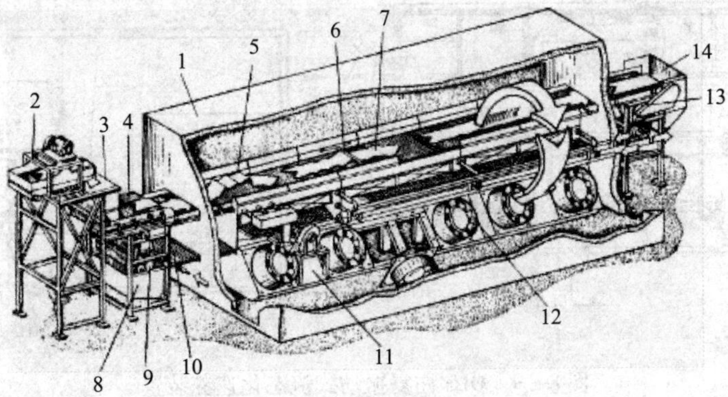

图 8-8　一段带式流态化速冻装置

1—隔热层；2—脱水振荡器；3—计量漏斗；4—变速进料带；5—“松散相”区；6—匀料棒；7—“稠密相”区；8、9、10—传送带清洗、干燥装置；11—离心风机；12—轴流风机；13—传送带变速装置；14—出料口

冻品首先经过脱水振荡器，去除表面的水分，然后随进料带进入“松散相”区域，此时的流态化程度较高，食品悬浮在高速的气流中，从而避免了食品间的相互黏结。待到食品表面冻结后，经“匀料棒”均匀物料，到达“稠密相”区域，此时仅维持最小的流态化程度，使食品进一步降温冻结。冻结好的食品最后从出料口排出。

与斜槽式流态化速冻装置比较，该装置的特点是允许冻结的食品种类更多、产量范围更大；由于颗粒之间摩擦强度小，因此易碎食品通过冻结间时损伤较小。但由于食品厚度较小、冻结时间较长，所以占地面积较大。

（三）两段带式流态化速冻装置

该装置将一段带式速冻装置的传送带分为前后两段，其他结构与一段带式基本相同。第一段传送带为表层冻结区，功能相当于一段式的“松散相”区域；第二段传送带为深温冻结区，功能与一段式的“稠密相”区域相同。两段传送带间有一高度差，当冻品由第一段落到第二段时，因相互冲撞而有助于避免彼此黏结。

与一段带式速冻装置相比，两段式系统更适合于大而厚的产品，如肉制品、鱼块、肉片、草莓。上层带子的移动速度可比下层带子快 3 倍，这样，上层带子上的产品层较薄，再加上该段的气流速度也较高，从而防止了食品颗粒黏结。

（四）往复振动式流态化速冻装置

图 8－9 为国产往复振动式流态化速冻装置。其主体部分为带孔不锈钢钢板，在连杆机构带动下作水平往复式振动。钢板厚 2～3mm，孔径 3mm，孔距 8mm，每 500mm 有间隔 20mm 的孔群，以增强流化床的强度。脉动旁通机构为一旋转风门，可按一定的角速度旋转，使通过流化床和蒸发器的气流量时增时减（约 10%～15%），因而可以调节到适于各种食品的脉动旁通气流量，以实现最佳流态化。

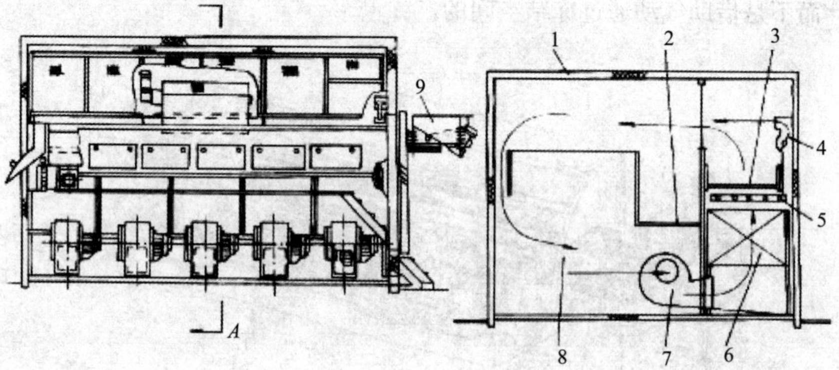

图 8－9　QLS 往复振动式流态化速冻装置

1—热箱体；2—操作检修廊；3—流化床；4—脉动旋转风门；5—融霜淋水管；6—蒸发器；7—离心风机；8—冻结隧道；9—振动布风器

装置运行时，食品首先进入预冷设备，表面水分被吹干，表面硬化，避免相互间的粘连。进入流化床后，冻品受钢板振动和气流脉动的双重作用，冷气流与冻品充分混合，实现了完全的流态化。冻品被包围在强冷气流中，时起时伏，像流体般向前传送，确保了快速冻结。这种冻结方式消除了流沟和物料跑偏现象，使冷量得到充分有效利用。

流态化速冻装置适用于冻结球状、圆柱状、片状、块状颗粒食品，尤其适于果蔬类单体食品的冻结。

流态化速冻装置具有冻结速度快、耗能低和易于实现机械化连续生产等优点。

用流态化速冻装置冻结食品时，由于高速冷气流的包围，强化了食品冷却、冻结的过程，有效传热面积较正常冻结状态大3.5~12倍，换热强度也大大提高，从而大大缩短了冻结时间。这种冻结方法已被食品行业广泛采用。

流态化速冻装置的型式虽然多种多样，但在设计和操作时，应主要考虑以下几个方面：冻品与布风板、冻品与冻品之间不粘连结块；气流分布均匀，保证料层充分流化；风道阻力小，能耗低。另外，对风机的选择、冷风温度的确定、蒸发器的设计等也应以节能高效，操作方便为前提。

第二节 间接接触速冻装置

间接接触速冻装置指的是把食品放在由制冷剂(或载冷剂)冷却的板、盘、带或其他冷壁上，与冷壁直接接触，但与制冷剂(或载冷剂)间接接触。固态食品可将食品加工为具有平坦表面的形状，使冷壁与食品的一个或两个平面接触；液态食品则用泵送方法使食品通过冷壁热交换器，冻成半融状态。

一、平板速冻装置

平板速冻装置的主体是一组作为蒸发器的空心平板，平板与制冷剂管道相连，它的工作原理是将冻结的食品放在两相邻的平板间，并借助油压系统使平板与食品紧密接触。由于食品与平板间接触紧密，且金属平板具有良好的导热性能，故其传热系数高。当接触压力为7~30kPa时，传热系数可达93~120W/(m^2·℃)。

平板速冻装置有分体式和整体式两种形式，分体式将装有冻结平板及其传动机构的箱体、制冷压缩机分别安装在两个基础上，在现场进行连接；整体式将冻结装置箱体与制冷压缩机组组成一个整体，特点是占地面积小，安装方便。

根据平板的工作位置，平板式速冻装置可分为卧式平板速冻装置和立式平板速冻装置。

(一) 卧式平板速冻装置

根据装置的操作方式和机械化程度，这种装置可分为间歇式和连续式两种。

1. 间歇卧式平板速冻装置

间歇卧式平板速冻装置示意图如图8-10所示。平板放在一个隔热层很厚的箱体内，箱体的一侧或相对的两侧有门。平板一般有6~16块，间距由液压升降装置来调节，冻结平板上升时，两板最大间距可达130mm，下降时，两板间距视食品冻盘间距而定。为了防止食品变形和压坏，可在平板之间放入与食品厚度相同限位块。冻结时，先将冻结平板升至最大间距，把食品放入，再降下上面的冻结平板，压紧食品。依次操作，直至把冻盘放进各层冻结平板中为止。然后供液降温，进行冻结。

间歇卧式平板速冻装置的主要缺点是装卸需要劳动力多，操作时有停工期(每个周期10~30分钟)。

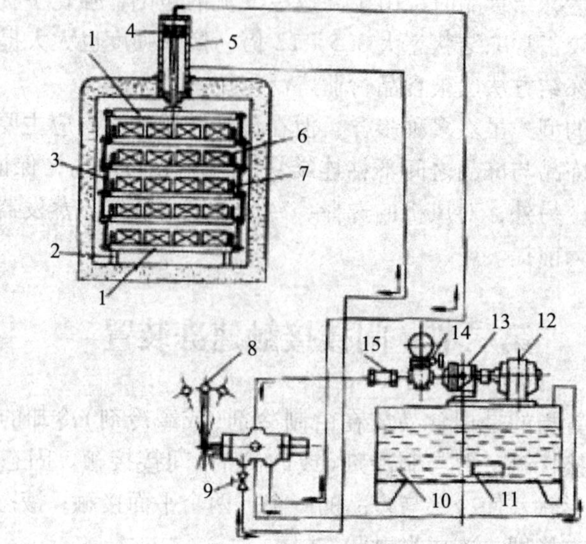

图 8－10　间歇卧式平板速冻装置

1—冻结平板；2—支架；3—连接铰链；4—液压元件；5—液压缸；6—食品；7—木垫块；8—四通切换阀；9—流量调整阀；10—油；11—过滤器；12—电动机；13—泵；14—安全阀；15—止逆阀

2. 连续卧式平板速冻装置

装置示意图如图 8－11 所示。食品装入货盘并自动盖上盖后，随传送带向前移动，并由压紧机构对货盘进行预压缩，然后，货盘被升降机提升到推杆前面，由推杆推入最上层的两块平板间。当这两块平板之间填满货盘时，再推入一块，则位于最右面的那个货盘将由降低货盘装置送到第二层平板的右边缘，然后被推杆推入第二层平板之间。如此不断反复，直至全部平板间均装满货盘时，液压装置压紧平板，进行冻结。冻结完毕，液压装置松开平板，推杆继续推入货盘，此时，位于最低层平板间最左侧的货盘则被推杆推上卸货传送带，在此盖从货盘上分离，并被送到起始位置，而货盘经翻转装置

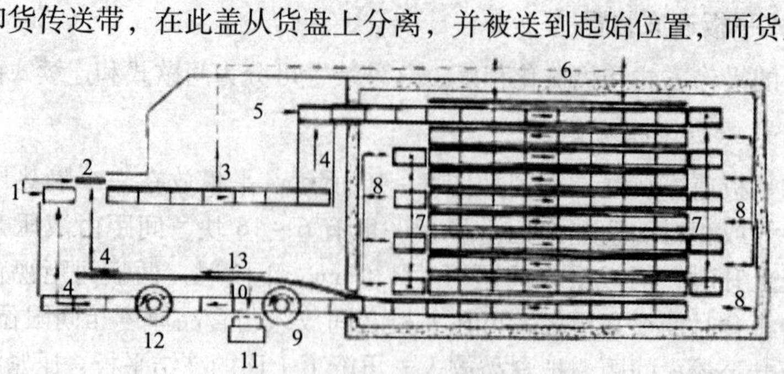

图 8－11　连续卧式平板速冻装置

1—货盘；2—盖；3—冻结前预压；4—升降机；5—推杆；6—液压系统；7—降低货盘的装置；8—液压推杆；9、12—翻转装置；10—卸料；11—传送带；13—盖传送带

翻转后，食品从货盘中分离出来。经翻转机构再次翻转后，货盘由升降机送到起始位置，重新装货，如此重复，至全部冻结货盘卸货完毕时，平板间又填满了未冻结的货盘，再进行第二次冻结。除货盘装货外，所有操作都是按程序自动完成的。

卧式平板速冻装置主要用于冻结分割肉、鱼片、虾及其他小包装食品的快速冻结。

（二）立式平板速冻装置

立式平板速冻装置的结构原理与卧式平板速冻装置相似，只是冻结平板垂直排列，如图 8－12 所示。平板一般有 20 块左右，冻品不需装盘或包装，可直接倒入平板间进行冻结，操作方便。冻结结束后，冻品脱离平板的方式有多种，分上进上出、上进下出和上进旁出等。平板的移动、冻品的升降和推出等动作，均由液压系统驱动和控制。平板间装有定距螺杆，用以限制两平板间的距离。

立式平板速冻装置最适用于散装冻结无包装的块状产品，如整鱼、剔骨肉和内脏，但也可用于包装产品。

与卧式速冻装置比较，立式平板速冻装置不用储存和处理货盘，大大节省了占用的空间。但立式的不如卧式的灵活，一般只能生产一种厚度的块装产品。

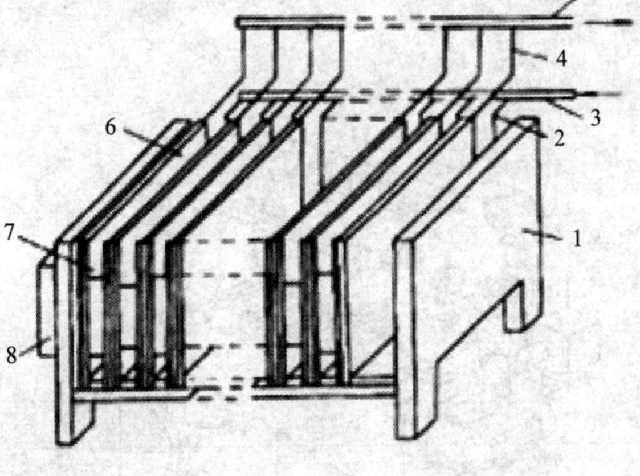

图 8－12　立式平板速冻装置结构示意图

1—机架；2、4—橡胶软管；3—供液管；5—吸入管；6—冻结平板；7—定距螺杆；8—液压装置

（三）平板速冻装置的特点

（1）对厚度小于 50mm 的食品来说，冻结速度快、干耗小，冻品质量高；

（2）在相同的冻结温度下，它的蒸发温度可比吹风式速冻装置提高 5～8℃，而且不用配置风机，电耗比吹风式减少 30%～50%；

（3）可在常温下工作，改善了劳动条件；

（4）占地少，节约了土建费用，建设周期也短。

平板速冻装置的缺点是，厚度超过 90mm 以上的食品不能使用；未实现自动化装卸的装置仍需较大的劳动强度。

（四）使用平板速冻装置应注意的问题

使用平板速冻装置时，应注意使食品或货盘都必须与平板接触良好，并控制好两者之间的接触压力。压力越大，平板与食品的接触越好，传热系数越大。平板与食品之间若接触不良，会产生很大的接触热阻，冻结速度大为降低。

为了提高冻结效率，操作使用时需注意以下问题：①产品应具有规则的形状，如有两个平坦的平行表面，或者在受压后能变成这种形状；②包装应很好地充实，没有空隙；③装载用的盘子表面平坦；④平板表面应干净，没有外界物质或霜、冰等残渣。

二、回转式速冻装置

回转式速冻装置示意图如图 8－13 所示。它是一种新型的接触式速冻装置，也是一种连续式速冻装置。其主体为一个回转筒，由不锈钢制成，外壁即为冷表面，内壁之间的空间供制冷剂直接蒸发或供载冷剂流过换热，制冷剂或载冷剂由空心轴一端输入筒内，从另一端排出。冻品呈散开状由入口被送到回转筒的表面，由于转筒表面温度很低，食品立即粘在上面，进料传送带再给冻品稍施加压力，使它与回转筒表面接触的更好。转筒回转一周，完成食品的冻结过程。冻结食品转到刮刀处被刮下，刮下的食品由传送带输送到包装生产线。

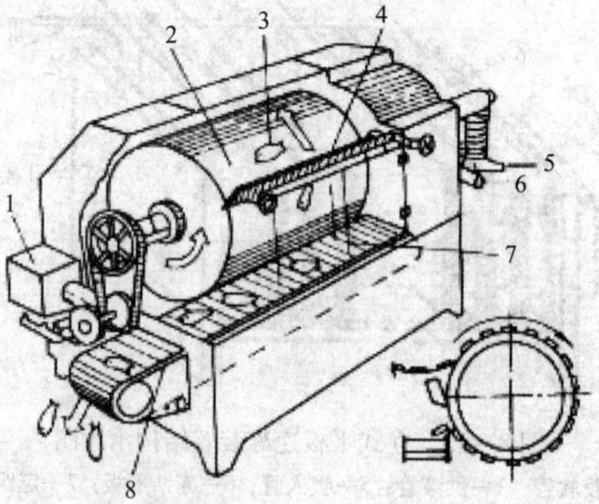

图 8－13　回转式速冻装置

1—电动机；2—滚筒冷却器；3—进料口；4、7—刮刀；5—盐水入口；
6—盐水出口；8—出料传送带

转筒的转速根据冻结食品所需时间调节，每转约数分钟。

制冷剂可用氨、R22 或共沸制冷剂，载冷剂可选用盐水、乙二醇等。该装置适用于冻结鱼片、块肉、虾、菜泥以及流态食品。

该装置的特点：占地面积小，结构紧凑；冻结速度快，干耗小；连续冻结生产率高。

三、钢带式速冻装置

钢带式速冻装置的主体是钢带传输机，如图 8－14 所示。传送带由不锈钢制成，在带下喷盐水，或使钢带滑过固定的冷却面（蒸发器）使食品降温，同时，食品上部装有风机，用冷风补充冷量，风的方向可与食品平行、垂直、顺向或逆向。传送带移动速度可根据冻结时间进行调节。因为产品只有一边接触金属表面，食品层以较薄为宜。

传送带下部温度为－40℃，上部冷风温度为－35～－40℃，因为食品层一般较薄，因而冻结速度快，冻结 20～25mm 厚的食品约需 30 分钟，而 15mm 厚的只需 12 分钟。

该装置适于冻结鱼片、调理食品及某些糖果类食品等。

钢带式速冻装置的主要特点为：①连续流动运行；②干耗较少；③能在几种不同的温度区域操作；④同平板式、回转式相比，带式速冻装置结构简单，操作方便。改变带长和带速，可大幅度地调节产量。缺点是占地面积大。

尽管接触式速冻装置的型式不同，但在设计和操作时，最重要的一点就是保证食品与冷表面的良好接触，以及两者之间的接触压力。

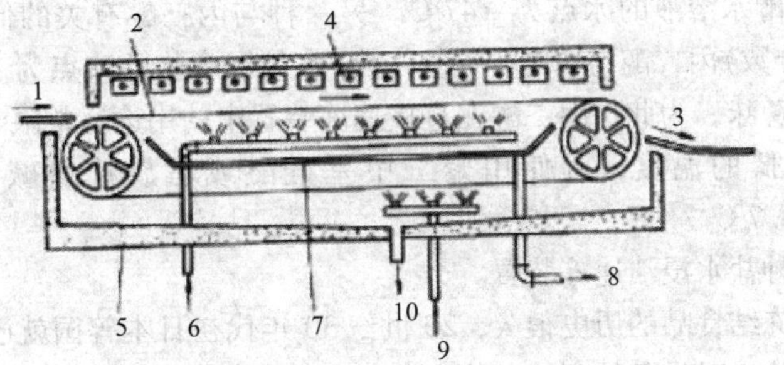

图 8－14　钢带式速冻装置示意图

1—进料口；2—钢质传送带；3—出料口；4—空气冷却器；5—隔热外壳；6—盐水入口；7—盐水收集器；8—盐水出口；9—洗涤水入口；10—洗涤水出口

第三节　直接接触速冻装置

直接接触速冻装置要求食品（包装或不包装）与不冻液直接接触，食品在与不冻液换热后，迅速降温冻结。食品与不冻液接触的方法有喷淋、浸渍，或者两种方法同时使用。

一、对不冻液的要求

直接接触冻结法由于要求食品与不冻液直接接触，所以对不冻液有一定的限制，特别是与未包装的食品接触时尤其如此。这些限制包括要求无毒、纯净、无异味和异样气体、无外来色泽或漂白剂、不易燃、不易爆等。另外，不冻液与食品接触后，不应改变食品原有成分和性质。

二、载冷剂接触冻结

载冷剂经制冷系统降温后与食品接触，使食品降温冻结。常用的载冷剂有盐水、糖溶液和丙三醇等。

所用的盐水浓度应使其冰点低于或等于-18℃，盐水通常为NaCl或$CaCl_2$水溶液，当温度低于盐水的低共熔点时，盐和水的混合物会从溶液中冻析，所以盐水有一个实际的最低冻结温度，例如，NaCl盐水的实际冻结温度为-21.13℃。盐水不能用于不应变成咸味的未包装食品，目前盐水主要用于冻结海鱼。盐水的特点是黏度小，比热容大，便宜；缺点是腐蚀性强，使用时应加入一定量的防腐蚀剂。常用的防腐蚀剂为重铬酸钠（$Na_2Cr_2O_2$）和氢氧化钠（NaOH），用量视盐水浓度而定。

糖溶液曾经用于冻结水果，但困难在于要达到较低的温度，所需蔗糖溶液的浓度较大，如要达到-21℃时，至少需要62%的浓度（质量分数），而这样的溶液在低温下已变得很黏，因此，糖溶液冻结的使用范围有限。

丙三醇—水的混合物曾被用来冻结水果，但不能用于不应变成甜味的食品。67%（质量分数）丙三醇水溶液的冰点为-47℃。另一种与丙三醇有关的低冰点液体是丙二醇，60%（质量分数）丙二醇与40%（质量分数）水的混合物的冰点为-51.1℃。丙二醇是无毒的，但有辣味，为此，丙二醇在直接速冻装置中的用途通常限于包装食品。

要想达到更低的温度，可使用聚二甲基硅醚或右旋柠檬碱，其冰点分别为-111.1℃和-96.7℃。

下面介绍一种盐水浸渍速冻装置。

用盐水浸渍冻结食品的历史很久，20世纪30年代初日本等国就已在拖网渔船上使用。但是，由于盐水对设备的腐蚀、盐水会使食品变色及盐分渗入食品等原因，这种方法曾一度停止使用。后来，人们发现某些罐头食品的原料用此法冻结后，质量变化甚微。另外，用不透水的塑料薄膜将食品包装起来后再浸渍冻结，既可防止盐水渗入，又不会引起食品的变色。鉴于以上原因，盐水浸渍速冻装置又重新得到应用。

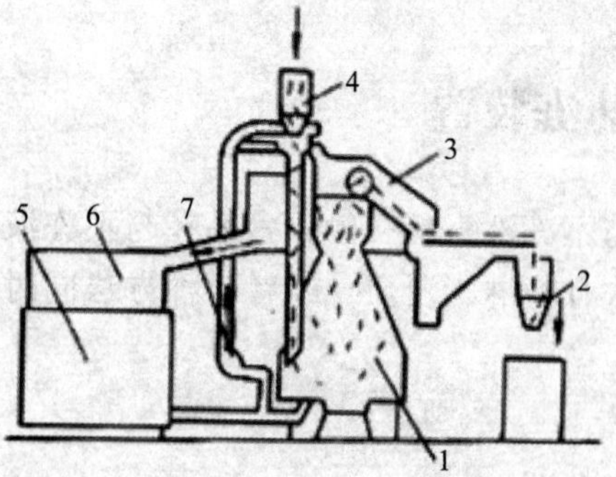

图8-15　盐水连续浸渍速冻装置示意图
1—冻结器；2—出料口；3—滑道；4—进料口；5—盐水冷却器；6—除鳞器；7—盐水泵

图8-15是法国于20世纪70年初研制的盐水浸渍速冻装置。装置中与盐水接触的容器用玻璃钢制成，有压力的盐水管道用不锈钢材料，其他盐水管道用塑料，从而解决了盐水的腐蚀问题。当盐水温度为-19~20℃时，每千克（25~40条）的沙丁鱼从初温4℃降至中心温度-13℃仅需15分钟。

工艺流程：鱼在进料口与冷盐水混合后进入进料管，进料管内盐水涡流下旋，使鱼克服浮力而到达冻结器的底部。冻结后，鱼体密度减小，慢慢浮至液面，然后由出料机构送到滑道，在此鱼和盐水分离，鱼进入出料口，冻结完毕。

盐水流程：冷盐水被泵输送到进料口，经进料管进入冻结器，与鱼体换热后，盐水升温，密度减小，由此，冻结器中的盐水具有一定的温度梯度，上部温度较高的盐水溢出冻结室后，与鱼体分离进入除鳞器，除去鳞片等杂物的盐水返回盐水箱，与盐水冷却器直接换热后降温，完成一次循环。

该装置主要用于鱼类的冻结。其特点是冷盐水既起冻结作用，又起输送鱼的作用，省去了机械送鱼装置，冻结速度快，干耗小。缺点是装置的制造材料要求较特殊。

三、低温液体速冻装置

同一般的速冻装置相比，这类速冻装置的冻结温度更低，所以常称为低温速冻装置或深冷速冻装置。其共同特点是没有制冷系统，在低温液体与食品接触的过程中实现冻结。

常用的低温液体有液态氮、液态二氧化碳和液态氟利昂。

1. 液氮速冻装置

液氮速冻装置大致有浸渍式、喷淋式和冷气循环式三种。

（1）液氮喷淋速冻装置。

图 8－16 所示为喷淋式液氮速冻装置，它由隔热隧道式箱体、喷淋装置、不锈钢丝网格传送带、传动装置、风机等组成。冻品由传送带送入，经过预冷区、冻结区、均温区，从另一端送出。风机将冻结区内温度较低的氮气输送到预冷区，并吹到传送带送入的食品表面上，经充分换热食品预冷。进入冻结区后，食品受到雾化管喷出的雾化液氮的冷却而被冻结。冻结温度和冻结时间，根据食品的种类、形状，可调整贮液罐压力以改变液氮喷射量，以及通过调节传送带速度来加以控制，以满足不同食品的工艺要求。由于食品表面和中心的温度相差很大，所以完成冻结过程的食品需在均温区停留一段时间，使其内外温度趋于平衡。

液氮的汽化潜热为 198.9kJ/kg，定压比热容为 1.034kJ/(kg·℃)，沸点为 －195.8℃。从沸点到 －20℃冻结终点所吸收的总热量为383kJ/kg，其中，－195.8℃的

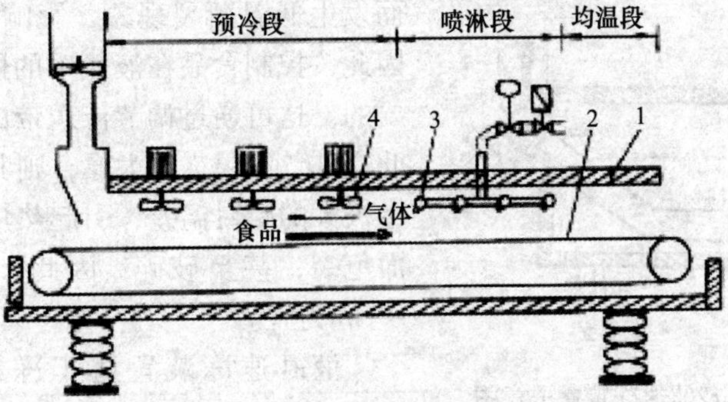

图 8－16　液氮喷淋速冻装置示意图

1—壳体；2—传送带；3—喷嘴；4—风扇

氮气升温到 -20℃时吸收的热量为182kJ/kg，几乎与汽化潜热相等，这是液氮的一个特点，在实际应用时，应注意不要浪费这部分冷量。

对于5cm厚的食品，经过10～30分钟即可完成冻结，冻结后的食品表面温度为 -30℃，中心温度达 -20℃。冻结每千克食品的液氮耗用量约为0.7～1.1kg。

图8-17为一种新型的旋转式液氮喷淋隧道。其主体为一个可旋转的绝热不锈钢圆筒，圆筒的中心线与水平面之间有一定的角度。食品进入圆筒后，表面迅速被喷淋的液氮冻结，由于圆筒有一定的倾斜度，再加上其不断地旋转作用，食品及汽化后的氮气一同翻滚着向圆筒的另一端行进，使食品得到进一步的冻结，食品与氮气在出口分离。

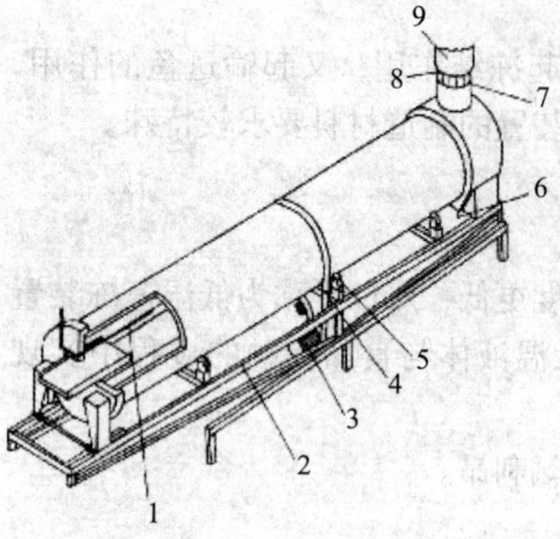

图8-17　旋转式液氮喷淋隧道示意图
1—喷嘴；2—倾斜度；3—变速电机；4—驱动带；5—支撑轮；6—出料口；7—氮气出口；8—空气；9—排气管

由于没有风扇，该装置的对流表面传热系数比带风机的小一些，但因为食品的翻滚运动，食品与冷却介质的接触面积增大，所以总的传热系数与带风机的系统差不多。不设风扇，也就没有外界空气带入的热量，液氮的冷量将全部用于食品的降温，单位产量的液氮耗量相对也就比较低。

该装置主要用于块状肉和蔬菜的冻结。其特点是占地面积小，产量大，能更有效地应用液氮。

（2）液氮浸渍速冻装置。

如图8-18所示，主要由隔热的箱体和食品传送带组成。食品从进料口直接落入液氮中，表面立即冻结。由于换热，液氮强烈沸腾，有利于单个食品的分离。食品在液氮中只完成部分冻结，然后由传送带送出出料口，再到另一个温度较高的冻结室作进一步的冻结。

据研究，对于直径为2mm的金属球，在饱和液氮中的冷却速率高达 1.5×10^3℃/s；如果降温速率过快，食品将由于热应力等原因而发生低温断裂现象，影响冻结食品的质量。因此，控制食品在液氮中的停留时间是十分重要的。这可通过调节传送带的速度来实现。除此之外，如果冻品太厚，则其表面与中心将产生极大的瞬时温差，引起热应力，从而产生表面龟裂，甚至破碎。因此，食品厚度以小于10cm为宜。

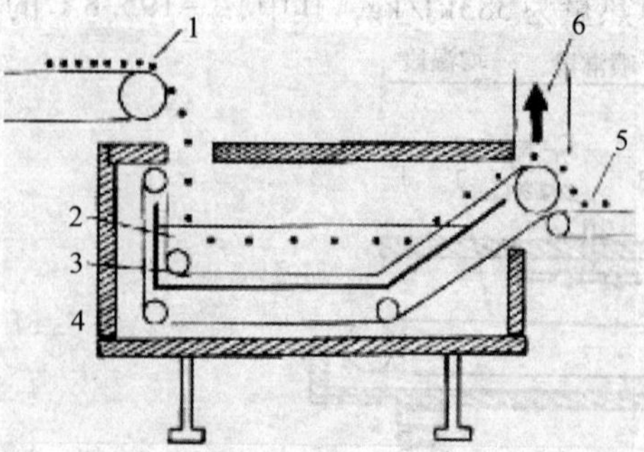

图8-18　液氮浸渍速冻装置示意图
1—进料口；2—液氮；3—传送带；4—隔热箱体；5—出料口；6—氮气出口

液氮速冻装置适于冻结一切体积小的食品。

液氮速冻装置的特点：①液氮可与形状不规则的食品的所有部分密切地接触，从而使传热的阻力降低到最小限度。②液氮无毒，且对食品成分呈惰性，由于替代了从食品中出来的空气，可在冻结和带包装储藏过程中使氧化变化降低到最小限度。③冻结食品的质量高。由于液氮与食品直接接触，以200℃以上的温差进行强烈的热交换，故冻结速度极快，每分钟能降7~15℃。食品内的冰结晶细小而均匀，解冻后食品质量高。④冻结食品的干耗小。用一般速冻装置冻结的食品，其干耗率在3%~6%，而用液氮速冻装置冻结，干耗率仅为0.6%~1%。所以，适于冻结一些含水分较高的食品，如杨梅、西红柿、蟹肉。⑤占地面积小，初投资低，装置效率高。

液氮冻结的主要缺点是成本高，但这要视产品而定。

2. 液态 CO_2 速冻装置

液态 CO_2 在大气压的沸点为 -78.5℃，汽化潜热为575kJ/kg，比热容为0.837kJ/(kg·℃)。

CO_2 在常压下不能以液态存在，因此，液态 CO_2 喷淋到食品表面后，立即变成蒸汽和干冰。其中转变为固态干冰的量为43%，转变为气态的量为53%，二者的温度均为 -78.5℃。液态 CO_2 全部变为 -20℃的气体时，吸收的总热量为621.8kJ/kg，其中约15%为显热，由于显热所占份额不大，一般没有必要利用，因此，液态 CO_2 喷雾速冻装置不像液氮喷淋装置那样做成长形隧道，而是做成箱形，内装螺旋式传送带来冻结食品。

由于 CO_2 资源丰富，一般不采用回收装置，当希望回收时，应至少回收80%。

【大视野】狗不理包子是全国闻名的传统风味小吃，始创于公元1858年清朝咸丰年间，经过150多年的变革发展，目前有6大系列120多种包子，年销量5000多万个，已成为拥有大型饭店、中型酒家、排挡式餐厅、快餐、早餐、早点、速冻食品生产、商品零售、物流商贸和烹饪学校以及在国内外设有70余家特许连锁企业的集团公司。狗不理已被国家商标局认定为中国驰名商标，狗不理包子饮食集团公司被认定为中国商业名牌企业，狗不理包子被认定为国际名品中华美食奖、天津市名牌产品，“狗不理”已成为中国饮食文化的一张名片，其地道独特的美味备受海内外游客喜爱。

复习思考题

1. 简述速冻装置的分类。
2. 简述螺旋式速冻装置的特点。
3. 简述平板冻结装置的特点。
4. 简述使用平板速冻装置应注意的问题。
5. 简述钢带式速冻装置的主要特点。
6. 简述盐水浸渍速冻装置的工艺流程。
7. 简述液氮速冻装置的特点。

第九章　冷链技术

学海导航

本章主要介绍了食品冷链的概念及组成、国内外食品冷链的发展现状及趋势、食品冷链中储藏、运输、销售、解冻等各个环节常用设备以及食品质量的变化与控制等内容。要求重点掌握食品冷链各流通环节中温、湿度的监控及食品质量变化。

第一节　食品冷链概述

所谓冷链是指易腐食品在生产、储藏、运输、直到销售前的各个环节中始终处于规定的低温环境下，以保证食品质量，减少食品损耗的一项系统工程。冷链是随着科学技术的进步，制冷技术的发展而建立起来的，是以冷藏技术为基础，以制冷技术为手段，在低温条件下的物流现象。

一、冷链的组成

速冻食品在流通过程中的冷链由冷冻加工、冷冻储藏、冷冻运输、冷冻销售四个环节组成。

（一）冷冻加工

包括肉类、鱼类的冷却与冻结；果蔬的预冷与各种速冻食品的加工等。主要涉及冷却与冻结装置。

（二）冷冻储藏

包括食品的冷却冷藏和冻结冷藏，也包括果蔬的气调储藏。主要涉及各类冷藏库、冷藏柜、冰柜及家用冰箱等。

（三）冷藏运输

包括食品的中、长途运输及短途送货等。主要涉及铁路冷藏车、冷藏汽车、冷藏船、冷藏集装箱等低温运输工具。在冷藏运输过程中，温度的波动是引起食品质量下降的主要原因之一，因此，运输工具必须具有良好的性能，不但要保持规定的低温，更切忌大的温度波动，长距离运输尤其如此。

（四）冷冻销售

包括冷冻食品的批发及零售等，由生产厂家、批发商和零售商共同完成。早期，冷冻食品的销售主要由零售商的零售车及零售商店承担，近年来，城市中超级市场的大量涌现，已使其成为冷冻食品的主要销售渠道。超市中的冷藏陈列柜，兼有冷藏和销售的功能，是食品冷链的主要组成部分之一。

在食品冷链中，温度是食品冷链中最重要的控制因素。冷链中的各个环节都起着非常重要的作用，是不容忽视的。任何一个环节出现问题，都会影响食品的质量。相对而言，食品在冷藏库中储藏时间越长，储藏温度对食品的质量影响越大。在食品冷链中，温度一般是固定的，而储藏时间是灵活的，要在食品的高质量储藏期内将食品销售给顾客。

食品冷链的建立和实施需要具备的条件是：从生产到消费的全部环节均需要有完善的低温储藏、运输设施，它包括生产第一线的冷藏、运输设施，从产地到销地的中转冷库和车、船、飞机等运输条件、市场批发、零售到家庭的冷柜、冰箱等设备所形成的连续系统；需要建立和具备对上述环节中全部温度、时间和品质状况进行控制管理的制度和机构；对冷链的所有环节的食品品质进行有效的监测、控制和管理的方法。

二、国外食品冷链发展概况

冷链的概念是1908年法国和英国学者提出的。1948年美国针对战后市场冷藏品品质低劣和必需加强管理的要求出发，用10年时间对各种食品在不同储藏温度和储藏时间内的品质变化状况，进行了10万个以上的采样测试和研究。1958年于其研究报告中提出三点结论：①各种不同食品，在不同储藏温度下品质的下降与其储藏时间之间存在一定的关系；②降低食品储藏温度，可使食品品质的稳定度随之成指数关系增大，实用上保持稳定品质所需降低的温度应在－18℃以下；③时间、温度对于品质带来的损失量在整个保藏期间是不断累积的和不可逆的，储藏的时间和温度两者对品质的影响顺序与积累下来的品质损失总量无关。由此提出了冷冻食品的储藏温度、储藏时间与允许限度的明确概念，并为国际冷藏行业所接受。同时提出为使多数食品保质期限达到1年，需把储藏温度保持在－18℃以下，以及对于储藏中品质变化的计算评价方法。

1958年，美国的阿斯德等人提出的冷冻食品品质保证的时间、温度、耐藏性的容许限度，即“3T”概念。TTT(Time Temperature Tolerance)是指冷冻食品在生产、储藏及流通各个环节中经历的时间(time)和经历的温度(temperature)对其品质的容许限度(tolerance)有决定性影响。TTT理论是食品冷链的理论依据，用以衡量在冷链中食品的品质变化(允许的储藏期)，并可根据不同环节及条件下冷藏食品品质的下降情况，确定食品在整个冷链中的储藏期限。

接着，美国的左尔补充提出冷冻食品品质还取决于产品冻前质量、加工方式、包装等因素，即“3P”理论。后来又有人提出冷却保鲜、清洁、小心的“3C”原则。这些理论不仅成为低温食品加工流通与冷链设施遵循的理论技术依据，更重要的是它奠定了低温食品与冷链发展和完善的坚实的理论基础。

冷冻食品工业的显著增长出现于20世纪50年代末，这个阶段的发展直接或间接地归功于制造商。冷冻食品工业的发展促进了家用低温冷柜和冷藏箱的发展。冷冻食品工业的发展，总是与家用低温冷柜和冷藏箱密切联系的，同时与冷藏供应链相互促进又相互制约。20世纪60年代，干冰冷冻被制冷车所取代。人们用冷板车制冷，这些板车在一天中提供10小时的低温效果，晚上可用压缩机进行制冷再装进保温室，这在单班运转中效果良好。同时20世纪60年代末超市发展起来了，电视销售开始代替货运车销售，并很快进行得井然有序，发票和销售记录也采用了计算机处理。家庭、商店、旅馆、餐馆里所有低温制冷柜变得越来越普遍。由于把货物及时送到超市和其他大客户手中，必须采用专用车辆进行大批量发货，而且这种车辆带有货物处理设备。多班制系统需要运输途中制冷，这促进了引擎驱动的鼓风系统的运用。

进入20世纪90年代，销售系统已经由市场支配。世界速冻食品生产和销售方兴未艾，其增长速度高达20%~30%。美国、日本及欧洲一些国家已经形成原料产地加工、销售、家庭食用的完整冷链，保证了速冻食品工业化和社会化。设计和操作的变化必须满足不断增长的“上拉式”供应链的需要。这种方式主要是由消费者的需求所驱使的，冷链中各部门以及各企业之间是一种战略伙伴关系，因而共享信息和均衡利益。

由批发商提供冷冻食品的数量呈上升趋势，冷冻食品的顾客范围从旅馆到食堂及小型的自选商店，其特征是限量供货的快速流通。批发商店冷藏室主要是用作周转库而不是传统的冷藏库。随着超市业务的增加，为零售顾客推崇的个人小包定单有所下降，所有冷冻食品的运输现在都采用箱装和托盘装。

采用地区批发中心导致的另一个变化是多种温度混合型库的发展。这意味着冷冻、冷藏与常温货物可以放在同一场所来进行分发。在许多情况下由带多温度车厢的车辆来完成分发，即将冷冻、冷藏与常温货物放在隔开的具有不同温度的库房里，不同种类的冷冻食品放在库里不同的地方，从而使人们能够按照定单挑选货物，并在提供带多温度车厢的车辆的情况下按要求装货。一般而言，冷冻或冷藏货物常常用同一车辆相互隔开运送，而冷冻和常温货物很少放在一起运送。运送到超市的量通常要足够大，以保证冷冻货物和其他货物分开运送时满负荷装载。若分发库离超市不远，则分发库单独安排各类货物会更方便或经济。

以家用电冰箱为代表的家庭冷藏设备的普及与多样化，以及超级市场的出现促使那些易腐但具有高营养、高品质的食品以冷藏商品的形式进入市场，加之以微波炉为代表的家用解冻和热加工设备的问世及普及，推动了食品冷链的发展和完善。而促使这一切能顺利、迅速发展的真正市场原动力，则归功于家庭主妇的职业化使得家务劳动社会工厂化的需求的出现。国际上从20世纪30年代初期的冷链到50年代冷冻食品直接以商品形式出现，即指从生鲜食品的预处理、加工、包装、储藏、运输到配送、销售在内各环节形成一种低温链环式结构，之后又经历了几十年，各类低温食品冷链才达到目前完善的程度。

目前，发达国家如西欧、美国、日本等冷链的建设已较完善。从20世纪70年代开始，零售环节的冷藏设备迅速发展，易腐食品亦以冷藏商品的形式进入市场，且已发展成为洲际运输。根据对世界冷藏货物贸易发展趋势分析，90年代后期世界冷藏货物运输发展将具有以下几个特点：

(1) 冷藏集装箱多式联运比重明显增加；

(2) 冷藏船托盘比例不断提高；

(3) 冷藏货物运输逐渐走向产、运、销一体化联合经营的道路；

(4) 发展高速通讯系统，使市场信息能瞬间交换；

(5) 冷藏货物运输需求不断增加；

(6) 过去采用航空运输的一些高档易腐货物，逐渐转向优质低价的冷藏集装箱海上运输。

近几年，最显著的变化可能是整个库存控制和定货系统的计算机化。对每个生产线产品使用条形编码的电子销售点(EPOS)系统意味着超市顾客结账和通过地区批发中心订货都能迅速、可靠地进行，甚至可进行与生产商联系、填补超市缺货等业务。

人工存货检查以及那些可能既费事又易出现差错的存货卡现已被条形码阅读机所取代。电脑已可以处理包括订货出库向分发公司运货、发票登记、存货控制和更新以及冷藏库内存货周转等所有业务。

目前，发达国家的易腐食品(以价值论)已经占到销售总量的50%，并且继续增长。这一方面与人们的生活质量提高与饮食习惯改变有关，另一方面也归功于易腐食品的生产、加工及储运手段的改善。

对于供应链中的所有环节，许多专家正在一级和二级销售路线相结合的方法，来降低开支和改进其适应性。目前的趋势是零售商宁愿从工厂进货，也不愿依靠制造商发送到地区批发中心。这方面最可能的发展将会是承包商承包进行一级和二级销售，并期望结合销售路线使成本降低到最小值。

电子数据交换(EDI)是用来传输制造商和销售商之间的数据的。EDI加上EPOS数据的预测以及亲密的伙伴关系，将有助于零售商向着无库存分发的目标靠近。对操作计划的执行越严格，并减少高峰期对温控库的操作，越有助于减少地区批发中心的库存量以及在地区批发中心的车辆数，而且使管理也变得更加简单。

随着产品范围的扩大和销售信息的提前，越来越需要更快、更尖端的储藏技术与之相适应。随着存储量和场地尺寸的增加，无论是宽通道还是窄通道里都必须有可移动的搁架。

将来，一级供应链可能涉及通过专业或半专业的一级批发中心操作的大生产商，而中等或小型的生产商将通过他们自己的或零售商选择的一级批发中心操作。供应链中资产利用率的提高将取决于信息的传递，来自业务伙伴公司的全球策略，满载的稳定分发，低成本的货物处理系统和传送模式的灵活性。

三、我国食品冷链发展概况

我国食品冷链的发展可分为以下两个阶段。

第一阶段：食品冷链的形成阶段。我国食品工业中食品冷链的形成得益于以下四点。①从20世纪70年代中期至80年代中期，改革开放极大地提高了我国农、牧、渔业的劳动生产率，农村各类农副产品日见充沛，在自给有余的前提下，国家收购后需调节余缺。②为了解决生产季节性，调节市场均衡供应，食品冷链发展迅猛，日见普及。基本做到各县城均有冷藏库，为储藏易腐食品打下了坚实基础。③国家狠抓基础设施建设，国道、省级公路和铁路运输网初具规模，是发展食品储运的又一坚实基础。④国家的高度重视，推动了我国冷藏运输设备的试制和生产。具备了这几个方面，尽管当时用保温车储运易腐食品的数量远少于敞篷车储运量，但是形成我国食品冷链的雏形，只是当时还处于计划经济模式，同时也受到当时实际生产水平和国家综合经济实力的限制，食品冷链不可能有很大的发展。

第二阶段：食品冷链的高速发展时期。从20世纪90年代至今，我国对城市和工业经济成功地实行体制改革。同时，对外开放不断深入，外资和先进技术装备不断引进，国民经济飞速发展，国家综合实力和人民生活水平迅速提高，对食品的需求无论在数量还是在质量上提出了更高的要求，致使我国食品冷链进入蓬勃发展期。可以说，冷链的兴起和发展机遇是生产和生活水平提高到一定规模的必然产物。

我国的冷链从1954年开始建设，20世纪80年代后发展迅速。目前已出现了较为完整的冷链，从原料到消费每一个环节的冷链已经初步形成。目前，电冰箱的社会占有量在1.3亿台左右，在城市家庭中、冰箱普及率已达90%。介于两者之间的冷藏运输销售环节商用冷藏设施，由于造价高，普及使用受到一定限制。

商业用冷藏设施主要指商业零售环节冷藏设施，包括各种用途、各种型式和温度要求的冷藏柜。在20世纪90年代初，我国先后引进日本、美国技术，使商用冷藏柜生产有了相当数量和规模，产品的品种、型式也逐步适应了实际销售环节的需要，为完善食品冷链起了巨大作用。从整体冷链体系而言，中国的食品冷链还未形成体系，冷链发展的滞后在相当程度上影响着速冻食品产业的发展。

1. 食品冷链蓬勃发展的推动力

（1）加大改革开放力度，吸引外资和技术装备取得明显成效，相继引进多种先进的速冻装置、冷藏陈列柜、蒸发式冷凝器等制冷设备，开阔了视野，解放了思想。

（2）采用中外合资或资产重组的形式，消化吸收国外先进技术，对产品结构进行调整。以升级换代制冷设备（如蒸发式冷凝器、各种陈列柜、速冻装置、热泵机组等）替代传统产品，为食品冷链的发展提供了技术和装备保障。

（3）随着生产发展，生活节奏加快，人们生活方式有了很大变化。速冻小包装方便食品普遍地被接受。超市、大卖场、专卖店等新型零售业迅速发展。集中采购、统一配货的经营先进性规模效应凸显。据1997年统计，生鲜食品和冷冻食品经营额占超市总销售额的5.1%；据2006年统计，上海人均年消费量为：水果115kg，蔬菜247.5kg，水产食品27.8kg，家禽14.6kg，蛋制品12.2kg。

（4）人们生活水平的提高，从温饱迈向小康，意味着消费水平的提高，讲究美味和营养，故优质高价客观上能够贯彻执行，由此，市场经济模式利益驱动促使食品冷链能快速发展。

（5）家电等相关行业的迅速发展使家庭电冰箱日益普及，以上海为例，1997年上海市区每百户家庭电冰箱拥有量为102台，市郊区居民为68台。

（6）高等级(高速)公路网络日益完善，至2006年底，我国高速公路总里程超过45400km，跃居世界第二。铁路运输设施几经改造，几度提速，使我国铁路运输能力大大提高，为食品冷链的蓬勃发展提供了重要保障。

（7）易腐食品每年的浪费是惊人的，发展冷链可以减少食品损失，节能和保护环境，有利于食品产业持续发展，思想认识的提高也推动了食品冷链的迅速发展。

2. 食品冷链发展过程中的制约力

虽然20世纪90年代起，我国食品冷链发展很快，但由于各种原因也制约了食品冷链的进一步发展。

（1）关于速冻小包装食品，虽已有设备先进的合资企业生产高质量的速冻食品，但相当一部分企业设备陈旧，不具备速冻条件，生产规模小，品种少，资金不足，严重影响速冻食品技术装备的发展和质量的提高。就水产速冻食品而言，供货企业集团仅有几家，企业技术力量分散，劳动生产率低，缺乏品牌意识，产品只能以中低档为主。

（2）速冻食品生产缺乏统一质量标准、卫生标准和营养标准，使厂家无法可依，消费者无法衡量，不放心。有些产品虽有章可循，但限于经济、技术条件，使标准无法全面实施。

（3）速冻食品管理不规范。在相当长时期内无统筹管理。随着改革开放的深化，冷藏库面临体制改革和结构调整机制转换，门类多样化，品种多元化，客户多极化等问题。不少冷冻厂受资金和技术所限未能及时转轨，因此货源不稳定，使冷藏库周转利用率大成问题，不得已片面采取提高库温缩短开机时间的办法来降低成本。

（4）冷藏运输仍是发展我国食品冷链的瓶颈。目前全国每年需调运的易腐食品货物约4000万t，铁路调运约100万t。冷藏列车不足7000辆，约调运250万t，其余750万t则有普通敞篷车运送。公路调运600万t左右，水路调运40万t左右。

（5）缺乏整体协调。食品冷藏每一个环节的企业员工及管理人员对冷链发展的全局观念和整体意识认识不足，只注意企业所处环节的发展环境，忽视对本环节员工岗位职责和质量意识的培训，对相邻环节提出种种要求，各环节之间缺乏整体协调。

（6）超市、大卖场等新的商界业态的涌现，改变了传统零售业的模式，如何建立社会化、专业化、现代化的货物配送中心，理顺各种关系，构建一个高效的销售交易体系，在认识上不统一。

3. 我国冷链发展中存在的问题

(1) 冷链各环节的发展不平衡，缺乏上下游的整体规划和整合。

1954~1991年，冷藏库容量由3万t增加到450万t，增加了135.4倍，而冷藏运输工具中占主导地位的铁路冷藏车则由587辆增加到5094辆，仅增加7.7倍，冷藏汽车、冷藏船和冷藏集装箱则增加的更少。到2000年冷藏保温汽车将达到3万辆(其中冷藏汽车占40%)，比1991年的15000辆再增加一倍，而同期铁路冷藏车预计可达到8000辆左右，仅比1991年的5094辆增加0.57倍。

在食品供应链上，既缺乏食品冷链的综合性专业人才，也缺乏供应链上下游之间的整体规划与协调，因此在一些局部发展中存在严重的失衡和无法配套的现象，例如，在冷库建设中就存在重视肉类冷库建设，轻视果蔬冷库建设；重视城市经营性冷库建设，轻视产地加工型冷库建设；重视大中型冷库建设，轻视批发零售冷库建设。1991年底，商业、农业、外贸和轻工业四个系统共拥有冷库413.5万t(不包括沿海地区无数小冷库)。其中，低温库(储存肉、鱼)302万t，占73%，高温库(储存蛋、水果)111.5万t，仅占27%；1993年商业系统冷库为2238座。容量271万t，其中，产区占40%，都是小冷库，销区占60%。冷库主要是销地发展快，尤其是经济发达地区，主要是经营性冷库，现在供不应求。目前冷链的建设基本限于大、中城市的冷藏库建设，全面的冷链建设尚未形成，更没有形成冷链的健全体系和连贯的储运能力。

(2) 食品冷冻加工良莠不齐，国产速冻设备质量不高。

冷冻食品企业规模小、实力弱、经济效益低。目前全国约2000余家冷冻食品生产企业，产量稳定在万吨以上的为数不多。加入世贸组织以后，我国市场将面临全方位的开放，不再存在政府保护措施，外国企业将全面挑战我国冷冻食品行业。因此，加快冷冻食品行业的发展，加快产品的标准化工作，为行业的发展做长远的准备。据估计，目前全国每年生鲜食品冷加工(慢冻、速冻、冷藏和冷保鲜)量为800万~1100万t，占生鲜食品总产量的2%左右。其中冷冻、冷藏食品年生产量约350万t，年增长率达25%。厂家提供的水产类、畜禽肉类、果菜类和调理食品等四大类近200个冷冻、冷藏品种，发展虽迅猛，但在食品冷链中流通的冷冻食品包装是一个急待解决的问题。目前市场上流通的冷冻食品包装缺少必要的保温性能，在常温下包装品温升得快，对冷冻食品的品质影响很大。

冷冻食品的加工很不规范，虽然在生产设备和生产品种上都有一定的改观，但并没有完全适应市场发展的需要。由于在政策法规、管理体制、产业布局、产品质量、产品标准等方面缺乏统筹规划和指导，生产处于无序状态，市场比较混乱，加之在促进和引导消费方面工作力度不够，规模生产和统一的大市场尚未形成。

我国一些引进技术和设备的企业，产品水平接近国际先进水平，但设计能力、装备制造能力、技术服务能力等仍有差距。国内速冻机生产虽有一定基础，但是与国外同类产品相比存在着体积庞大、笨重、低温性能差、能耗高等问题。目前国内速冻机几乎全部采用轴流风机，与进口样机所采用的低噪声、低能耗、大风量、变频调速离心风机有较大的差距。速冻食品一年四季产品变换几十种甚至几百种，若固定一种风压与风量，不能适应不同食品品种的要求。国内一些速冻机配件生产厂生产的传送件与国外同类产品的差距，主要是外形粗糙、精度较差、使用性能不稳定。

(3) 冷链的发展仍处于无序状态，管理急待加强。

有资料表明，目前全国冷库的实际利用率尚不足40%。在冷库建设中还存在一些误区，重视肉类低温冻结冷库的建设，忽视果蔬高温保鲜冷库建设；重视城市经营性冷库建设，忽视产地加工生产性冷库建设；重视大中型冷库发展及管理，忽视批发销售小冷库的发展及管理。

冷冻食品生产没有统一的行业标准和规范可循。当前，商业系统、轻工系统、外贸系统、水产系统都在各自生产冻食品，没有统一的行业标准和规范可遵循，管理处于无序状态，导致冷冻食品的质量参差不齐。在冷冻加工品种、数量、质量、包装及管理等方面尚存在一些隐患：①宏观管理失控致使行业管理混乱，产品质量低下，相关生产、运输、销售等的标准和法规的制定相对滞后；②产品质量无章可循，品种单调，重复现象严重；③销售条件欠缺。

易腐食品的产、运、销部门互相分割，没有冷链的统管机构。按照社会分工，农业部门管农业生产，交通部门管运输，商业部门管购销是无可厚非的，但是，作为系统工程的冷链，由于没有统管机构，也就无人从冷链的全局考虑各环节的综合发展，不考虑与其他环节的衔接与配合。例如，农业部提出的“菜篮子”工程，主要是抓“菜园子”和“菜摊子”，而忽视了运菜的车子。又如，作为运输易腐食品的冷藏车、船，分属铁路、商业、水产等部门所有，由于管理体制的限制，它们只能在本单位内部使用，单位与单位之间在忙闲余缺时不能互相调剂，影响这些运输工具的充分利用。

(4) 食品冷链的硬件设施建设欠账太多。

汽车冷藏车辆：目前，中国保温车辆约有3万辆，而美国拥有20多万辆，日本拥有12万辆左右。中国冷藏保温汽车占货运汽车的比例仅为0.3%左右，美国为0.8%~1%，英国为2.5%~2.8%，德国为2%~3%。欧洲各国汽车冷藏运量占比为60%~80%；中国汽车冷藏运输占比约为20%。

铁路冷藏车辆：在全国总运行车辆33.8万辆中，冷藏车只有6970辆，占2%，而且大多是陈旧的机械式速冻车皮，规范的保温式的保鲜冷藏车厢缺乏，冷藏运量仅占易腐货物运量的25%，不到铁路货运总量的1%。

食品冷藏运输率：食品冷藏运输率是指易腐食品采用冷藏运输所占的比例。欧、美、日等国均达到80%~90%，前苏联和东欧国家约50%。目前我国每年需调运的易腐食品约4000万t，食品冷藏运输率约10%。目前，我国易腐物品装车大多在露天而非在冷库和保温场所操作，80%~90%左右的水果、蔬菜、禽肉、水产品都是用普通卡车运输，至多上面盖一块帆布或塑料布。

冷库容量：中国目前的冷库总容量为700多万t，很多冷库只限于肉类、鱼类的冷冻储藏，而当生产淡季和原料资源不足时，冷库往往处于闲置耗能状态。我国现在每年冷库的库容在快速增加，但是在一些地区，货源没有随着冷库的增加而增加，冷库空置率增高，储存量只占其库容量的20%~30%。我国目前部分冷库的冷冻技术仍旧保留老一套的制冷工艺和技术，相当于国外20世纪80年代的水平。

从上述情况看，中国目前的冷链设施和冷链物流装备不足，原有设施设备陈旧，发展和分布不均衡，无法为易腐食品流通系统地提供低温保障。由此产生两个直接后果，一是易腐食品特别是初级农产品的大量损耗，由于运输过程中损耗高，整个物流费用占到易腐物品成本的70%，而按照国际标准，易腐物品物流成本最高不超过其总成本的50%。二是食品安全方面存在巨大隐患。

(5) 冷链配送技术落后，冷藏物流技术急待提高。

冷藏保鲜装置和冷藏陈列柜在大中城市中较大型的商场、食品超市或冻品专卖店配置较为齐全，但小城镇和农村市场的冷藏设备配置发展较缓慢；且国产冷柜质量参差不齐，性能不稳定，造成冷链中断；而进口冷柜价格又昂贵，令商家却步。我国目前能耗少的冷柜产品也仅达欧盟的B、C级能耗水平。食品冷藏柜设施运行服务队伍尚未走向专业化、独立化。

我国的冷藏物流技术有待发展，高损耗的主要原因是缺乏有效的温度控制设施投入。虽然，我国近年来在冷藏物流技术上有了比较大的进步，但是总体上不仅技术和发达的西方国家有差距，而且缺少训练有素的冷藏物流供应链管理和操作人员，许多先进的全程冷藏控温运行管理制度也还在建立中，并不能及时使用，导致各个环节上的信息阻塞，易腐制品在运输途中经常发生无谓的延误，进一步加大了风险。

(6) 食品冷链的市场化程度很低，第三方物流服务不能到位。

中国易腐食品除了外贸出口的部分以外，大部分在国内流通的易腐食品的物流配送业务是由生产商和经销商完成的，食品冷链的第三方物流发展十分滞后，服务网络和信息系统不够健全，大大影响了食品物流的在途质量、准确性和及时性，同时食品冷链的成本和商品损耗很高。冷藏物流市场还没有形成规模，缺乏一批有影响力、全国性的第三方冷藏物流公司。

目前绝大多数的冷藏物流供应商只能提供冷藏运输服务，而并非真正意义上的冷藏物流服务，和普通的第三方物流相比较，冷藏物流除了要考虑服务价格和对分销渠道控制因素以外，生产商更多的是要考虑控制产品的质量和服务的质量。当然，国内现在很少有供应商可以能够保证对整个供应链的温度控制，这就使得国内大多数的冷藏食品的生产厂家也无法把整个冷藏物流业务外包，只能是自营冷藏物流，即使是外包，也是将区域性部分配送和短途冷藏运输外包。这在很大程度上也阻碍了我国第三方冷藏物流的发展。现在许多积极进入冷藏食品市场的企业无法在国内销售上得到第三方冷藏物流的支持，结果造成了冷藏食品的区域性过剩，大大挫伤了这些生产商的积极性和市场的健康发展。

运输冷藏货物不同于普通货物，要想有效地运作冷藏物流，达到保证货物质量和服务最佳的目的，必须建立起一套完整的冷冻物流链系统，严格点到点的温度控制，同时货物从一个地点运输到另一个地点，既不应暴露在空气中，也不应该承受温度的剧烈变化。同时，货物对到达地也必须要严格要求温度。这些都不仅需要有构造精良的冷藏运输设备，而且还需要专业的运输管理机制，才能有效完成货物的保鲜质量和运输的经济效益。

四、我国食品冷链的发展趋势

（一）我国食品冷链的未来发展趋势

（1）我国逐步健全有利于低温食品产业健康发展的标准体系和标准监督实施体系改建，建立有预冷等多道流程，使货物多存量、在保证产品品质的条件下宏观调控低温食品的产量及品种协调搭配。

（2）对我国现有大容量设计的冷库进行必要的改装、按单行线单进单出，避免污染。引导冷库由原来的大批量、少品种、多存量、存期长向小批量、多品种、少存量、多流通形式转化，以灵活的方式适应多品种、全方位的发展趋势。

（3）引入市场竞争机制，建立适合我国国情的冷藏运输体系下，大力发展公路冷藏运输。提高鲜活易腐货物冷藏运输率，逐步完善易腐食品冷链；同时，应加大对现有冷藏运输管理体制的改革力度，为冷藏运输行业的大发展创造宽松的外部环境，建立由铁路、公路、水路齐上的多渠道、多层次的冷藏运输格局。

（4）做好超市店中冷藏柜的选型、设计以及规范管理工作。冷藏陈列柜的形式多样、功能齐全和运行节能是我们今后选型的主要标准，低温食品的发展突出一个主题即新鲜、安全、营养、卫生。因此，除了严格控制从产地到生鲜加工厂的原料品质及良好的生产操作条件外，还应改善超市冷藏设施的储藏条件和卫生环境，以减少生鲜食品在此环节中因不良外界条件而导致品质老化所造成的损耗，从而降低成本。

（5）开发制造用抗菌材料生产的新一代环保无菌和节能化的冷藏设施，无菌冰箱及冷柜的普及意味着冷链的进一步完善，对保持食品高品质将起到巨大的作用。

（6）建立专业物流配送中心及专业化、独立化的食品冷藏柜设施运行服务队伍。生鲜食品的健康发展，必须实现产、供、销各环节的密切合作，逐步建立起紧凑的一条龙生产、加工、营销体系。尤其在配送营销方面，保持冷链的完整对于保证生鲜食品品质是最为重要的手段。配送中心应经常了解消费需求，掌握市场动态，适时改善配送条件及配送品种与数量。

（二）我国食品冷链未来发展应采取的措施

1. 推动建立多种模式的食品冷链体系建设

目前国际上比较成形的食品冷链有两种模式：一是以企业为主体的食品冷链体系，这种模式在美国、日本和西欧比较普遍；二是以保证大量食品的一般质量、降低在途损耗的价格与品质模式，这种模式一般为发展中国家采用。根据中国食品冷链物流的发展现状，应该推进多种冷链模式的发展，一方面依靠农业龙头企业和大型食品企业，发展以核心企业为轴心的食品冷链体系，串联供应链上下游，逐步形成覆盖分类食品产业的冷链保障体系；另一方面在建设农产品绿色大通道的基础上，建设连接农产品主产区和消费地的食品冷链物流主干网络，提高大批量食品物流的安全保障水平。

借鉴西方发达国家的经验，建立一个能满足消费者、供应商和零售商三方面需求的、一体化的冷链物流模式，即由供应商将货物运送到主要城市冷链物流整合中心，整合后进行长途运输，由地区整合中心进行装箱提货和当地运送，再整合后发送到零售直销点。在整个过程中均有严格的温度控制，实现实时监控和生熟食分开，经过培训的员工需掌握正确的装卸和贮存方法，通过这些环节保障食品的安全。加入冷链联盟中来的零售商、供应商、服务及运输设备的供应商，都将受益。对零售商而言，一体化的冷链可减少库存，降低损耗，提高地理覆盖率；对供应商而言，可有效改善冷链食品的流通效率，降低食品的损坏率；对服务和设备供应商而言，可通过向生产商、零售商和第三方物流商提供配送服务而获益。此外，冷链联盟的一体化不仅应体现在物流运输模式上，同时也应联合行业力量，建设中国冷链物流资源信息平台。如利用网络技术，动员全国冷藏行业的车辆、冷库，实现冷链物流核心资源的“透明”查询和网上交易，达成冷藏运输和冷库租赁业务在全国范围内的互联合作，降低车辆空载率，降低待货时间，提高冷库利用率。

2. 加强冷链食品标准和食品冷链标准的建设

我们不仅要从“硬件”上下工夫，改善我国的冷链物流和冷链食品安全，同时也要注意平衡“软件”的发展，即冷链食品标准和食品冷链标准的建设。目前来看，我国除未形成完整独立的食品冷链体系外，与食品冷链相关的国家标准目前仍是空白。冷链的实施没有国家或行业的专项标准制约，只有一些大型食品加工企业自身制定了一些标准，因此在监管上也是空白。要尽快建立冷链食品标准和食品冷链标准，将其纳入食品市场准入制度中。建立有效的监管机制，严密监测易腐食品在冷链各个环节中的运行状况。

3. 改善冷链基础设施，充分利用现有的冷藏库设备

从政府层面来看，改变国内落后的冷链物流面貌已经被提到议事日程。2004 年底，国务院在《关于进一步加强农村工作提高农业综合生产能力若干政策的意见》中明确提出，各地要“加快建设以冷藏和低温仓储运输为主的农产品冷链系统”。2005 年底我国已基本建成全国鲜活农产品流通“五纵二横绿色通道”网络，首次构建全国范围的低成本鲜活农产品运输网络。这一网络将利用现有的国道网，总里程将达到 2.7 万 km，较原有的“绿色通道”增加 1.6 万 km。网络建成后，将直接连通全国 30 多个省会城市、71 个地市级城市，形成覆盖所有具备一定规模的重要鲜活农产品生产基地和销售市场。

4. 加强宏观调控，规范冷冻食品业的生产行为

我国速冻食品加工企业目前隶属部门过多，生产水平参差不齐，标准滞后，真正形成规模并实现工业化生产的企业很少。随着人们生活水平的提高，国内冷冻食品市场前景广阔，同时部分特色冷冻食品也可出口。作为新兴行业，国家应对其进行宏观调控和指导，尽快制定全面的质量控制标准，实行标准化、规范化管理，推行 GMP 和 HACCP，使之成为我国食品行业新的经济增长点。

5. 加强加工和销售全过程的质量管理

（1）加工过程应遵循3C、3P原则。“3C原则”是指：冷却(Chilling)、清洁(Clean)、小心(Care)。也就是说，要保证产品的清洁，不受污染；要使产品尽快冷却下来或快速冻结，要使产品尽快地进入所要求的低温状态；在操作的全过程中要小心谨慎，避免产品受任何伤害。“3P原则”是指：原料(Products)、加工工艺(Processing)、包装(Package)。要求被加工原料一定要用品质新鲜、不受污染的产品；采用合理的加工工艺；成品必须具有既符合健康卫生规范又不污染环境的包装。

（2）储运过程应遵循3T原则。“3T原则”是指：产品最终质量还取决于在冷链中储藏和流通的时间(Time)、温度(Temperature)、产品耐藏性(Tolerance)。“3T原则”指出了冻结食品的品质保持所允许的时间和品温之间存在的关系。冻结食品的品质变化主要取决于温度。冻结食品的品温越低，优良品质保持的时间越长。

（3）质量检查要坚持“终端原则”。水产品的鲜度可以用测定挥发性盐基氮等方法进行。不管冷链如何运行，最终质量检查应该是在冷链的终端，即应当以到达消费者手中的水产品的质量为衡量标准。

（4）建立现代化生产、加工、储运、解冻、销售等设备保证体系。这是冷链的硬件保证条件之一。发展和建设冷链应该有合适的冷藏库和专业生产企业，能生产国产的质优价廉的速冻装置、冷藏保温车、冷藏集装箱、冷藏柜、解冻装置与生产冷冻食品相关的辅助设备。目前国内的生产企业，在这方面还没有形成能与国外产品相抗衡的质量、能力和规模。

6. 加速速冻机械和食品加工机械设备的研发

目前使用的国产速冻机能耗大、制冷量小、冻结温度高，达不到速冻要求，且产量小，不能满足大批量生产的需要。而进口速冻机的价格较高，一般企业难以承受，因此应大力开发国产速冻机。速冻机除目前使用的带流化床的速冻机外，还应开发螺旋速冻机、液氮喷淋速冻机。当前我国冷冻食品企业多数工艺仍采用手工或半机械化操作，由此引起了微生物污染、产品规格不一等问题。为此，应加快速冻食品机械的研发工作，本着“设计一代，研制一代，开发一代”的原则，提高速冻食品工业的装备水平。

总之，我国速冻食品从生产企业—零售商店—家庭的冷链已基本形成。冷链物流系统提供了一种全新的冷冻货物流通支持，充分实现从生产、加工、运输到销售过程中多个不同环节之间的高效无缝对接。这种全新的货物流通系统已越来越受到重视，并不断完善。随着人民生活水平的提高，对食品的卫生、营养、新鲜、方便性等方面的要求也日益提高，冷链的发展前景十分广阔。

第二节　速冻食品的冷藏

速冻食品在冷藏过程中不仅会发生冰晶的成长和重结晶等物理变化，也会发生脂肪氧化等化学变化。因此，对于不同的速冻食品选择适当的低温储藏条件非常重要。另外还要加强对冷库及冷藏食品的管理，确保食品质量及安全。

一、速冻食品冷藏过程中的质量变化

食品经速冻后，只要在适宜的条件下储藏，可能有很长时间的储藏期。但速冻食品在储藏期间，由于各种因素的影响，还会发生一些不良变化，严重的能影响食品品质。

（一）冰晶的成长和重结晶

食品冻结后，冰晶体的大小不会完全均匀。在相同温度下，冰结晶的蒸汽压小于液态水的蒸汽压，大型冰晶的蒸汽压小于小型冰晶的蒸汽压。在蒸汽压差的推动下，在冷藏期间细小的冰晶会逐渐合并，成长为大的冰结晶。当温度发生波动时，含溶质较多的冰晶体首先融化，水分通过细胞膜扩散到细胞间隙的高温冰晶体上，在降温时再次结晶，使冰晶体颗粒增大。冰结晶的成长和重结晶会使细胞受到严重的机械损伤并促进蛋白质的变性。

（二）干耗与冻结烧

冷藏食品与冷藏室的空气之间存在一个温度差，促使水分从食品中不断地升华到空气中。循环的空气在流经空气冷却器时受到冷却，露点下降而使吸收的水蒸气在蒸发管表面凝结成霜。周而复始的升华—凝结过程使食品不断干燥，并由此造成重量损失，即干耗。

随着储藏期的延长，冻结食品发生干耗时，食品表面的水分不断升华，内部的水分不能向表面补充，造成食品表面呈多孔状，从而增加了食品与空气中氧的接触面积，使食品脂肪、色素迅速氧化，造成食品变色、变味、脂肪酸败、芳香物质挥发、蛋白质变性和持水能力下降。速冻食品在冷藏过程中因严重干耗而引起的脂肪氧化，表面黄褐变的现象，通常被称为冻结烧。

冷藏食品的干耗与冻结烧，可以用镀冰衣和包装的方法加以防止，特别是多脂鱼类，在冰衣中加入抗氧化剂还能有效防止脂肪氧化。镀冰衣也叫包冰衣，是冻结食品表面附着一层冰膜的工艺方法。单个速冻食品如冻虾仁、扇贝等表面往往镀有冰衣。它可以减少干耗，使食品与空气中的氧气隔绝而延缓氧化，有利于保持冻品的品质。包冰衣时可适当添加抗氧化剂或防腐剂，也可适当添加附着剂以增加冰衣对水产品的附着。但是包装食品周围空气温度的波动能够使包装袋内部形成温差，促使水分发生迁移。例如，冰晶体可以在整个家禽的腹腔内形成或在包装袋的空隙处形成。

（三）化学变化

速冻食品在冷藏期间也会出现不同程度的化学变化，如维生素的降解，色素的分解，类脂物的氧化，某些化学变化引起的组织软化等，这些变化在 -18℃下进行是缓慢的，温度越低则变化越慢。

肉的鲜红色是肌红蛋白的颜色，在冷藏过程中，肌红蛋白中的亚铁离子被氧化而生成暗红色的高铁肌红蛋白。美拉德反应在冷藏期间也在缓慢地进行，使鱼肉等变色。

速冻果蔬制品的色泽发生变化的原因有：酶促褐变；非酶褐变；色素的分解以及因

制冷剂泄露造成的食品变色，如氨泄露时，红色胡萝卜会变成蓝色，洋葱、卷心菜、莲子的白色会变成黄色。

速冻食品在储藏过程中出现冰的升华作用，使产品表面变色。采用不透气的塑料薄膜包装或在产品表面保持一层冰晶层以及提库内相对湿度都是有效地防止措施。

二、冷藏温度的选择

食品的冻结温度以及在储运中的冷藏温度应在-18℃以下，这是对食品的质地变化、酶性和非酶性化学反应、微生物学以及储运费用等所有因素进行综合考虑论证后所得的结论。

对于速冻食品而言，冷藏温度越低，越有利于保持冷藏品质。但考虑到有关的设备费用、能源消耗、日常运转等费用以及运输过程中的温度控制等诸多因素，过低的温度没有必要也不太现实。

选择-18℃以下的温度作为冻结和冷藏的最高温度，是根据大量实际数据并在食品品质和相关费用相互协调一致的情况下做出的结论。从微生物控制学角度分析，病原菌在3℃以下就不再生长繁殖，一般食品腐败菌在-9.5℃以下也无法生长活动，因而选用-18℃似乎没有必要。然而，实际上运输和冷藏中不可能始终精确地维持所选的温度，温度波动很难避免，一些在低温下仍能活动的低温菌的控制要有效，而-18℃对控制这类菌比较保险。

控制酶的活性，-18℃这一温度并不能说已足够低了，因为在-73℃的温度下仍有部分酶保持着活力，尽管酶的反应非常缓慢。在同样温度下，酶在过冷水中的活动力比在冻结的水中强。在温度为-9.5℃时，食品中仍然保持着大量未冻结的水分，故在这一温度下长时间储藏，食品会发生严重的酶性变化，其中尤以氧化反应最为明显，导致食品变质。-18℃足以延缓食品中大多数酶的活动，但速冻果蔬制品在冻结前，必须采取烫漂或化学处理来破坏酶的活性。

如果食品冻结到-18℃以下，并在该温度下冷藏，能较好地维持原始品质，并获得适宜的储藏期。在-18℃温度下，如果包装合理，很多速冻食品的储藏期可达12个月以上。

三、速冻食品的冷藏管理

为了使速冻食品在较长储藏时间内不变质，并随时满足市场需要，必须对保藏的速冻食品进行科学的管理，建立健全卫生制度，产品出入管理严格控制，库内食品的堆放及隔热都要符合有关规程的要求。

（一）冷藏库使用前的准备工作

冷藏库应具备可供速冻食品随时进出的条件，并具备经常清理、消毒和保持干燥的条件；冷藏库外室、过道、走廊等场所，都要保持卫生清洁；冷藏库要有通风设施，能随时除去库内异味；库内所有的运输设施、衡器、温度探测仪、脚手架等都要保持完好状态，还应具有完备的消防设备。

（二）入库食品的要求

凡是进入冷藏库的食品必须清洁、无污染，要经严格检验合格后才能进入库房，如果冷藏库温度为 -18℃，则冻结后的食品入库前温度必须在 -16℃以下；在速冻食品到达前，应做好一切准备工作，食品到达后必须根据发货单和卫生检验证，进行严格验收，并及时组织入库。入库时，对强烈挥发性气味和腥味的食品以及要求不同储温的食品应入专库储藏，不得混放。已经有腐败变质或异味的速冻食品不得入库；要根据食品的自然属性和所需要的温度、湿度选择库房并力求保持库房内的温度、湿度稳定。库内只允许在短时间内有小的温度波动，在正常情况下，温度波动不得超过 1℃，在大批速冻食品入库出库时，一昼夜升温不得超过 4℃，冷藏库的门要密封，没有必要一般不得随意开启；对入库冷藏食品要执行先入先出的制度，并定期或不定期地检查食品的质量。如果速冻食品将要超过储藏期，或者发现有变质现象时，要及时进行处理。

速冻完成并包装好的速冻食品，要储于 -18℃或更低温度的冷库内，且要求控制储温稳定、少波动，不与其他有异味的食品混藏。

（三）速冻食品储藏的卫生要求

速冻食品应堆放在清洁的垫木上，禁止直接放在地面上。货堆要覆盖篷布，以免尘埃、霜雪落入而污染食品。货堆之间应保留 0.2m 的间隙，以便于空气流通。如系不同种类的货堆，其间隙应不小于 0.7m。食品堆码时，不能直接靠在墙壁或排管上。货堆与墙壁和排管应保持以下的距离：距设有顶排管的平顶 0.2m，距设有墙排管的墙壁 0.3m，距顶排管和墙排管 0.4m，距风道口 0.3m。

（四）消除库房异味

库房中的异味一般是由于储藏了具有强烈气味的食品或是食品发生腐败所致。各种食品都具有各自独特的气味，若将食品储藏在具有特殊气味的库房里，这种特殊气味就会传入食品内，从而改变了食品原有的气味。因此，必须对库房的异味进行消除。

清除异味除了加强通风排气外，现在库房广泛使用臭氧进行异味的消除。臭氧以其强烈的氧化作用可以用来杀菌，也可以消除异味。但在使用臭氧的过程中一定要注意安全和用量，不得在有人时使用臭氧。

库房还要及时灭除老鼠和昆虫，它们除了会造成食品污染外，还会对库房内设施造成破坏，因此应设法使库房周围成为无鼠害区。

第三节　速冻食品的运输

速冻食品的运输是食品冷链的重要环节之一，需采用冷冻运输设备。冷冻运输设备是指在保持一定低温的条件下运输冷冻食品所用的设备，是食品冷链的重要组成部分。发达国家的冷藏运输工具有铁路冷藏火车、冷藏汽车、冷藏挂车、半挂车、冷藏船和冷藏集装箱。在中国，铁路冷藏火车仍是长途冷藏运输的基本工具，但公路冷藏运输工具也已处于蓬勃发展的阶段。在竞争中，铁路冷藏火车有逐渐被公路冷藏汽车和冷藏集装箱排挤的趋势。目前，许多国内速冻食品生产企业都具有自己的保温交通运输工具，应保持其设施的完好性能，不至于使速冻食品质量半途而废。

一、速冻食品对冷藏运输设备的要求

速冻食品的流通有其特殊性，从运输途中到销售网点，每一个环节都必须维持适宜的低温，即保持不超过 -18℃的温度，这是保证速冻食品的质量必须满足的基本条件。

速冻食品对冷藏运输设备的要求如下：

（1）具有一定的制冷能力，能及时排除外界侵入的热量，使食品保持规定的温度；有装货设备、通风循环设备，以保证货物合理装载，保证运输设备内温度均匀，必要时有可能换气。

（2）具有隔热处理的壳体，减少外界侵入热量。现在冷藏车已将传热系数 K 降到 $0.23W/(m^2 \cdot K)$ 以下。

（3）能根据运输食品的种类，调节控制设备内的温度。

（4）制冷装置在设备内占用空间要少。

（5）制冷装置要轻，安装稳定，安全可靠，不易出故障。有可靠的测温仪表，以正确反映运输设备内的温度状况。

（6）运输成本要低。

二、食品冷链运输设备

常用的食品冷链运输设备有冷藏火车、冷藏汽车、冷藏船、冷藏集装箱等。

（一）冷藏火车

我国的铁路冷藏火车分为冰冷藏火车和机械冷藏火车两类。冰冷藏火车包括冰制冷的冷藏火车、干冰制冷的冷藏火车，主要是 B6 型车顶冰厢式冷藏火车。目前我国运用的机械冷藏火车中，有 10 辆一组的 B18 型，9 辆一组的 B20 型，5 辆一组的 B19 型及进口的 B21 型与 B22 型，还有在 B22 型基础上生产国产化的 B23 型。

冷藏火车在车内之所以能保持一定的温度，是因为使外界传入的热和货物本身发出的热不断被车内的冷源（冰盐或机器）所吸收，建立了车内热平衡所致。就冷藏性能来说，总的是机械冷藏火车优于冰冷藏火车。如各型车按性能优劣顺序排列将是 B22（包括 B21，B23），B20，B18，B6。

1. 冰制冷的冷藏火车

冷藏火车的冷源是冰。车厢围护结构敷设隔热层，传热系数为 $0.4 \sim 0.7\ W/(m^2 \cdot K)$。常用的是 B6 型车顶冰厢式冷藏车。B6 型车顶冰厢式冷藏车的车体是全钢焊接结构，外墙板、外顶板均采用钢板。隔热材料为聚苯乙烯泡沫块拼装，侧墙厚 206mm，车顶厚 210mm，隔热层厚 181mm。车门为双扇铰链式，门孔尺寸为 1430mm × 2034mm，隔热层与车墙同厚。在车门上装有手把和曲轴锁闭设备，以便于关闭。车门周边装有密封用胶皮片，以保证气密性良好。为减轻车体重量，车门和冰箱盖采用钢板和玻璃钢混合结构。

B6 型车顶冰厢式冷藏车的冰箱盖也是双扇式，也装有曲轴锁闭设备，内部也铺有隔热材料。在车顶上，除 7 个冰箱盖外，还有两个通风口盖，成对角地装在车辆两头第一、二冰箱之间的一侧，通风口盖也是隔热的。此外，车顶上还有 4 个排水器罩盖。

这种冷藏火车分为带冰槽和不带冰槽两种。

（1）不带冰槽的冷藏火车。

这种火车主要用来运输不怕与冰、水接触的冷冻水产品。运输冷藏鱼时，鱼箱中装有碎冰，将鱼箱码放在车厢里，再在鱼箱顶部用碎冰覆盖。车箱底面有排水管将融化的冰水排出车外。

（2）带冰槽的冷藏火车。

冷冻食品不宜与冰、水直接接触，要用带冰槽的冷藏火车。带冰槽的冷藏火车车厢长 14 ~ 16m，宽 2. 9m，高约 3m，有效装货容积 62 ~ 75m^3，载重量 25 ~ 30t，装冰 6 ~ 7t。围护结构传热系数为 0. 47 ~ 0. 7 W/(m^2 · K)。

冰槽可以设在车厢顶部，也可以设在车厢两头。冰槽安装在车厢顶部时，冰槽外表面会结露。为防止露水滴落在食品上要用防水材料将食品覆盖住。此外，这种冷藏火车在电气化线路上运行时，从车厢顶部往冰槽里加冰很麻烦，而且有一定的危险性，若冰槽设在车厢两头，为使冷空气在车厢内均匀分布，需安装通风机。

若车厢内需维持 0℃以下的低温，可用冰盐混合物代替纯冰，车厢内温度最低可达 -8℃。但融化形成的盐水排出车外对线路设施有一定的腐蚀性。

2. 干冰制冷的冷藏火车

若食品不宜与冰、水直接接触，也可以用干冰代替冰。可将干冰悬挂在车厢顶部或直接将干冰放在食品上。用干冰冷藏运输新鲜食品时，空气中的水蒸气会在干冰容器表面上结霜。干冰升华完毕后，容器表面的霜会融化成水滴落在食品上，为此，要在食品表面覆盖一层防水材料。

3. 机械制冷的冷藏火车

我国于 20 世纪 50 年代开始运用进口的成列机械冷藏车，1958 年开始自行设计研制 5 节一组的机械冷藏车，1979 年开始小批量生产。机械制冷的冷藏火车有两种，一种是每一节车厢都备有自己的制冷设备，而且用自己的柴油发电机驱动制冷压缩机。这种冷藏火车，可以单辆与一般火车厢编列运行。制冷压缩机由内备的柴油发电机驱动，也可以由 5 ~ 20 辆冷藏火车组成机械列，由专用车厢装备的列车柴油发电机统一发电，向所有的冷藏车厢供电，驱动各辆冷藏火车的制冷压缩机。另一种冷藏火车的车厢中只装有制冷机组，没有柴油发电机。这种火车不能单辆与一般货物列车编列运行，只能组成单一机械列运行由专用车厢中的柴油发电机统一供电，驱动制冷压缩机。

机械制冷的冷藏火车车厢长 15 ~ 21m，宽 2. 8 ~ 3. 1m，高约 3. 1 ~ 4. 4m，有效装货容积 70 ~ 90m^3，载重量 30 ~ 40t。采用聚苯乙烯泡沫塑料和聚氨酯泡沫塑料作隔热层，围护结构传热系数为 0. 29 ~ 0. 49W/(m^2 · K)。制冷机为双级氟利昂半封闭式压缩机，其标准产冷量为10.5～24.4kW。车厢内温度维持在－18℃。

冷却空气在冷藏车内的均匀分布十分重要。利用通风机强制空气流经蒸发器，冷却后的空气沿顶板与厢顶形成的风道流动，并从顶板上开设的缝隙沿着车厢侧壁从上向下流动，冷空气流过食品垛后温度升高，由垛下的回风道被通风机吸回，重新冷却。行车时车内温度基本上可由一台制冷机组维持，另一台制冷机组备用。必要时可同时启动两台制冷机组。为了在很低的外界温度下运行时保持规定的车厢温度，有的冷藏火车备有电加热装置。

机械制冷的冷藏火车的优点如下。

（1）由于使用制冷机，可在车内获得与冷藏库相同水平的低温，可以在更广的范围内调节温度；可以有较大的能力使热货降温；并可在车内保持更均匀的温度，因而能更好地保持易腐货物的质量。

（2）内部备有电源，便于实现制冷、通风、循环、融霜的自动化。

（3）由于在运行过程中不需要加冰，因而可缩短运输时间，加速货物送达，加速车辆周转。

但与冰冷藏火车相比，机械制冷的冷藏火车也存在着造价高，维修复杂，需要配备专业乘务人员和维修运用段，以及成批运行，一次装卸货物批量大，因而运用不够灵活等缺点。

从目前冷藏运输结构分析，我国现在公路冷藏运输量不到20%，铁路冷藏运输量占55%左右，在欧美等发达国家，公路冷藏运输占60%～80%，公路冷藏运输在食品运输总量中更是占90%以上，随着我国高速公路和高等级公路的快速发展和我国城市汽车的快速普及，必将使得易腐货物的公路冷藏运输所占比例有一个飞速的提高。

（二）冷藏汽车

冷藏汽车的特点是车体隔热，气密性好，车内有冷却装置，温热季节能在车内保持比外界气温低的温度。在寒冷季节，冷藏车还可以不冷保温运送或用电热器（机械冷藏车）加温运送，在车内保持比外界气温高的温度。但由于它的主要设备和主要作用是冷藏，所以仍称为冷藏车。

根据冷藏汽车的制冷方式不同，冷藏汽车可分为机械制冷冷藏汽车、液氮制冷冷藏汽车、干冰制冷冷藏汽车及蓄冷板制冷冷藏汽车等几种。

1. 机械制冷冷藏汽车

机械制冷冷藏汽车带有蒸汽压缩式制冷机组，通常安装在车厢前端，称为车首式制冷机组。大型货车的制冷压缩机配备专门的发动机（多数情况下用汽油发动机，以便利用与汽车发动机同样的燃油）。小型货车的压缩机与汽车共用一台发动机。压缩机与汽车共用一台发动机时，车体较轻，但压缩机的制冷能力与车行速度有关，车速低时，制冷能力小。通常用40km/h的速度设计制冷机的制冷能力。为在冷藏汽车停驶状态下驱动制冷机组，有的冷藏汽车装备一台能利用外部电源的发动机。

空气冷却器通常安装在车厢前端，采用强制通风方式。冷风贴着车厢顶部向后流动，从两侧及车厢后部下到车厢底面，沿底面间隙返回车厢前端。这种通风方式使整个食品货堆都被冷空气包围着，外界传入车厢的热量流直接被冷风吸收，不会影响食品的温度。为了形成上述冷风循环，食品要堆放在木板条上，在货垛的顶部与四周留有一定的间隙，作为冷空气循环通路。

车厢内的温度用恒温器控制，使车厢内的温度保持在与规定温度偏离 ±2℃的范围内。当外界气温为 35℃时，一般要在 2 小时才能使车厢内的温度降至 -18℃。因此，应提前启动制冷机，待车厢温度达到要求后再开始装货。

冷藏汽车壁面的热流量与外界温度、车速、风力及太阳辐射有关。停车时太阳辐射的影响是主要的；行车时空气流动的影响是主要的。最常用的隔热材料是聚苯乙烯泡沫塑料和聚氨酯泡沫塑料。车厢的隔热系数通常小于 0.6W/(m^2·K)。

机械制冷冷藏汽车的优点是车厢温度比较均匀稳定，车内温度可调，运输成本较低。其缺点是结构复杂、易出故障，维修费用高；初期投资高；噪声大，大型汽车的冷却速度慢，时间长，需要融霜。

2. 液氮制冷冷藏汽车

液氮制冷装置主要有液氮容器、喷嘴及温度控制器组成。液氮容器通常装在车厢内，大型车的液氮容器装在车体下边。液氮容器进行真空多层隔热处理。车厢内部从前到后沿车厢顶部居中布置一条液氮管路，其上装有若干喷嘴。由液氮容器供给的液氮由喷嘴喷出，汽化过程吸收大量热量，使车厢降温。根据厢内温度，恒温器自动地打开或关闭液氮通路上的电磁阀，调节液氮的喷射，使厢内温度维持在规定温度 ±2℃的范围内。液氮汽化时，容积膨胀 600 倍，即使货堆密实，没有通风设施，也能使氮气进入货堆内，使车内温度达到均匀。为了防止车厢内压力升高，车厢上部装有排气管，使氮气排出车外。运输冻结食品时，氮气置换了空气，有助于减少食品的氧化；由于运输时间一般不很长，减少食品氧化并不明显。

使用液氮时应注意安全。工作人员进入车厢时，应敞开车门 30 秒，使车内进入一定量的氧气。工作人员进入车厢后应停止喷射液氮，防止液氮喷射到人的皮肤上发生冻伤。

液氮制冷冷藏汽车的优点是装置简单，初投资少；降温速度快，当外界气温为 35℃时，20 分钟可使车厢内的温度降至 -20℃；没有噪声；液氮制冷装置的重量大大低于机械制冷装置的重量。其缺点是液氮成本高；运输途中液氮补给困难，长途运输时必须装备大的液氮容器或几个液氮容器，减少了有效装载量。

3. 干冰制冷冷藏汽车

车厢中装有隔热的干冰容器，可容纳 100kg 或 200kg 干冰。干冰容器下部有空气冷却器，用通风冷却后的空气在车厢内循环。吸热升华的气态二氧化碳由排除管排出车外。车厢中不会蓄积二氧化碳气体。

有的干冰制冷冷藏汽车在车厢中装置四壁隔热的干冰容器，干冰容器中装有氟利昂盘管。在车厢中吸热汽化的氟利昂蒸汽进入干冰容器中的盘管，被盘管外的干冰升华所冷却，重新凝结为氟利昂液体，液体氟利昂进入车厢内的蒸发器，再次吸收外界传入车厢内的热量而汽化。如此循环，使车厢保持规定的温度。

由空气到干冰的传热是以空气冷却器的金属壁为间壁进行的，干冰只在干冰容器下部与空气冷却器接触的一侧进行升华。根据车内温度，恒温器调节通风机的转速，也即靠改变风量调节制冷能力。

干冰制冷冷藏汽车的优点是设备简单，投资费用低，很少出故障，维修费用少，无噪声。其缺点是车厢内温度不够均匀，冷却速度慢，时间长；干冰的成本高。

4. 蓄冷板制冷冷藏汽车

蓄冷板中装有预先冻结成固体的低温共晶溶液，外界传入车厢的热量被蓄冷板中的共晶溶液吸收，共晶溶液由固态变成液态，只要蓄冷板的块数选择合理，就能保证运输途中车厢内维持规定的温度。

常用的低温共晶溶液有乙二醇、丙二醇的水溶液及氯化钙、氯化钠的水溶液。共晶溶液的成分不同，其共晶点也不同。要根据冷藏车所需要的低温，选择合适的共晶溶液。一般来说，共晶溶液的共晶点应比车厢规定的温度低2～3℃。

蓄冷板内共晶溶液的冻结过程就是蓄冷板的蓄冷过程。蓄冷板中装有制冷剂排管，只要把蓄冷板上的管接头与制冷系统连接起来，即可使蓄冷板蓄冷。蓄冷板可多块同时蓄冷。当拥有蓄冷板制冷冷藏汽车数量很多时，一般设立专门的蓄冷站，利用停车时间或夜间使蓄冷板蓄冷。如果没有专门的蓄冷站，也可利用冷藏库冻结间使蓄冷板蓄冷。此外，有的蓄冷板制冷冷藏汽车上装有小型制冷机，停车时利用车外电源驱动制冷机使蓄冷板蓄冷。

出于安全上考虑，一般将蓄冷板安装在车厢两侧。蓄冷板距车厢壁以4～5cm为宜，以利用厢内空气的自然对流。蓄冷板本身重量很大。要使4t的蓄冷板制冷冷藏汽车保持－18℃，所需蓄冷板的重量达800～900kg，使有效载重量减少。

蓄冷板制冷冷藏汽车的优点是设备费用比机械式制冷少；可以利用夜间廉价的电力为蓄冷板蓄冷，降低运输费用；无噪声；故障少。其缺点是蓄冷板的块数不能太多，蓄冷能力有限，不适于长途运输冷冻食品，蓄冷板减少了汽车的有效容积和载货量，冷却速度慢。

5. 保温汽车

保温汽车不同于以上4种冷藏汽车，它没有制冷装置，只在壳体上加设隔热层。这种汽车不能长途运输冷冻食品，只能用于市内由批发商店或食品厂向超市或零售商店配送冷冻食品。

据中国制冷学会统计，中国有低温运输汽车5000多辆，其中少量是国外进口的机械制冷冷藏车，其余绝大部分是国内制造的不带制冷装置的保温汽车，尚没有液氮喷淋和干冰制冷的冷藏汽车。国产保温车的车体用金属内外壳，中夹聚苯乙烯塑料板为隔热层，传热系数为0.47～0.8W/(m^2·K)。装货容积为8～21m^3，载重量2～7t。中国的速冻食品加工企业中，只有很少一部分企业修有铁路专用线，能用冷藏火车、保温火车。绝大部分企业主要用保温汽车将冷冻加工后的食品运往分配性的冷藏库和零售商店。由分配性的冷藏库送往销售网点或由港口冷藏库运到码头也主要靠保温汽车。

我国冷藏保温汽车的拥有量，1980 年约 3500 辆，到 2004 年已达到约 60000 多辆。20 世纪 80 年代初，我国生产冷藏保温汽车的企业仅 10 余家，2004 年已达到近 100 家，遍布全国 21 个省、市、自治区。目前，我国冷藏保温汽车生产的品种已达到 100 种以上。但与发达国家相比，目前还存在很大的差距。

（三）冷藏船

冷藏船是水上冷藏运输的主要交通工具，船上装有制冷设备，船舱隔热保温。冻鱼储藏舱的温度保持在 -18℃以下，冰鲜鱼冷藏船的温度为 2℃左右。现在国际上冷藏船分为三种，即冷冻母船、冷冻运输船、冷冻渔船。冷冻母船是万吨以上的大型船，它有冷却、冻结装置，可进行冷藏运输。冷冻运输船包括集装箱船，它隔热保温要求很严格，温度波动不得超过 ±0.5℃。冷冻渔船一般是指有低温装置的远洋捕鱼船或船队较大型的船。冷藏船包括带冷藏货舱的普通货船与只有冷藏货舱的专业冷藏船，还有专门运输冷藏集装箱的船。

冷藏船主要用于渔业，尤其是远洋渔业。远洋渔业的作业时间很长，有的长达半年以上，必须用冷藏船将捕捞物及时冷冻加工和冷藏。此外，经由海上运输易腐食品也必须用冷藏船。

冷藏船用制冷系统一般采用直接蒸发方式，个别也有采用盐水系统的。制冷剂通常为 R22，双压缩制冷。冷藏货船内空气的循环通常采用冷风机强制对流，也有采用冷却排管让空气自然对流的。

在日本，为了保持金枪鱼的红色，运输金枪鱼的冷藏船温度低达 -50℃。金枪鱼冷藏船的制冷能通常按热带海域温度条件设计，制冷能力较大。金枪鱼的冷藏船在高纬度海域航行时，由于空气、海水的温度较热带海域低，制冷机制取的温度可比在热带海域低 5 ~ 10℃。如表 9 - 1 所示。

表 9 - 1　金枪鱼冷藏船温度变化

海域类型	NH_3 制冷剂		R_{22} 制冷剂	
	冻结室温度（℃）	冷藏舱温度（℃）	冻结室温度（℃）	冷藏舱温度（℃）
热带海域	-50 ~ -45	-45 ~ -40	-55 ~ -50	-50 ~ -45
高纬度海域	-55 ~ -50	-50 ~ -45	-60 ~ -55	-55 ~ -50

（四）冷藏集装箱

冷藏集装箱出现于 20 世纪 60 年代后期，是能保持一定的低温，用来运输冷冻加工食品的特殊集装箱。冷藏集装箱具有钢质轻型骨架，内外贴有钢板或轻金属板，两板之间填有隔热材料。常用的隔热材料有玻璃棉、聚苯乙烯、发泡聚氨酯等。围护结构传热系数为 0.4W/(m^2·K)。冷藏集装箱的尺寸，国际上已经标准化（见表 9 - 2）。

表9-2　冷藏集装箱的尺寸

类别	总重量(t)	装载容积(m^3)	外形尺寸(mm)		
			长	宽	高
10英尺	10	14.0	2990	2435	2435
20英尺	20	30.0	6055	2435	2435
40英尺	30	63.0	12190	2435	2620

冷藏集装箱的冷却方式很多，多数利用机械制冷机组，少数采用其他方式，如冰、干冰、液化气体。冷藏集装箱应保持空气在箱内循环，使温度分布均匀。冷藏集装箱内部应容易清洗，不会因用水洗而降低隔热层的隔热性能。底面应设排水孔，能防止内外串气，保持气密性。对机械制冷的冷藏集装箱，应保证制冷压缩机既可用各自的动力机驱动，也可以用外部电源驱动。

海运冷藏集装箱的制冷机通常只用电动机驱动，电力由运输船供应。对专门运输集装箱的货船，可在船上设置大型制冷机组，统一向所有的冷藏集装箱供冷。冷藏集装箱的端壁上装有管路接头，借自动夹具连接船上的供冷系统。这种冷藏集装箱陆上运输时，可将夹持式制冷机组装配在端壁上自行制冷。

用冷藏集装箱运输的优点是：要更换运输工具时，不需要重新装卸食品，不会造成食品反复升温，从而避免了食品质量的下降；集装箱装卸速度很快，使整个运输时间明显缩短，降低了运输费用。

三、速冻食品的运输过程中的质量变化

速冻食品在运输过程中温度的波动是引起食品质量变化的主要原因之一。在运输过程中要保持温度的恒定，要切忌大的温度波动，长途运输尤其如此。在运输过程中，由于装卸等原因，引起温度的波动，使速冻食品的品质发生不良变化。

早在20世纪70年代，国际制冷学会就举行过专门的会议，研究减少冷藏车内的干耗问题。多年的研究表明，货物在机械冷藏车内的干耗比在冷库内要高得多。如水果和蔬菜要高3~5倍，冻肉要高4~5倍，冻家禽要高7~8倍。实验资料表明，食品在一定容量的储藏空间内的绝对质量损失，几乎与此空间的货物实际装载量无关，亦即装货率为50%时的食品干耗率比装货率为100%时大一倍。

速冻食品在运输期间还会发生再结晶作用。由于运输期间，温度的波动会造成冰晶体融化和再结晶现象，致使晶体不断扩大，影响产品质量。如果温度波动范围过大，由于装卸、搬运等原因，也会造成汁液流失现象。

速冻食品在运输期间也会出现不同程度的化学变化，如维生素的降解，色素的分解，类脂物的氧化，使产品质量下降。

如果运输不慎，还会造成速冻食品变质。例如，2004年，上海市质监局和市工商局共抽查了50种速冻面米食品，其中康乐牌香菇糯米鸡，由于菌落总数超标被判不合格，原因是物流公司在运输过程中冷藏系统出故障，路途中解冻造成产品质量变化。

2005年，南海康乐速冻食品厂早餐被检不合格，推测可能是运输环节出错，在物流过程中造成了二次污染。佛山质监部门对康乐速冻食品厂在“出事”后的两次抽检结果，均显示其产品符合国家标准。

食品冷链中，温度波动对速冻食品的质量影响很大，为改善速冻食品温度采取如下的处理措施：

（1）储存（生产者、加工商、批发商或销售商）：确保产品离开储藏室前，温度为建议温度值。尽量缩短产品在装货板或卸货板停留的时间。

（2）运输：在装货前，事先给运送车辆降温；使用可保持产品规定温度的运输车辆；车辆装货时确保货物周围空气正常流通；尽量减少装货或卸货的时间。

（3）零售：迅速将产品从运送车辆上移入适当的冷藏库中；将产品移入陈列柜前，先降温至建议温度；把产品从冷藏库移到陈列柜时，动作要迅速；在陈列柜摆放物品时，应确保适当的空气流动。

四、利用冷冻运输设备的注意事项

用于食品运输和储藏的工具和容器，必须防止食品被污染，进行适当的清洁与消毒。速冻产品在运输和储存过程中必须冷藏，以使致病微生物体的存活率降到最低。冷冻产品的温度应保持 -18℃或更低。冷藏设施（如运输车辆等）应配备温度测量装置，最好是记录式温度计。如果无法做到，应配备最高/最低温度计。运输过程中按要求控制温度，确保食品在运输期间安全。装货、运输和卸货期间只要产品温度保持在推荐温度水平，不会导致产品质量变化。如果运输到达时的产品温度高于推荐值，应该立即降温。

运输设备应隔热，并应确保运送期间能够保持建议温度。运输设备应在装货前事先冷却。运输车辆应装备适当的温度测量装置，以记录车内的空气温度。该装置的刻度盘或数据读取元件应挂在车外容易看见的位置。装运速冻食品的运输设备，要确保所装货物的前部、后部、顶部、下部及两侧制冷空气都能自由流动。

从运输设备上装、卸速冻食品时，须尽可能迅速。在装货过程中，应停止运输设备上的风扇。确保运输期间，食物产品摆放正确，避免散落或其他事故发生。对送往各目的地的速冻食品进行选择与分类，应在离开冷藏室之前完成。运输设备在某目的地还未完全卸除货物前，就应准备好装货的顺序。

运输设备中的制冷装置通常是为保持所装货物温度而设计的。在一定时间内，该装置的制冷能力不足以降低货物的中心温度。但是在一定时间内，可以对表面温度升高进行补救，只要外部热负荷未超标，空气可以自由流通，以及制冷空气得以完全分散。如果对速冻食品进行处理时可能会使温度上升，建议在装货前对产品降温。装卸货物时的温度测量最好在车内货物包装所放置的大致相同位置处进行。检查产品温度不应延缓装货和卸货时间。

仓储式冷藏库应为冷藏运输设备提供足够的货物进出口（如舷门，月台门封）以使设备和冷藏货物受到的热负荷最小，从而使产品温度的升高限制在尽可能小的范围内。

如果没有供装卸货用的舷门或月台门封，可用塑料条状门帘或类似保护装置，以防止过热和潮湿空气进入。装货或卸货过程中，不论因何种原因中途停止，运输设备的门始终要保持关闭。从某仓储式冷藏库到另一仓储式冷藏库的运输途中，冷冻食品的温度应经常检查。在装货前，应事先给车辆降温，允许产品温度升至－15℃，但在运送途中或交货后，任何产品出现温度高于－18℃，都应尽快降至－18℃。

从批发商仓库到零售店运送途中尽可能减少产品温度高于－18℃情况的出现，并且在任何情况下，产品包装温度最高都不能超过－12℃。交货时，如果出现产品温度升高，必须在交货后立即降至－18℃。如果无法做到，该产品应尽快售出。

利用冷冻运输设备的注意事项如下：

（1）运输冻结食品时，为减少外界热量的影响，要尽量密集码放。

装载食品越多，食品的热容量就越大，食品的温度就越不容易变化。运输冻结食品时，为减少外界热量的影响，要尽量密集码放。整个货垛与车厢或集装箱的围护结构之间都要留有空隙，供冷空气循环。

（2）加强卫生管理。

运输冻结食品时，应避免食品受到异味、异臭及微生物的污染。运输冷冻食品的冷藏车，尽量不运其他货物。

（3）冷冻运输设备只能用来运输已经冷冻加工的食品。

冷冻运输设备的制冷能力只用来排除外界侵入的热流量，不足以用来冻结或冷却食品。因此，冷冻运输设备只能用来运输已经冷冻加工的食品。切忌用冷冻运输设备运输未经冷冻加工的食品。

第四节　速冻食品的销售

速冻食品的销售包括速冻食品的批发和零售等，由生产厂家、批发商和零售商共同完成。早期，冷冻食品的销售主要由零售商的冷冻车及零售商店承担；近年来，城市中超级市场的大量涌现，已使其成为冷冻食品的主要销售渠道。超市中的冷藏陈列柜，兼有冷藏和销售的功能，是食品冷链的主要组成部分之一。

冷冻陈列柜作为食品冷链销售设备是副食品商场、超级市场等销售环节的冷藏设施，也是速冻食品冷链建设中的重要环节。随着冷冻食品的发展，冷冻陈列柜已成为展示产品品质、直接和消费者见面的、方便消费者选购的销售装置。

一、食品冷冻陈列柜的要求

速冻食品在销售过程中也要处于冷的环境中，以保证产品的质量。速冻食品在销售期间，应保持其接近于冷藏的温度条件，使产品保持原始的冻结状态而不解冻。总之，速冻食品在出售之前应始终保持冻结状态。

速冻食品对冷冻陈列柜的要求：①具有制冷设备，有隔热处理，能保证冷冻食品处于适宜的温度下；②能很好地展示食品的外观，便于消费者选购；③具有一定的储藏容积；④日常运转和维修方便；⑤安全、卫生、无噪声；⑥动力消耗少。

零售过程中应注意冷冻食品温度变化：应将所售的速冻食品置于配有温度计的冷藏柜中，温度保持在 -18℃。产品温度短期内升高是可以接受的，但产品包最热处的产品温度不能高于 -12℃。避免冷藏柜所陈列的商品接触热空气流和一般的辐射热（比如，应免受阳光直射，强灯光照射，或加热器直接影响）。夜间或周末应对冷藏柜有所遮盖。设置解冻循环功能时，应尽可能使解冻避开营业时间。冷藏柜中的物品存储不能超过承载线。所存货物应注意轮换，以确保按“先进先出”原则销售产品。

二、食品冷冻陈列柜的种类

根据冷冻陈列柜销售的冷冻食品不同，可分为冻结食品用冷冻陈列柜和冷却食品用冷冻陈列柜两类。

根据食品冷冻陈列柜的结构形式不同，有敞开式和封闭式之分，也有立式和卧式之分。常用的有四种类型：①卧式敞开式冷冻陈列柜；②立式多层敞开式冷冻陈列柜；③卧式封闭式冷冻陈列柜；④立式多层封闭式冷冻陈列柜。

三、各种食品冷冻陈列柜的结构

（一）卧式敞开式冷冻陈列柜

卧式敞开式冷冻陈列柜的上部敞开，开口处有循环冷空气形成的空气幕，防止外界热量侵入柜内。由维护结构传入的热流也被循环冷空气吸收，对食品没有直接影响。对食品影响较大的是由开口处侵入的热空气及辐射热。当为冻结食品时，内外温差很大，辐射热流较大。当食品包装材料为塑料或纸盒时，黑度大约为 0.9，辐射热流密度可达 $116W/m^2$。辐射热被表层食品吸收后，以对流方式传给循环的冷空气。因此，柜内最表层食品的表面温度高于空气幕温度。高出的度数与空气幕的空气流量与温度有关，一般为 5～10℃。

当用铝箔包装时，因其黑度很小，辐射热流也很小，表层食品的表面温度接近空气幕温度。当食品为冷却食品时，由于内外温差小，辐射换热影响较小。当室内空气流速大于 0.3m/s 时，进入陈列柜内的空气量会明显增加，影响陈列柜的保冷性能。美国有关资料建议，室内空气流速应小于 0.08m/s。侵入陈列柜内的空气量多时，还会增加冷却器的结霜，增加融霜次数。

在整个食品冷冻陈列柜内温度自上而下逐渐降低。当包装袋内存在空气时，水蒸气从食品的下表面往上表面扩散，并在上表面结霜。

（二）立式多层敞开式冷冻陈列柜

与卧式敞开式冷冻陈列柜相比，立式多层敞开式冷冻陈列柜的单位占地面积内的容积大，商品放置高度与人体高度相近，便于顾客选购。卧式敞开式冷冻陈列柜中的冷空气较重，不易逸出柜外。立式多层敞开式冷冻陈列柜很难使密度较大的冷空气不逸出柜外。为此，在冷风幕的外侧，再设置一层或两层非冷空气构成的空气幕，较好地防止冷空气与柜外空气的混合。销售冷却食品时，柜内外空气密度差小。

侵入立式多层敞开式冷冻陈列柜中的外界空气量多，制冷机的制冷能力要大一些，空气幕的风量也要大一些，空气幕的风量也要大一些。此外，还要控制空气幕的风速分布，以求达到较好的隔热效果。

由于立式多层敞开式冷冻陈列柜的空气幕是垂直的，外界空气侵入柜内的数量受外界空气流动速度的影响较大。外界空气的温度、湿度直接影响到侵入柜内的热负荷。为了节能，要求柜外空气温度在25℃以下，相对湿度在55%以下，空气流速在0.15m/s以下。

(三) 卧式封闭式冷冻陈列柜

卧式封闭式冷冻陈列柜开口处设有两层或三层玻璃构成的滑动盖，玻璃夹层中的空气起隔热作用。

在箱体内壁外侧(即靠隔热层一侧)埋有冷却排管。通过围护结构传入的热流被冷却排管吸收，不会传入箱内。通过滑动盖传入柜内的热量有辐射热和取货时侵入柜内的空气带入的热量。这些热量通过食品由上而下地传递至箱体内壁，再由箱体内壁传递给冷却排管。因此，自上而下温度逐渐降低，这与敞开式冷冻陈列柜的温度分布正好相反。在小包装食品内部，也存在同样的温度分布，上表面温度高，下表面温度低。若包装袋内有空气，水蒸气将从上表面向下表面扩散，并在下表面处结霜。

(四) 立式多层封闭式冷冻陈列柜

紧靠立式多层封闭式冷冻陈列柜柜体后壁有冷空气循环用风道，冷空气在风机作用下强制地在柜内循环。柜门为两层或三层玻璃，玻璃夹层中的空气起隔热作用。由于玻璃对红外线的透过率低，虽然下柜门很大，传入的辐射热并不多，直接被食品吸收的辐射热就更少。

四、各种食品冷冻陈列柜的特性比较

1. 单位长度有效内容积

就单位长度有效内容积而言，立式为卧式的2倍以上，同为卧式，敞开式又稍大于封闭式。对于卧式封闭式，出于保冷性能上的要求，不能很宽。卧式敞开式由于开口处有空气幕，宽度可大一些。立式封闭式的制冷机是内藏的，制冷机占用了部分容积，所以，立式封闭式单位长度有效内容积比立式敞开式稍小一些。

2. 单位占地面积有效内容积

单位占地面积有效内容积由大到小的顺序为：立式多层封闭式冷冻陈列柜 > 立式多层敞开式冷冻陈列柜 > 卧式封闭式冷冻陈列柜 > 卧式敞开式冷冻陈列柜。无论是卧式还是立式、敞开式都比封闭式小15%左右。这是因为在敞开式中为了使冷空气循环，需要设置风道，在立式多层敞开式中，要设置2~3层空气幕，占用了相当的容积。如果立式多层封闭式冷冻陈列柜不采用内藏式制冷机的话，其单位占地面积有效内容积会更大。

3. 单位长度消耗的电力

无论是卧式还是立式，敞开式单位长度消耗的电力都是封闭式的 1.5 倍左右。无论是敞开式还是封闭式，立式大约是卧式的 2 倍。

这四种形式的冷冻陈列柜的单位长度耗电量与单位长度有效内容积的大小顺序相同。

4. 单位有效内容积消耗的电力

单位有效内容积消耗的电力由大到小的顺序为：立式多层封闭式冷冻陈列柜 > 卧式封闭式冷冻陈列柜 > 卧式敞开式冷冻陈列柜 > 立式多层敞开式冷冻陈列柜。可见，封闭式比敞开式节省电力。同为敞开式，立式与卧式相差不大；同为封闭式，立式与卧式相差也不大。

冷冻陈列销售柜是食品冷链的重要组成部分，是使冷冻食品在销售环节处于适宜温度必不可少的设备，因此，保冷应是它的基本性能。在影响冷冻陈列销售柜保冷性能因素中，辐射换热与对流侵入热量是两个主要因素。一定要注意减少辐射换热量。不要距离热源太近，不要有过强的照明。夜间要罩上保护套，食品包装材料的黑度要尽量小。超级市场中往往设置空调系统，这不光是为了使顾客舒适，也是为了减少侵入冷冻陈列销售柜中的热流量。

五、家用电冰箱

家用电冰箱虽然不属于食品冷链销售设备，但它作为冷冻食品冷链的终端，是消费者食用前最后一个储藏环节。食品冷链作为一个整体，家用电冰箱是一个不可缺少的环节。冷冻食品和冻结食品储藏于家用电冰箱中，由于微生物繁殖受到抑制，可较长时间地保持食品的原有风味和营养成分，延长保鲜时间。

家用电冰箱通常有两个储藏室：冷冻室和冷藏室。冷冻室用于食品的冻结储藏，存放冷冻食品和需要较长时间储藏的食品。冷冻室温度，单门冰箱冻结器温度一般为二星级，即 -12℃；双门冰箱为三星级，即 -18℃。如果还有一个大星，这表示冰箱的冷冻室还具有速冻能力。冻结食品在冷冻室中的储藏以不超过 1 个月为宜，时间过长，会因发生干燥和氧化等作用，使冻结食品的颜色、风味发生变化，造成食品的质量下降。

冷藏室用于冷却水产品的储藏，温度为 0 ~ 10℃，在这样的温度范围内，微生物的繁殖已受到一定程度的抑制，但未能完全停止繁殖，因此，冷藏室中的冷却水产品只能作短期储藏，通常存放当天或最近几天内即要食用的蔬菜食品。冷藏室也可作为冻结食品食用前的低温解冻室，由于空气温度低，解冻食品质量好。在一些新型的家用电冰箱中还有冰温室或微冻室，使食品的温度可保持在 0℃以下、冻结点以上的冰温范围，或 -3 ~ -2℃的微冻状态下储藏，就可延长冷却食品的储藏时间，并可取得更好的保鲜效果。

第五节　速冻食品的解冻

速冻食品在食用之前要进行解冻。食品的解冻是指冻结食品温度回升，部分或全部冰晶融化的过程。冻结食品在消费或加工前必须解冻，解冻状态可分为半解冻和完全解冻。由于各种产品的性质不同，解冻情况不一，对产品的影响也是有差异的。

一、速冻食品解冻过程中的质量变化

解冻是冻结的逆过程，在解冻过程中加入的热量使食品内的冰重新融化成水，并被组织吸收，吸收得越多，复原得越充分，解冻后产品质量就越好。解冻时冻品的融化层由表层逐渐向内推进，解冻过程可以分为三个阶段。第一阶段从冷藏温度至 -5℃；第二阶段从 -5 ~ -1℃，称为有效温度解冻带，即相对于冻结过程中的最大冰结晶生成带；第三阶段从 -1℃至所需的解冻终温。解冻时，越靠近食品的表面，解冻速度越快，解冻时间越短；因水的导热系数小于冰的导热系数，因此，解冻速度随解冻的进行而降低，越靠近食品深层，所需的解冻时间越长。因此，当食品深层温度达到食品冰点时，表面可能已长时间受解冻介质的作用，产品质量自然下降。

食品在解冻过程中的质量变化主要是汁液(液滴)流失。即速冻食品在冻结或冷藏过程中，由于冰晶的作用，组织细胞受到的机械损伤，解冻时产生细胞质的流失现象。解冻时汁液流失的影响因素主要有冻结速度、冷藏温度、生鲜食品的 pH、解冻速度等；造成汁液流失的原因还与食品的切分程度、冻结方式、冷藏条件以及解冻方式等有关。汁液流失对食品的质量影响最大，因此，流失液的产生率是评定冷冻食品质量的指标之一。

食品因冻结而使细胞结构受到损害，解冻时温度上升，细胞内压增加，汁液流失加剧，微生物和酶的活力上升，氧化速率加快，水分蒸发加剧，使食品重量减轻；冻结使蛋白质和淀粉失去持水能力，解冻后一部分水分不能被细胞回吸，造成食品的汁液流失，流失液中溶解有蛋白质、盐类、维生素等，使食品的风味和营养价值降低，重量也减轻。

二、速冻食品的解冻方法

速冻食品的解冻方法，按供热方式可分为外部加热法和内部加热法两种。外部加热法是利用外部介质的温度高于冻结食品的温度，进行由表面向内部传递热量以达到解冻的目的；常用的有空气解冻、水解冻、水蒸气凝结解冻等。内部加热法是利用电流和微波的特性，在冻结食品解冻时从内外同时进行加热解冻，常用的有低频电流加热解冻、高频电流加热解冻、微波解冻法等。也有采用多种方式的组合加热解冻，将使用空气、水和电解冻食品的方法组合起来，称为组合加热法；组合加热法基本上都是以电解冻为主，在辅之以空气解冻或水解冻。

（一）外部加热解冻法

1. 空气解冻

空气解冻又称自然解冻，现已被广泛使用。常用的有以下5种方法。

（1）静止空气解冻。

这是在空气温度为15℃以下缓慢解冻的方法，故又称缓慢解冻法。此法对食品质量和卫生保证都很好，食品的温度比较均匀，汁液流失也较少，因为食品内的组织细胞有充足的时间来吸收冰融化后的水分。其缺点是解冻时间长，食品由于水分蒸发而失重较大。为了减少微生物的污染，可在解冻间装紫外灯杀菌。

（2）流动空气解冻。

采用风机连续送风使空气循环进行解冻，又称快速解冻法。此法能大大缩短解冻时间，食品的干缩量也减少。但解冻过程中会因食品表面的汁液融化快，细胞组织来不及吸收而造成汁液流失较多，同时食品的表面层有干燥的倾向，故解冻时，应调节温度和湿度，最好带有包装解冻。

（3）热空气解冻。

一般在温度25～40℃、相对湿度为98%～100%的条件下进行，解冻较快。这是由于热空气向食品表面冷凝，利用相变热来加速解冻。但由于空气温度高，会使食品表面先融化，内部后融化，故会影响食品的质量。

（4）加压空气解冻。

在容器中通入压力为0.196～0.294MPa的压缩空气，由于压力升高，冰点也升高，故在同样解冻介质温度下，食品易融化，解冻时间短，解冻后质量也好。如果在加压容器内使空气在风速1～1.5m/s的条件下流动，把加压和流动空气组合起来以改善食品表面的传热状态，则能大大缩短解冻时间。

（5）隧道解冻。

隧道解冻是法国先提出来的。该法解冻过程分为三个阶段：第一阶段，空气温度为(14±1)℃，空气循环量为每小时200次，相对湿度为96%，时间少于20小时；在第二阶段，空气温度为(10±2)℃，空气循环量为每小时200次，相对湿度为96%，时间少于16小时；在第三阶段，空气温度为(0±2)℃，空气循环量为每小时100次，相对湿度为60%～70%，时间约为4小时。总时间约36小时，解冻后，放在温度不高于3℃的库中存放。采用这种方法解冻后的产品质量好，不失重。

2. 水解冻

水比空气传热性能好，对冻结食品解冻快，且食品表面有水分浸润，还可增重。但食品的某些可溶性物质在解冻过程中将部分失去，且易受微生物污染。常用的水解冻方法有静水解冻、流水浸渍解冻和喷淋解冻。

（1）静水解冻。

静水解冻适用于对带皮或有包装的冻结食品解冻，对半胴体的肉类和鱼片等，因切断面的营养物质会被水浸出，裸露部分易受污染，故不适用，如卫生条件不好，则细菌污染严重。

（2）流水浸渍解冻。

流水浸渍解冻适用于冻鱼等小型冻结食品，使水温经常保持在 5～12℃，解冻时间只需 80～90 分钟。

（3）喷淋解冻。

喷淋解冻是将冻结食品放在传送带上，用 18～20℃的热水向冻结食品喷淋解冻。水可以循环使用，但需要过滤器和净水器处理以保持卫生。也可把喷淋和浸渍结合在一起进行解冻。

3. 水蒸气凝结解冻

水蒸气凝结解冻又称真空解冻，是利用蒸汽压力与沸点的对应关系，使水在低温下沸腾而形成水蒸气。例如，在 3333Pa 的压力下，水在 26℃就可沸腾。低温蒸汽遇到更低温度的冻品产生凝结并释放出凝结热，热量被冻结食品吸收，从而使冻品温度升高。

真空解冻一般在圆筒状金属容器内进行。容器两端是冻结食品的进、出口，冻结食品放在小车上送入容器内，顶上是水封式真空泵，底部盛水。当容器压力为 1333.2～1999.8Pa 时，水在 10～15℃时即沸腾，变成水蒸气，每千克水蒸气在冻结食品表面凝结时放出 2093.4kJ 的热量。当水温较低时，水蒸气产生的热量就少，此时可通过蒸汽加热管慢慢地将水加热到 15～20℃。这种真空解冻可完全自动进行。

真空解冻比空气解冻提高效率 2～3 倍；而且在抽真空、脱气状态下解冻，大多数细菌被抑制，有效地控制了食品营养成分的氧化和变色，食品汁液流失量比在水中解冻显著减少。同时由于是低温的饱和水蒸气，故食品不会出现过热现象和干耗损失，而且色泽鲜艳，从而保证了食品的质量。此法适用于肉类、禽兔类、鱼类(包括鱼片)、蛋类、果蔬类以及浓缩状食品的解冻，且能经常保持卫生，可半自动化也可自动化进行。但真空解冻在对大块冻结食品的内层升温时比较缓慢，可先进行真空解冻 2 小时左右，然后再在空气中解冻。

（二）内部加热解冻法

1. 低频电流加热解冻

利用食品自身的电阻，当电流通过冻结食品时产生的电阻热而使食品被解冻。此方法也称电阻解冻法。采用频率为 50～60Hz 的低频交流电。

低频电流加热解冻比空气和水解冻的速度快 2～3 倍，且耗电少，运转费低。缺点是只有密贴部分才能通电流，因此，只能解冻表面平滑的块状食品，有空腔的食品的内部解冻不均匀，紧贴电极部分容易产生过热现象。

2. 高频电流加热解冻

解冻电流频率在 1～50MHz，一般选用 13MHz、17MHz、40MHz。在解冻时，冻结食品放在加有高频电的极板之间，食品的介质分子在高频电场中受极化后，跟随高频电场的变化而发生相应的变化。分子之间互相旋转、振动、碰撞，产生摩擦热。频率越高，分子之间转动越大，产生的摩擦热也越多，食品的解冻也越快。冻结食品的发热是在表面和内部同时进行的，故解冻较快。

3. 微波解冻

微波解冻是利用波长在1mm～2.54cm的电磁波间歇照射食品，使食品中的介电物质发生强烈振动产生热量而进行解冻，全解冻时间只需10～30分钟。微波解冻迅速且温度又不高，可以保持食品完好无损，质量好，维生素损失较少，并能很好地保持食品的色、香、味。对于带有纸箱包装的食品也能解冻，既方便又卫生，同时，微波解冻占地面积小，有利于实现自动化。微波解冻的缺点是微波加热不均匀，有局部过热现象，且投资费用大，设备和技术水平要求较高，耗电能多等。

（三）组合加热解冻法

1. 电和空气组合加热解冻

先用微波加热到能用刀切入的程度时停止电加热，继之以冷风解冻，这样不致引起食品局部过热，可避免食品温度不均匀的缺点。

2. 电和水组合加热解冻

先采用水把冻结食品表面稍融化，然后进行电阻解冻，这样电流容易通过冻结食品内部，可缩短解冻时间，节约用电。

3. 高频电流和水组合加热解冻

英国普遍采用这种解冻法。设备由6台高频解冻装置组成，每两台之间是水解冻装置，每台高频解冻装置的功率为20kW。

4. 微波和液氮组合解冻

微波解冻中产生的过热，可用喷淋液氮来消除。喷淋液氮时最好以静电场控制，这样液氮的喷淋面可集中。冻结食品放在转盘上，使其受热均匀，从而保证了解冻食品的质量。

【大视野】五芳斋粽子号称“江南粽子大王”，以糯而不烂、肥而不腻、肉嫩味香、咸甜适中而著称。五芳斋粽子按传统工艺配方精制而成，选料十分讲究，1987～1989年曾连续三年获得浙江省名点特优产品“玉兔奖”、“首届中国食品博览会金奖”、商业部“金鼎奖”。如今，嘉兴五芳斋粽子因其滋味鲜美、携带方便、食用方便而备受广大旅游者厚爱，有“东方快餐”之称。目前，五芳斋粽子有近百个品种，产品远销日本、东南亚等地，并且还获得了首届国货精品奖、96中国食品博览会金奖等荣誉称号。

复习思考题

1. 什么是食品冷链？它包括哪几个环节？
2. 简述我国食品冷链的发展现状。

3. 我国食品冷链发展趋势是什么？
4. 速冻食品在冷藏过程中发生哪些质量变化？如何控制？
5. 速冻食品对冷藏运输设备的要求是什么？
6. 我国的重要运输设备有哪些？各有何优、缺点？
7. 食品冷链对食品陈列柜有何要求？
8. 什么是速冻食品的3T、3P、3C原则？
9. 速冻食品的解冻方法有哪些？各有何优、缺点？

参考资料

[1] 隋继学．速冻食品加工技术．北京:中国农业大学出版社,2008.2.
[2] 隋继学．食品冷藏与速冻技术．北京:化学工业出版社,2007.6.
[3] 刘建学．食品保藏学．北京:中国轻工业出版社,2006.9.
[4] 张国治．速冻及冻干食品加工技术．北京:化学工业出版社,2008.1.
[5] 张国治．速冻食品的品质控制．北京:化学工业出版社,2007.9.
[6] 冯志哲．食品冷藏学．北京:中国轻工业出版社,2005.2.
[7] 林志民等．冷冻食品加工技术与工艺配方．北京:科学技术文献出版社,2004.2.
[8] 刘建学．食品保藏原理．南京:东南大学出版社,2006.12.
[9] 周光辉．制冷技术及应用．西安:陕西教育出版社,2001.3.
[10] 中国2002年食品冷藏链大会论文集,2002.11.
[11] 中国2004年食品冷藏链大会论文集,2004.11.
[12] 第五届食品冷藏链大会论文集,2006.11.
[13] 第六届2008年食品冷藏链大会论文集,2008.11.
[14] 第七届2010年食品冷藏链大会论文集,2010.11.
[15] 曾庆孝．食品加工与保藏原理．北京:化学工业出版社,2002.11.
[16] 周家春．食品工艺学．北京:化学工业出版社,2003.1.
[17] 马长伟．食品工艺学导论．北京:中国农业大学出版社,2002.8.
[18] 彭珊珊等．食品添加剂．北京:中国轻工业出版社,2009.3.
[19] 王韵．速冻汤圆品质改良的研究．江南大学硕士学位论文,2009.
[20] 张国治．糯米粉的品质分析及速冻汤圆品质改良．冷饮与速冻食品工业,2006,12(2):39－42.
[21] 魏强华．HACCP在速冻汤圆生产中的应用．广东轻工职业技术学院学报,2004,3(4):19－21.
[22] 傅晓如等．速冻汤圆生产新工艺．西部粮油科技,2001,26(6):37－41.
[23] 王德志等．速冻食品专用油脂制备及其在汤圆中的应用评价．中国粮油学报,2010,25(12):71－73.
[24] 程学勋等．不同加热方法对大米主要化学成分及食味的影响．粮食与饲料工业,2006,8:1－3.
[25] 吴伟雄等．基于PLC的粽子蒸煮自动控制系统．机电工程,2007,24(3):64－67.
[26] 梁锐鸿．热处理等加工过程对粽子品质的影响．华南理工大学硕士学位论文,2011.
[27] 张国治等．HACCP在速冻粽子生产中应用．河南工业大学学报,2007,28(6):49－54.
[28] 隋继学等．速冻食品的质量管理．食品工业科技,2003,4:90－91.
[29] 速冻食品生产HACCP应用准则:GB/T 25007－2010.
[30] 陈光耀．不浸泡蒸煮方便米饭的工艺及食用品质研究．江南大学硕士学位论文,2011.

[31] 朱卫中. 冷冻米饭,粮食加工新技术//中日食品新技术研讨会论文集:66 - 72.
[32] 王正刚. 大米保鲜及大米新陈度快速检测技术研究进展. 粮食加工,2007,32(3):27 - 30.
[33] 刘敏等. 方便米饭生产中若干技术问题的探讨. 武汉工业学院学报,2000,2:28 - 31.
[34] 稻谷、大米蒸煮食用品质感官评价方法:GB/T 15682 - 2008.
[35] 杨晓蓉等. 不同类别大米糊化特性和直链淀粉含量的差异研究. 中国粮油学报,2001,16(6):37 - 42.
[36] 叶为标. 淀粉糊化及其检测方法. 粮食与油脂,2009,1:7 - 10.
[37] 隋继学. 制冷与食品保藏技术. 北京:中国农业大学出版社,2005. 3.
[38] 张文叶. 冷冻方便食品加工技术及检验. 北京:化学工业出版社,2005. 3.
[39] 谢晶. 食品冷冻冷藏加工技术. 北京:化学工业出版社,2005. 4.
[40] 中国冷链物流联盟. 中国冷链年鉴. 北京:航空工业出版社,2011. 5.
[41] 中国物流与采购联合会冷链物流专业委员会. 中国冷链物流发展报告. 北京:中国物资出版社,2010. 11.
[42] 隋继学等. 对我国速冻食品业的几点思考. 冷藏技术,2008,2:35 - 38.
[43] 隋继学等. 食品冷链系统节能技术探析. 冷藏技术,2009,1:1 - 6.
[44] 隋继学等. 河南省速冻食品业现状及发展趋势. 冷藏技术,2009,2:10 - 13.
[45] 隋继学等. 河南省城市冷链食品安全预警机制研究. 冷藏技术,2010,1:7 - 10.
[46] 魏庆葆等. 果蔬及肉类冷链食品在流通过程中的安全控制. 冷藏技术,2010,1:51 - 53.
[47] 张雪等. HACCP 在冷冻干燥蘑菇生产中的应用. 现代食品科技,2006,1:108 - 110.
[48] 隋继学等. 我国香椿速冻加工及冷藏保鲜现状. 冷藏技术,2011,1:8 - 11.
[49] 隋继学等. 速冻香椿面条的工艺优化研究. 农产品加工,2011,5:35 - 38.
[50] 隋继学等. 速冻香椿面条的研制. 农产品加工,2011,6:39 - 44.
[51] 隋继学等. 我国速冻食品未来十年的发展. 冷藏技术,2011,3:7 - 11.
[52] 中国食品报冷冻周刊,2009 - 2012.